AF642627

MARSHALL
GOLDSMITH
MARK REITER

Was Sie hierher gebracht hat, wird Sie nicht weiterbringen

MARSHALL GOLDSMITH
MARK REITER

WAS SIE HIERHER GEBRACHT HAT, WIRD SIE NICHT WEITERBRINGEN

Wie erfolgreiche Menschen noch mehr erreichen

Übersetzung aus dem Englischen von Simone Siebert

FBV

Bibliografische Information der Deutschen Nationalbibliothek
Die Deutsche Nationalbibliothek verzeichnet diese Publikation in der Deutschen Nationalbibliografie. Detaillierte bibliografische Daten sind im Internet über http://dnb.d-nb.de abrufbar.

Für Fragen und Anregungen
info@finanzbuchverlag.de

Originalausgabe, 1. Auflage 2022

© 2022 by FinanzBuch Verlag, ein Imprint der Münchner Verlagsgruppe GmbH,
Türkenstraße 89
D-80799 München
Tel.: 089 651285-0
Fax: 089 652096

Alle Rechte, insbesondere das Recht der Vervielfältigung und Verbreitung sowie der Übersetzung, vorbehalten. Kein Teil des Werkes darf in irgendeiner Form (durch Fotokopie, Mikrofilm oder ein anderes Verfahren) ohne schriftliche Genehmigung des Verlages reproduziert oder unter Verwendung elektronischer Systeme gespeichert, verarbeitet, vervielfältigt oder verbreitet werden.

Die englische Originalausgabe erschien 2007 unter dem Titel *What Got You Here Won't Get You There: How Successful People Become Even More Successful* bei Hyperion Books (heute Hachette Books).

Copyright © 2007 Marshall Goldsmith

Übersetzt aus dem Englischen von Simone Siebert.

Redaktion: Rainer Weber
Umschlaggestaltung: Karina Braun
Umschlagabbildung: (Mann:) FuzzBones/shutterstock.com, (Leiter:) inamar/shutterstock.com
Satz: ZeroSoft, Timisoara
Druck: CPI books GmbH, Leck
Printed in the EU

ISBN Print 978-3-95972-601-6
ISBN E-Book (PDF) 978-3-98609-137-8
ISBN E-Book (EPUB, Mobi) 978-3-98609-138-5

Wir produzieren nachhaltig
www.m-vg.de

Weitere Informationen zum Verlag finden Sie unter
www.finanzbuchverlag.de
Beachten Sie auch unsere weiteren Verlage unter www.m-vg.de

Inhalt

Für alle erfolgreichen Führungskräfte, die die nächste Stufe erklimmen und noch besser werden wollen

»Glücklich sind, die erfahren, was man an ihnen aussetzt, und sich danach bessern können.«

William Shakespeare, *Viel Lärm um nichts*

ERSTER TEIL

Das Problem mit dem Erfolg

Lernen Sie, wie frühere Erfolge uns daran hindern können, weiterhin erfolgreich zu sein

KAPITEL 1

Sie sind hier

Kennen Sie diese Übersichtspläne in Einkaufszentren, auf denen steht: »Sie sind hier«? Sie sollen Ihnen helfen, sich an einem unbekannten Ort zurechtzufinden, indem sie Ihnen zeigen, wo Sie sich aktuell befinden, wo Sie hinwollen und wie Sie dorthin gelangen.

Es gibt Menschen, die niemals solche Pläne brauchen. Sie sind mit einem inneren Kompass gesegnet, der sie ganz automatisch in die richtige Richtung lenkt. Sie biegen immer richtig ab und wählen stets den bestmöglichen Weg, um ihr Ziel zu erreichen.

Manche Menschen gehen tatsächlich mit einem unfehlbaren Orientierungssinn durchs Leben. Er weist ihnen nicht nur in Einkaufszentren den Weg, sondern auch in der Schule, im Beruf, in der Ehe und in Freundschaften. Solche Menschen bezeichnen wir oft als »geerdet«. Sie wissen, wer sie sind und wohin sie gehen. In ihrer Nähe fühlen wir uns sicher. Sie geben uns das Gefühl, dass alle Überraschungen, die uns noch erwarten, stets nur positive Überraschungen sein werden. Sie sind unsere Vorbilder und unsere Helden.

Wir alle haben solche Menschen in unserem Leben. Manchmal sind es unsere Mütter oder Väter – Menschen, die in unserer bewegten und unsicheren Kindheit unsere moralischen Anker waren. Bei anderen ist es der Lebenspartner (die sprichwörtliche »bessere Hälfte«). Und bei wieder anderen (wie mir) ist es der Hochschulprofessor, der als Erster unsere eitle Fassade zum Einsturz brachte (dazu später mehr). Es kann ein Mentor bei der Arbeitsstelle sein, der Sportlehrer in der Schule, ein

Held aus den Geschichtsbüchern, wie Lincoln oder Churchill, oder ein religiöser Führer wie Buddha, Mohammed oder Jesus. Manchmal ist es vielleicht sogar eine Berühmtheit. (Ich kenne einen Mann, der für jedes Problem eine Lösung findet, indem er sich fragt: »Was würde Paul Newman tun?«)

All diese Vorbilder haben eines gemeinsam: Sie haben ein hervorragendes Gespür dafür, wer sie sind, und wissen deshalb ganz genau, wie sie auf andere wirken.

Manche Menschen scheinen niemals Hilfe zu benötigen, um an ihr Ziel zu gelangen. Sie verfügen gewissermaßen über ein eingebautes GPS.

Diese Menschen brauchen meine Hilfe nicht.

Die Menschen, denen ich bei meiner täglichen Arbeit als Führungskräfte-Coach begegne, sind großartige Menschen, denen aber womöglich ihr innerer Übersichtsplan abhandengekommen ist, der ihnen zeigt, wo sie gerade stehen. Es sind Menschen wie diese:

Fall 1. *Carlos ist der Geschäftsführer eines erfolgreichen Unternehmens in der Nahrungsmittelbranche. Er ist ein brillanter Kopf, fleißig und ein Experte auf seinem Gebiet. Seine Karriere begann er als Fabrikarbeiter, stieg dann aber über den Vertrieb und das Marketing bis an die Unternehmensspitze auf. In seiner Firma gibt es nichts, was er nicht schon aus erster Hand kennt. Wie viele kreative Menschen ist er außerdem immer in Bewegung und ständig damit beschäftigt, neue Informationen zu sammeln und zu verarbeiten. Er liebt es, über das Betriebsgelände zu streifen, seinen Angestellten bei ihrer Arbeit über die Schulter zu schauen und mit ihnen zu plaudern. Carlos mag Menschen und die Gespräche mit ihnen. Alles in allem ist er ein äußerst charmanter Zeitgenosse – solange sein Mund nicht gerade wieder einem seiner Gedanken vorauseilt.*

Vor einem Monat stellte ihm sein Designteam Ideen für die Verpackung einer neuen Snackserie vor. Carlos war von den Entwürfen begeistert. Er hatte nur einen winzigen Änderungsvorschlag: »Wie wäre es, wenn wir die Verpackung hellblau machen würden?«, fragte er. »Blau signalisiert den Kunden ›teuer‹ und ›edel‹.«

Heute präsentieren die Designer dann die fertige Verpackung. Carlos ist mit dem Ergebnis zufrieden, sinniert jedoch laut: »Ich glaube, in Rot würde das Ganze noch besser aussehen.«

Das gesamte Designteam rollt geschlossen mit den Augen. Auf den Gesichtern macht sich Verwirrung breit. Noch vor einem Monat sagte ihr CEO, er bevorzuge Blau. Also hatten sie sich den Hintern aufgerissen, um ein fertiges Produkt ganz nach seinem Geschmack abzuliefern, und nun hat er seine Meinung schon wieder geändert. Niedergeschlagen und alles andere als begeistert von den Allüren ihres Chefs kehren die Mitarbeiter an ihre Plätze zurück.

Carlos ist ein sehr souveräner CEO. Doch er hat die ungünstige Angewohnheit, einfach alles laut auszusprechen, was ihm durch den Kopf geht, und ihm ist dabei nicht bewusst, dass diese Gewohnheit zu einem ernsten Problem werden kann, je höher man in der Befehlskette aufsteigt. Der Meinung eines einfachen Angestellten schenkt niemand Beachtung. Aber wenn der CEO seine Ansichten kundtut, spitzen alle die Ohren. Je höher jemand aufsteigt, desto mehr werden seine Vorschläge als Befehle aufgefasst.

Carlos denkt, er werfe lediglich eine Idee in den Raum, um zu sehen, wie sie ankommt. Seine Mitarbeiter denken, er erteile ihnen konkrete Anweisungen.

Carlos denkt, er leite ein demokratisches Unternehmen, in dem jeder seine Meinung frei äußern darf. Seine Angestellten wähnen sich in einer Monarchie, in der Carlos der König ist.

Carlos denkt, er gäbe lediglich seine langjährige Erfahrung an seine Mitarbeiter weiter. Seine Mitarbeiter interpretieren sein Verhalten als Mikromanagement und als übermäßige Einmischung.

Carlos hat keine Ahnung, wie er auf seine Mitarbeiter wirkt.

Er macht sich – siehe Kapitel 4 – der Gewohnheit 2 schuldig: Übermäßiges Einmischen.

Fall 2. *Sharon ist Chefredakteurin eines großen Magazins. Sie ist hochmotiviert, energisch, wortgewandt und besitzt jede Menge Charisma. Für* *jemanden, der einen Großteil seines Erwachsenenlebens mit Worten und Bildern verbracht hat, hat sie eine beeindruckende Sozialkompetenz entwickelt. Sie ist mühelos in der Lage, säumige Autoren dazu zu bringen, ihre Abgabefristen einzuhalten. Sie kann ihre Mitarbeiter dazu inspirieren, nach Feierabend noch eine Spätschicht einzulegen, wenn sie spontan beschlossen hat, die kommende Ausgabe in letzter Minute noch einmal völlig neu aufzuziehen. Sie glaubt, dass sie jeden überzeugen kann, wenn sie es nur wirklich will. Aufgrund ihres Charmes und ihrer gewinnenden Art zieht ihr Verleger sie häufig zu Verkaufsgesprächen mit potenziellen Anzeigenkunden hinzu.*

Besonders stolz ist Sharon auf ihre Fähigkeit, junge talentierte Autoren zu entdecken und zu fördern. Das brillante und dynamische Redaktionsteam, das sie um sich geschart hat, ist der beste Beweis dafür. Bei der Konkurrenz sind Sharons Mitarbeiter wegen ihrer fast schon aggressiven Ergebenheit gegenüber ihrer Chefin inzwischen längst als »Sharonistas« bekannt. Sie arbeiten seit Jahren eng mit ihr zusammen, ihre Loyalität ist unerschütterlich und auch Sharon erwidert diese Zuneigung mit derselben Intensität. Doch diese Verbundenheit kann bisweilen übertrieben wirken – vor allem dann, wenn man zwar für Sharon arbeitet, aber es nicht in den inneren Kreis der »Sharonistas« geschafft hat.

In der heutigen Redaktionssitzung werden die Artikel für die kommende Ausgabe an die Mitarbeiter verteilt. Dabei stellt Sharon ein Thema vor, das in ihren Augen das Zeug zu einer Titelstory hat. Unverzüglich pflichtet eine Sharonista ihr bei und nennt die Idee »genial«. Prompt erhält sie von Sharon den Zuschlag für die Geschichte. In gleicher Manier geht die Sitzung weiter: Sharon vergibt die besten Aufträge an ihre Lieblingsmitarbeiter und diese revanchierten sich, indem sie Sharon anhimmeln und ihr nach dem Mund reden.

Würden Sie zum inneren Kreis gehören, wäre diese Selbstbeweihräucherungszeremonie unter dem Deckmantel einer Redaktionssitzung sicherlich auch einer Ihrer Höhepunkte jedes Arbeitsmonats. Wären Sie hingegen keines von Sharons bevorzugten Schäfchen oder einfach anderer Meinung, würden Sie dieses große Speichellecken sicher schnell als vorhersehbare und widerwärtige Veranstaltung enttarnen. Wahrscheinlich ertrügen Sie eine derartige Behandlung maximal ein paar Monate, bevor Sie damit beginnen würden, Ihren Lebenslauf an andere Magazine zu schicken.

Sharon, die eigentlich eine gute Antenne für Menschen und ihre Befindlichkeiten hat, war auf diesem Auge jedoch völlig blind. Sie hielt sich für eine erfolgreiche Führungskraft, denn schließlich förderte sie die Menschen, die ihre Vision für das Magazin teilten. Sie hatte ein zuverlässiges Team aufgebaut, das Hand in Hand arbeitete.

Sharon dachte, sie würde ihre Mitarbeiter dazu ermutigen, über sich hinauszuwachsen und ihrem erfolgreichen Vorbild zu folgen. Doch auf die Mitarbeiter außerhalb des inneren Kreises wirkte es, als würde sie lediglich die Schmeichler belohnen.

Sharon hat sich der Gewohnheit 14 schuldig gemacht: Bevorzugung.

***Fall 3.** Martin arbeitet als Finanzberater bei einer bekannten New Yorker Firma und verwaltet das Vermögen wohlhabender Privatpersonen. Wer bei ihm ein Konto eröffnen will, muss in der Lage sein, mindestens 5 Millionen Dollar anzulegen. Martin ist sehr gut in dem, was er tut, aber trotz seines siebenstelligen Jahresgehalts verdient er deutlich weniger als die Mehrheit seiner Klienten. Doch Martin ist nicht neidisch und weit davon entfernt, seinen Kunden ihren Reichtum zu missgönnen. Er lebt für das Investmentbanking, und er liebt es, seiner vermögenden Klientel – einem Mix aus CEOs, Selfmade-Unternehmern, Stars aus der Unterhaltungsbranche und Erben – einen hervorragenden Service zu bieten, den diese auch zu schätzen wissen. Martin genießt den Umgang und die Telefonate mit seinen Kunden und trifft sie gerne zu gemeinsamen Mittag- oder Abendessen, bei denen er mit seinem Fachwissen glänzen kann. Mehr Spaß macht ihm nur, die Benchmark bei den Investmentrenditen Jahr für Jahr um vier Prozentpunkte zu schlagen. Martin leitet kein Team, sondern ist in seinem Unternehmen eher als Einzelkämpfer unterwegs. Seine Verpflichtung gilt ausschließlich seinen Kunden und der Aufgabe, dafür zu sorgen, dass sie ein Jahr ums andere mit der Entwicklung ihrer Anlageportfolios zufrieden sind.*

Heute ist einer der wichtigsten Tage in Martins Leben. Er hat das Angebot erhalten, einen Teil des Investmentportfolios eines der angesehensten amerikanischen Wirtschaftsmagnaten zu verwalten. Gleich mehrere Vermögensberater mit der Betreuung ihrer Millionen zu betrauen, ist bei superreichen Menschen eine gängige Praxis, um sich abzusichern. Also hat Martin die Chance, Teil einer Elitetruppe im Stall eines Tycoons zu werden. Und wer weiß, wie viele weitere Kunden er an Land ziehen wird, wenn er seinen Job gut macht?!

Das Treffen mit dem Wirtschaftsmagnaten findet in dessen Büro hoch oben im Rockefeller Center statt. Martin weiß, dass er nur diese eine Chance hat, um einen guten Eindruck zu hinterlassen. Er hat eine Stunde Zeit, um das Vertrauen – und die Millionen – seines potenziellen Kunden zu gewinnen.

Doch für Martin sind solche Treffen nichts Neues. Inzwischen vermarktet er sein Fachwissen mit der souveränen Gelassenheit und dem Selbstvertrauen eines erfahrenen Veteranen – und kann noch dazu mit der herausragenden Erfolgsbilanz aufwarten, dass die von ihm erzielten Renditen immer weit über dem üblichen Marktdurchschnitt liegen. Umso mehr überrascht es, dass er sich dem heutigen Treffen nicht gewachsen zeigt.

Auf die Bitte »Erzählen Sie mir etwas über sich« beginnt Martin sofort, sein Fachwissen herauszustellen. Er versucht, seinen potenziellen Kunden zu beeindrucken, indem er ihm von seiner Erfolgsbilanz berichtet, seine Anlagestrategien erläutert und erklärt, weshalb er der Konkurrenz regelmäßig meilenweit voraus ist. Er erwähnt einige seiner prominentesten Kunden und skizziert, welche Ideen er für das Portfolio des Tycoons hat und wohin sich verschiedene Märkte seiner Meinung nach kurz- und langfristig entwickeln werden.

Martin ist so in Fahrt, dass die für das Meeting angesetzte Stunde im Flug verstrichen ist. Der Tycoon erhebt sich und dankt ihm für seine Zeit. Martin ist etwas überrascht über das abrupte Ende des Treffens. Schließlich war er noch nicht dazu gekommen, den Tycoon zu seinen Zielen, seiner Risikobereitschaft und seine Anforderungen an seine Portfoliomanager zu befragen. Doch als er den Termin noch einmal gedanklich Revue passieren lässt, resümiert er zufrieden, dass er sich gut präsentiert und alles Wichtige an den Mann gebracht hat.

Am nächsten Tag erhält Martin eine handschriftliche Nachricht des Tycoons, in der dieser erneut seinen Dank ausspricht, ihm jedoch mitteilt, dass er es sich anders überlegt hat. Martin hat den Auftrag verloren, und er weiß nicht, warum.

Er dachte, er hätte den Tycoon mithilfe der zahlreichen Belege für sein finanzielles Gespür auf ganzer Linie überzeugt. Der Tycoon hingegen dachte: »Was für ein egoistischer Trottel. Warum hat er mich nicht ein Mal gefragt, was ich mir vorstelle? Diesem Typen werde ich mein Geld niemals anvertrauen.«

Martin hat sich der Gewohnheit 20 schuldig gemacht: Übertriebene Selbstbezogenheit.

Es ist nicht so, dass die soeben vorgestellten Menschen nicht wüssten, wer sie sind, wohin sie gehen oder was sie erreichen wollen. Es mangelt ihnen auch nicht an Selbstwertgefühl, ganz im Gegenteil. Tatsächlich sind sie sogar oft ganz besonders erfolgreich (und übermäßig selbstbewusst). Ihr Problem ist vielmehr, dass sie keine Ahnung haben, wie ihr Verhalten auf diejenigen Menschen wirkt, auf die es ankommt – ihre Vorgesetzten, Kollegen, Untergebenen, Kunden und Klienten. (Und das gilt nicht nur für ihre Arbeit, sondern auch für ihr Privatleben.)

Sie glauben, sie hätten die Antworten auf sämtliche Fragen, doch auf ihre Mitmenschen wirken sie schlichtweg arrogant.

Sie glauben, sie leisteten mit ihren Kommentaren wertvolle Hilfe, doch die anderen empfinden es als Einmischung.

Sie glauben, sie würden Aufgaben effektiv delegieren, doch ihr Umfeld denkt, sie wollten sich aus der Verantwortung stehlen.

Sie glauben, sie würden sich einfach nur vornehm zurückhalten, doch ihre Mitmenschen halten sie für teilnahmslos.

Sie glauben, sie ermutigten andere lediglich dazu, für sich selbst zu denken, doch diese fühlen sich ignoriert.

Mit der Zeit zerstören solche »kleinen« Schwächen das Wohlwollen, das sie sich im Laufe ihrer Karriere bzw. ihres Lebens erarbeitet haben und das Kollegen und Freunden normalerweise wie selbstverständlich entgegengebracht wird. Dann wächst sich eine kleine Irritation zu einer schweren Krise aus.

Warum ist das so? Meistens liegt es daran, dass ihr innerer Kompass für angemessenes Verhalten aus der Spur geraten ist und sie nicht mehr wissen, wo sie bei ihren Kollegen stehen.

In einem im *New Yorker* veröffentlichten Artikel äußerte sich der Regisseur Harold Ramis zu den Gründen, aus denen die Karriere von Chevy Chase, einem der Stars aus Ramis' Film *Caddyshack – Wahnsinn ohne Handicap,* ins Stocken geraten war. »Kennen Sie das Konzept der Propriozeption, der Eigenwahrnehmung, die Ihnen sagt, wo Sie stehen und woran Sie sich orientieren? Chevy hat seine Eigenwahrnehmung verloren, er hat das Gespür dafür verloren, was er auf die Menschen projizierte. Das ist seltsam, denn man könnte keine Romanfigur nach Chevys Vorbild erschaffen, weil seine gesamte Haltung einzig und allein aus Überlegenheit besteht: ›Ich bin Chevy Chase und du nicht.‹«

Nun, als Coach für Führungskräfte arbeite ich ebenfalls mit erfolgreichen Menschen, die einen leicht verzerrten Sinn für Propriozeption haben. Sie sehen sich den Lageplan ihres Lebens und ihrer Karriere an, und er sagt ihnen: »Sie sind hier.« Aber das akzeptieren sie nicht. Sie widersetzen sich der Wahrheit. Sie denken oftmals (genau wie Chevy Chase): »Ich bin erfolgreich und du nicht.« Und das nehmen sie als Freibrief, um zu fragen: »Warum soll ich etwas ändern, wenn es doch funktioniert?«

Ich wünschte, ich bräuchte einfach nur mit den Fingern zu schnippen, um diese Menschen erkennen zu lassen, dass sie sich ändern müssen. Ich wünschte, ich könnte sie in den Film *Und täglich grüßt das Murmeltier* hineinbeamen (ein weiteres Werk von Ramis und einer meiner absoluten Lieblingsfilme, weil er davon handelt, wie sich Menschen zum Besseren verändern können) und sie denselben Tag – zum Beispiel den schlimmsten Tag ihres Lebens – wieder und wieder durchleben lassen, bis sie sich bessern. Ich wünschte, ich hätte die Verve, sie an den Schultern zu schütteln und sie dazu zu bewegen, der Wahrheit ins Auge zu blicken. Ich wünschte, ich könnte ihre Schwächen in lebensbedrohliche

Krankheiten verwandeln – denn wenn es um Leben oder Tod ginge, wären sie gezwungen, sich zu ändern.

Aber das kann und tue ich nicht. Stattdessen zeige ich diesen Menschen, was ihre Kollegen *wirklich* über sie denken. Das nennt man Feedback. Es ist das einzige Instrument, das ich brauche, um den Menschen zu signalisieren: »Sie sind hier.« Und in diesem Buch zeige ich Ihnen, wie Sie diese Waffe auf sich selbst und andere richten können.

Es braucht nicht viel, um die Menschen aus dem Labyrinth zu befreien und auf den richtigen Weg zurückzulotsen. Wir befassen uns in diesem Buch mit Problemen und nicht mit lebensbedrohlichen Krankheiten (obwohl sie Karrieren zerstören können, wenn wir sie zu lange ignorieren). Wir haben es nicht mit tiefsitzenden Neurosen zu tun, für deren Heilung es jahrelanger Therapien oder tonnenweiser Medikamente bedarf. In den meisten Fällen handelt es sich bei diesen Problemen um simple Verhaltensticks – schlechte Angewohnheiten, die wir bei unserer täglichen Arbeit Dutzende Male wiederholen –, die sich aber beseitigen lassen, indem man (a) sie benennt, (b) zeigt, welchen Schaden sie bei den Menschen in unserer Umgebung anrichten, und (c) demonstriert, dass schon mit einer kleinen Verhaltensänderung eine wesentlich ansprechendere Wirkung erzielt werden kann.

Es ist ein bisschen wie bei einem Theaterschauspieler, der sich an einer entscheidenden Stelle einer Komödie immer wieder verhaspelt und das Publikum eines großen Lachers beraubt. Es ist der Job des Regisseurs, das zu bemerken und den Vortrag des Schauspielers so zu verändern, dass das Publikum in Zukunft regelmäßig an der richtigen Stelle lachen kann. Kein Lachen, keine Komödie. Wenn der Schauspieler seinen Vortrag nicht erfolgreich anpassen kann, wird der Produzent jemand anderen finden, der dazu in der Lage ist.

Betrachten Sie mich als fürsorglichen Regisseur, der Ihnen dabei hilft, Ihren Text optimal vorzutragen.

Ein Journalist sagte mir einst, das Wichtigste, das er in seiner Karriere gelernt habe, sei Folgendes: »Wenn du ein Komma an die falsche Stelle setzt, vermasselst du den ganzen Satz.« Sie können als Journalisten noch so herausragende Fähigkeiten haben. Sie können Fakten recherchieren wie das CSI-Team. Sie können Menschen interviewen, als würden Sie sie schon Ihr ganzes Leben lang kennen. Sie können mit Opfern mitfühlen und Bösewichte anprangern. Sie können pünktlich zur Deadline die herrlichsten Texte abliefern und blumige Metaphern aus dem Ärmel schütteln, die die Leser bewundernd in sich aufsaugen. Doch wenn Sie ein Komma an der falschen Stelle setzen, kann diese winzige Sünde Ihre ganze Wortgewalt zunichtemachen.

Betrachten Sie mich als freundlichen Grammatiker, der Sie vor schlechter Zeichensetzung bewahren kann.

Der Chefkoch eines meiner Lieblingsrestaurants in San Diego eröffnete mir, dass der Erfolg oder Misserfolg seiner Spezialität des Hauses von einer geheimen Zutat abhängt (die er, genau wie das streng gehütete Rezept von Coca-Cola, nicht preisgeben möchte). Lässt er sie weg, kommen die Teller der Gäste noch halbvoll in die Küche zurück. Doch wenn er sie in der richtigen Menge über das Gericht streut, sind die Teller anschließend blitzblank.

Stellen Sie sich vor, ich sei ein ehrlicher Gast, der sein Essen unangetastet zurückschickt, um Ihnen mitzuteilen, dass etwas fehlt.

Schauspieler, die eine entscheidende Textzeile verhauen. Journalisten, die Kommas falsch setzen. Köche, die eine entscheidende Zutat weglassen. Das sind die Menschen, über die wir in der Arbeitswelt sprechen: Menschen, die in ihrem Job immer wieder eine einzige, ärgerliche Sache machen – und nicht erkennen, dass dieser kleine Fehler ihre ansonsten goldene Karriere sabotieren kann. Und was noch schlimmer ist: Sie merken überhaupt nicht, dass ihnen (a) ein Fehler unterläuft und dass sie (b) ihn korrigieren können.

Dieses Buch ist Ihr Wegweiser – ein Plan, der Ihren Karrierepfad von einem Labyrinth voller Irrwege in einen direkten Weg ganz an die Spitze verwandeln kann.

Im Verlauf Ihrer potenziell langen und erfolgreichen Karriere werden Sie sich immer wieder von »hier« nach »dort« bewegen.

Das »Hier« kann ein großartiger Ort sein. Wenn Sie im Hier und Jetzt erfolgreich sind, ist dieses Hier der ideale Ort für Sie. Hier können Sie der CEO eines florierenden Unternehmens sein. Hier können Sie

Redakteur bei einem Spitzenmagazin sein. Hier können Sie ein gefragter Finanzmanager sein.

Aber »hier« ist auch ein Ort, an dem Sie trotz einiger Schwächen in Ihrem Verhalten oder Ihrem persönlichen Auftreten erfolgreich sein können.

Deshalb sollten Sie sich darum bemühen nach »dort« zu gehen. Dort wartet ein vielleicht noch besserer Ort auf Sie. Dort gibt einen Ort, an dem Sie ein CEO sein können, der als große Führungspersönlichkeit angesehen ist, weil er seinen Mitarbeitern nicht im Wege steht. Das »Dort« ist der Ort, an dem Sie ein großartiger Redakteur sein können, der ein starkes Team aufbaut und alle seine direkten Mitarbeiter mit Respekt behandelt. Dort ist der Ort, an dem Sie ein Finanzprofi sein können, der seinen Klienten aufmerksam zuhört und ihnen vermittelt, dass er ihre Ziele über seine eigenen Bedürfnisse stellt.

Aber Sie müssen kein CEO, leitender Redakteur oder Finanzexperte sein, um von diesem Buch zu profitieren. Werfen Sie einfach einen Blick auf Ihren persönlichen Plan. Messen Sie die Distanz, die zwischen Ihrer Vision der Gegenwart und der Zukunft liegt.

Sie sind hier.

Sie können dorthin gelangen.

Aber Sie müssen verstehen, dass das, was Sie hierhergebracht hat, Sie nicht weiterbringen wird.

Machen wir uns gemeinsam auf den Weg.

KAPITEL 2

Genug von Ihnen

Lassen Sie uns über mich sprechen. Was qualifiziert mich, Ihnen zu sagen, wie Sie sich ändern sollen?

Meine Karriere als Führungskräfte-Coach begann mit einem Anruf des CEO eines Fortune-100-Unternehmens. Ich hatte gerade ein Seminar für Führungskräfte in der Personalabteilung seines Unternehmens gehalten. Denn das war es, was ich Ende der 80er-Jahre tat: Ich beriet Personalabteilungen bei der Identifizierung potenzieller Führungspersönlichkeiten in ihren Unternehmen und entwickelte Programme, um diese Kandidaten zu besseren Führungskräften zu machen. Der CEO hatte an meinem Seminar teilgenommen und musste etwas gehört haben, das einen Nerv getroffen hatte. Deshalb verwendete er nun einen Teil seiner wertvollen Zeit darauf, mich anzurufen. Denn er hatte etwas auf dem Herzen.

»Marshall, ich habe hier diesen Mitarbeiter, der eine große Abteilung leitet und uns jedes Quartal die gewünschten Zahlen und noch mehr liefert«, begann er. »Er ist ein junger, kluger, engagierter, moralischer, motivierter, fleißiger, unternehmerisch denkender, kreativer, charismatischer, arroganter, sturer, besserwisserischer Vollidiot.

»Das Problem ist, dass wir ein Unternehmen sind, dessen tragende Säule die Teamarbeit ist, aber dass niemand ihn für einen Teamplayer hält. Ich gebe ihm ein Jahr Zeit, sich zu ändern, ansonsten ist er raus. Aber wissen Sie: Uns wäre es ein Vermögen wert, wenn wir diesen Kerl auf den richtigen Weg bringen könnten.«

Beim Wort »Vermögen« spitzte ich die Ohren. Bis zu diesem Zeitpunkt hatte ich Führungskräften stets nur in Gruppencoachings beigebracht, ihr eigenes Verhalten und das ihrer Kollegen und direkten Mitarbeiter zu verändern. Mit nur einer Führungskraft alleine hatte ich noch nie gearbeitet, und schon gar nicht mit jemandem, der nur einen Karrieresprung vom Chefsessel eines milliardenschweren Unternehmens entfernt war. Ich kannte diesen Mann nicht, aber anhand der prägnanten Beschreibung des Geschäftsführers hatte ich ein gutes Bild vor Augen. Er war ein Erfolgsjunkie, die Art von Mann, die mühelos jede neue Sprosse der Erfolgsleiter erklommen hatte. Er liebte es zu gewinnen, egal ob bei der Arbeit, beim Sport, beim Pokern oder bei einer Diskussion mit einem Fremden. Er konnte Kunden mit seinem Charme für sich einnehmen, in einem Meeting alle von seiner Sicht der Dinge überzeugen und seine Vorgesetzten dazu bringen, ihm den Weg nach oben zu ebnen. Seit seinem ersten Tag im Unternehmen, stand »großes Potenzial« auf seiner Stirn geschrieben. Zudem war er finanziell unabhängig – reich genug, um nicht arbeiten zu *müssen*, sondern seiner Arbeit *aus eigenem Wunsch* nachzugehen.

All diese Zutaten – sein Talent und sein Charme, seine Intelligenz, die makellose Erfolgsbilanz und das viele Geld auf der Bank, das ihn glauben ließ, er könne die Welt aus den Angeln heben – machten diesen Mann zu einem wirkmächtigen Mix aus Eigensinnigkeit, Stolz und Verteidigungsbereitschaft. Wie konnte ich jemandem wie ihm helfen, sich zu ändern, einem Menschen, dessen ganzes Leben – angefangen bei seinem Gehaltsscheck über seine Position bis hin zu den Hunderten von direkten Untergebenen, die ihm täglich zuarbeiteten – eine einzige Bestätigung dafür war, dass er alles richtig machte? Und die noch wichtigere Frage: Selbst, wenn ich wüsste, wie ich es anstellen könnte, warum sollte ich mich ausgerechnet auf dieses Spiel mit dem Feuer einlassen?

Die Herausforderung (und das Wort »Vermögen«) reizte mich. Ich hatte schon viele Gruppencoachings für Manager der mittleren Ebene durchgeführt. Es waren Menschen, die an der Schwelle des Erfolgs standen, aber noch nicht dort angekommen waren. Würden meine Methoden auch bei einer wesentlich exklusiveren Führungspersönlichkeit

Wirkung zeigen? Würde ich in der Lage sein, einen nachweislich erfolgreichen Menschen noch erfolgreicher zu machen? Es wäre ein interessanter Versuch.

Also sagte ich dem CEO: »Vielleicht kann ich helfen.«

Der CEO seufzte: »Das bezweifle ich.«

»Ich mache Ihnen einen Vorschlag«, entgegnete ich. »Ich werde ein Jahr lang mit ihm arbeiten. Wenn er sich bessert, bezahlen Sie mich. Wenn nicht, schulden Sie mir keinen Cent.«

Am nächsten Tag flog ich nach New York City, um den CEO und den besagten Abteilungsleiter zu treffen.

Das ist nun zwanzig Jahre her. Seitdem habe ich über einhundert Führungskräfte mit ähnlichem Status und Wohlstand sowie vergleichbarer Intelligenz und Erfolgsbilanz gecoacht, bei denen es mindestens *ein* immens karriereschädigendes zwischenmenschliches Defizit zu bewältigen gab.

So sieht meine Arbeit nun aus. Ich habe an der University of California, Los Angeles, in Organizational Behavior promoviert und verfüge über 29 Jahre Erfahrung in der Verhaltensmessung und -analyse in Organisationen. Diese Expertise setze ich in meinen Einzelcoachings mit äußerst erfolgreichen Menschen ein, die noch erfolgreicher werden wollen. Es ist dabei nicht meine Aufgabe, sie klüger oder reicher zu machen, sondern ihnen dabei zu helfen, eine persönliche Gewohnheit zu identifizieren, die ihre Mitarbeiter irritiert, und sie dabei zu unterstützen, dieses Verhalten abzulegen und dadurch ihren Wert für ihr Unternehmen zu bewahren. Es ist meine Aufgabe, ihnen vor Augen zu führen, dass die Fähigkeiten und Gewohnheiten, die sie bis in ihre aktuelle Position gebracht haben, sich womöglich nicht eignen, sie noch weiterzubringen.

Was sie hierhergebracht hat, bringt sie nicht nach dort.

Aber ich arbeite nicht nur mit den Super-Erfolgreichen. Obwohl sie einen zentralen Teil meines Kundenstamms bilden, verbringe ich den Großteil meiner Zeit mit dem Coaching von Menschen, die noch nicht auf den obersten Sprossen der Karriereleiter angelangt sind. Auch sie benötigen Hilfe. Die Stellung einer Person in der Unternehmenspyramide sagt nichts darüber aus, wie ihre Mitarbeiter ihre zwischenmenschlichen Fähigkeiten bewerten. So wie CEOs sind auch Führungskräfte der mittleren Ebene nicht davor gefeit, als arrogant, unaufmerksam, unhöflich und besserwisserisch wahrgenommen zu werden. Meine Klientel umfasst die große Gruppe von Menschen, die nach ihrem eigenen Verständnis bereits erfolgreich sind, aber noch größere Erfolge erzielen wollen.

Ich bringe Menschen bei, sich am Arbeitsplatz effektiv zu verhalten, indem ich sie einem simplen, aber brutalen Regime unterwerfe.

Als Erstes hole ich »360-Grad-Feedback« ein – von so vielen Kollegen aus sämtlichen Positionen in der Befehlskette wie möglich sowie oft auch von Familienmitgliedern –, um ihre Stärken und Schwächen möglichst umfassend analysieren zu können.

Anschließend konfrontiere ich meine Klienten mit dem, was ihr Umfeld wirklich über sie denkt. Sofern sie diese Erkenntnisse annehmen, einsehen, dass sie an sich arbeiten sollten, und sich dazu verpflichten, ihr Verhalten zu ändern, zeige ich ihnen, wie ihnen das gelingt.

Ich helfe ihnen, sich bei allen Leidtragenden ihres Fehlverhaltens zu *entschuldigen* (denn nur so können wir den negativen Ballast, der mit unseren früheren Handlungen verbunden ist, loswerden) und diese Menschen gleichzeitig um ihre Unterstützung auf dem Weg zur Besserung zu bitten.

Ich helfe ihnen, ihr Bemühen um eine Verhaltensänderung *gut sichtbar zur Schau zu stellen* – Sie müssen den Leuten sagen, dass Sie an sich arbeiten, denn von alleine werden sie es nicht bemerken.

Dann helfe ich ihnen, ihre Kollegen zuverlässig und regelmäßig um *neues Feedback* zu bitten, denn nur so können sie wirklich herausfinden, wie sie sich schlagen, und die Leute gleichzeitig an ihre Mission erinnern.

Als integralen Bestandteil dieses Follow-up-Prozesses bringe ich den Menschen bei, sich die Rückmeldungen ihrer Kollegen, Familienmitglieder und Freunde *unvoreingenommen anzuhören* – ohne sie zu unterbrechen oder Einwände zu äußern.

Außerdem zeige ich ihnen, dass die einzig richtige Reaktion auf alles, was sie hören, *Dankbarkeit* ist. Das heißt, ich bringe ihnen bei, wie man »Danke« sagt, ohne die Geste zu ruinieren oder unnötig auszuschmücken. Ich bin ein großer Verfechter des Dankens.

Zu guter Letzt bringe ich ihnen noch die wunderbare Feedforward-Methode bei – mein »Spezialrezept«, um Leuten Tipps zu entlocken, wie man sich in Zukunft auch weiterhin bessern kann.

Der gesamte Prozess ist für diese Überflieger oft eine ernüchternde Angelegenheit, doch nach 12 bis 18 Monaten haben sie sich gebessert – nicht nur in ihren eigenen Augen, sondern vor allem auch in den Augen ihrer Mitarbeiter.

Der Prozess ist wie gesagt äußerst simpel, doch mit der Geschichte, wie ich bis hierhergekommen bin, könnte ich ein ganzes Buch füllen – nämlich dieses Buch. Und ich möchte betonen, dass dieses Buch nicht nur den Super-Erfolgreichen unter uns helfen kann. Das wäre so, als würde man einen Golflehrgang nur für Spieler der PGA Tour schreiben. Womöglich ein interessantes Projekt, von dem allerdings nur 0,000001 Prozent aller Golfspieler weltweit profitieren würden. Das ist die Mühe nicht wert.

Die Golf-Analogie verwende ich dabei nicht zufällig. Ich wohne neben einem Golfplatz, sodass ich die Spieler gut beobachten kann, und ich bin überzeugt, dass nichts dem Coaching erfolgreicher Menschen so sehr ähnelt wie der Golfunterricht. Golfer und erfolgreiche Menschen einen dieselben Schwächen. Bei Golfspielern treten sie vielleicht sogar noch stärker zutage.

Da wäre zum Beispiel, dass sie sich falsche Illusionen über ihre Leistung machen. Sie behaupten (bzw. glauben sogar), sie seien besser, als es tatsächlich der Fall ist. Wenn sie eine von hundert Runden einmal in 90 Schlägen spielen, verklären sie diese außergewöhnliche Runde schnell zu ihrem »ganz normalen Spiel«.

Außerdem täuschen Golfer sich und andere gerne in Bezug auf die Frage, wie ihr Erfolg zustande kam. Aus diesem Grund gestatten sie sich nur allzu gerne Wiederholungsschläge (sogenannte Mulligans), wenn der erste Schlag misslungen ist, platzieren den ungünstig gelandeten Ball neu, vergessen praktischerweise, gelegentliche Fehlschläge mitzuzählen, und manipulieren auch sonst gerne die Regeln und ihre Scorekarte, um ihr Handicap aufzubessern und sich mit einem vorgeblich besseren Spiel zu rühmen.

Genau wie Geschäftsleute neigen auch Golfer dazu, über ihre Schwächen hinwegzusehen und sie zu leugnen – was wiederum erklärt, weshalb sie einen Großteil ihrer Zeit damit verbringen, die Dinge zu üben, die sie bereits gut können, und nur wenig Zeit in die Facetten ihres Spiels investieren, an denen sie noch arbeiten sollten.

Inwiefern unterscheiden sich diese Eigenschaften von den Verhaltensweisen von Chefs, die mehr Anteil an einem Erfolg beanspruchen, als ihnen zusteht, die die Wahrheit verdrehen, um sich einen Vorteil zu verschaffen, und die sich in Bereichen für stark halten, in denen andere ihnen Schwäche attestieren würden?

Doch genau wie Golfer verfügen auch die Führungskräfte, die ich coache, über eine außerordentlich noble Eigenschaft: Egal, wie gut sie sind, ob sie ein Handicap von 30 haben oder Scratch-Spieler sind, sie *alle wollen sich verbessern*. Das ist der Grund, weshalb sie ständig trainieren, Stunden nehmen, neues Material testen, an ihrem Schlag feilen und begierig Tipps und Ratschläge aus Magazinen und Büchern in sich aufsaugen.

Und genau das ist auch der Grundgedanke dieses Buches. Es richtet sich an alle, *die sich verbessern wollen* – in ihrem Beruf, im Privaten oder in einem anderen Bereich.

Wenn ich Sie dazu bewegen kann, die Möglichkeit in Betracht zu ziehen, dass Sie trotz Ihres nachweislichen Erfolgs und Ihres lobenswerten Selbstbewusstseins vielleicht doch nicht so gut sind, wie Sie glauben, und wenn ich Sie davon überzeugen kann, dass jeder von uns unrühmliche Verhaltensfacetten besitzt und dass diese negativen Facetten ausfindig gemacht und beseitigt werden können, dann kann ich diese Welt – und Ihre Welt – in dem Wissen verlassen, dass ich sie ein klein wenig besser gemacht habe.

Aber genug von mir. Nun wollen wir den Fokus wieder auf Sie richten.

KAPITEL 3

Die Erfolgsillusion oder: Warum wir uns weigern, uns zu ändern

Das Versicherungsunternehmen Unum schaltete vor einigen Jahren eine Anzeige, die einen mächtigen Grizzlybären inmitten eines tosenden Flusses zeigte, den Kopf nach vorne gereckt, das Maul weit aufgerissen und mit gefletschten Zähnen. Er war im Begriff, nach einem ahnungslosen Lachs zu schnappen, der flussaufwärts sprang. Der zugehörige Slogan lautete: WAHRSCHEINLICH FÜHLEN SIE SICH WIE DER *BÄR*. ABER WAS IST, WENN SIE DER LACHS SIND?

Mit dieser Anzeige warb Unum für seine Berufsunfähigkeitsversicherung, doch ich empfand sie gleichermaßen als ein aussagekräftiges Statement über die Illusion, der wir uns alle bezüglich unserer Leistungen, unseres Status und unseres Beitrags in unseren Berufen hingeben. Wir ...

- überschätzen unseren Beitrag zu einem Projekt
- beanspruchen Erfolge, die eigentlich anderen zustehen, ganz oder teilweise für uns
- haben eine hohe Meinung von unseren beruflichen Fähigkeiten und unserem Ansehen unter unseren Kollegen
- ignorieren geflissentlich die kostspieligen Misserfolge und zeitraubenden Sackgassen, die auf unser Konto gehen
- übertreiben unter Missachtung der daraus entstandenen Kosten den Einfluss, den unsere Projekte auf den Unternehmensumsatz genom-

men haben (der Erfolg gehört uns, die Kosten sind hingegen nicht unser Problem)

All diese irrigen Vorstellungen sind direkte Resultate des Erfolgs, und nicht des Misserfolgs. Das liegt daran, dass uns unsere früheren Erfolge positiv bestärken, sodass wir in einem leicht zu rechtfertigenden Gedankensprung glauben, dass unsere vergangenen Erfolge eine ebenso großartige Zukunft bedingen.

Das ist nicht zwingend etwas Schlechtes. Unser verrückter Irrglaube an unsere gottgleiche Allwissenheit stärkt unser Selbstbewusstsein, wie unverdient es auch sein mag. Er löscht alle Zweifel aus und macht uns blind für die Risiken und Herausforderungen unserer Arbeit. Wenn wir uns der Realität vollkommen bewusst wären und jede Situation komplett objektiv erfassen würden, würden wir morgens gleich im Bett bleiben. Schließlich sind die größten Realisten in unserer Gesellschaft meist chronisch depressiv.

Doch unsere Verblendung wird zu einer ernsten Belastung, wenn wir uns ändern müssen. Wir sitzen da und fühlen uns wie Gott, und wenn jemand versucht, uns zum Umdenken zu bewegen, sind wir ehrlich verblüfft.

Interessanterweise besteht unsere Reaktion aus drei Phasen.

Zunächst unterstellen wir unserem Gegenüber, dass er irgendwie durcheinander ist. Wir unterstellen ihm falsche Informationen und mangelnde Kompetenz. Wir sind überzeugt, dass man uns mit jemand anderem verwechselt, jemandem, der sich, anders als wir selbst, tatsächlich ändern muss.

Wenn uns dann allerdings dämmert, dass unser Gegenüber vielleicht doch nicht falsch liegt und die Unzulänglichkeiten, die man uns unterstellt, womöglich zutreffen könnten, beginnt die Phase der Verleugnung. Wir erklären das Gesagte für unzutreffend, denn sonst wären wir ja nicht so erfolgreich.

Schließlich, wenn alles andere nicht hilft, gehen wir zum Angriff über. Wir diskreditieren den Boten. »Warum«, denken wir, »sollte ein smarter Typ wie ich auf einen Verlierer wie dich hören?«

Das sind nur die ersten, oberflächlichen Reaktionen – die Verleugnungsmechanismen. Kombinieren Sie sie mit dem äußerst positiven Bild, das sich erfolgreiche Menschen von (a) ihrer bisherigen Leistung machen und (b) ihrer Fähigkeit, Einfluss auf ihren Erfolg zu nehmen (und nicht nur Glück zu haben), sowie mit (c) ihrer optimistischen Überzeugung, dass sie auch in Zukunft erfolgreich sein werden, und (d) ihrer Überzeugung, ihr Schicksal selbst in der Hand zu haben (statt unter der Kontrolle äußerer Kräfte zu stehen), und Sie erhalten einen brisanten Cocktail aus Widerstand gegen Veränderungen.

Unser Weg zum Erfolg fußt auf vier zentralen Überzeugungen. Und jede von ihnen kann dafür sorgen, dass wir Schwierigkeiten haben, uns zu ändern. Und genau das ist das Paradoxe am Erfolg: Dieselben Überzeugungen, die uns bis *hierher* gebracht haben, können uns daran hindern, es noch *weiter* zu bringen. Lassen Sie uns deshalb einen genaueren Blick auf jede dieser Überzeugungen werfen, die uns daran hindern können, unsere »bewährten« Verhaltensweisen zu ändern.

Überzeugung 1: Ich bin erfolgreich

Erfolgreiche Menschen glauben an ihre *Fähigkeiten und Talente.*

Erfolgreiche Menschen haben eine Überzeugung verinnerlicht, die den ganzen Tag über durch ihre Adern fließt und ihr Denken bestimmt. Dieses Mantra lautet wie folgt: »Ich bin erfolgreich. Ich bin erfolgreich. Ich bin erfolgreich.« Es ist ihre Art, sich immer wieder aufs Neue selbst davon zu überzeugen, dass sie die entscheidenden Fähigkeiten und das nötige Talent besitzen, um jetzt und für alle Zeit auf der Gewinnerstraße zu fahren. Unabhängig davon, ob sie dieses Mantra bewusst denken oder nicht, ist es das, was erfolgreiche Menschen sich selbst sagen.

Sie mögen vielleicht nicht glauben, dass dies auch auf Sie zutrifft. Sie mögen glauben, diesen Menschen sei ihr Ego zu Kopf gestiegen. Aber betrachten Sie sich offen und ehrlich. Woher ziehen Sie das Selbstvertrauen, morgens aufzuwachen, sich voller Optimismus und Begeisterung in Ihre Arbeit zu stürzen und sich allen Herausforderungen zu stellen? Sicher nicht aus der Erinnerung an all die Fehler und Niederlagen, die Sie in der letzten Zeit gemacht und erlitten haben. Ganz im Gegenteil, denn Sie blenden die Misserfolge aus und rufen sich stattdessen Ihre gesammelten Erfolge vor Augen. Wenn Sie wie die meisten Menschen sind, die ich kenne, dann denken Sie stets positiv und erinnern sich an heldenhafte Momente, in denen Sie alle verblüfft und den Sieg eingefahren haben. Vielleicht denken Sie an die alles entscheidenden fünf Minuten eines Meetings, in denen Sie das Wort hatten und alle von Ihrem Standpunkt überzeugen konnten. (Wer würde diese Szene in Gedanken nicht gerne wieder und wieder durchleben, als handle es sich um die Zeitlupe des Tors des Tages?) Vielleicht denken Sie an Ihr klug formuliertes Memo, das der Chef in den höchsten Tönen lobte und an das gesamte Unternehmen weiterleitete. (Wer würde dieses Memo in einer freien Minute nicht gerne noch mal lesen?) Egal, wie die Belege unseres Erfolgs aussehen mögen: Wenn sie uns ins richtige Licht rücken, rufen wir sie uns immer wieder aufs Neue in Erinnerung und reiben sie jedem unter die Nase, der uns Gehör schenkt.

Sicher kennen Sie diese selbstbewusste Haltung von Ihren erfolgreichen Freunden. Sie drückt sich in den immer gleichen Geschichten aus, die Sie wieder und wieder von ihnen hören. Erzählen sie Ihnen von ihren Patzern? Oder von ihren Triumphen? Wenn es sich tatsächlich um erfolgreiche Freunde handelt, dann erzählen sie Ihnen von Letzteren.

In unseren eigenen Gedanken strafen wir uns selbst nicht mit Verachtung, sondern wir frönen der Selbstverherrlichung. Und das ist auch gut so. Denn andernfalls würden wir morgens womöglich gar nicht erst aufstehen.

Ich habe mich einmal mit einem Erstliga-Baseballspieler über dieses Thema unterhalten. Jeder Schlagmann kennt bestimmte Werfer, deren Bälle er in der Vergangenheit besser getroffen hat als die Bälle anderer Werfer. Er berichtete mir: »Wenn ich gegen einen Pitcher antrete, dessen Würfe ich bislang stets gut getroffen habe, gehe ich immer mit dem Gedanken auf das Schlagmal, dass ich diesen Typen ›fertigmachen‹ werde. Das gibt mir Selbstvertrauen.«

Diese Haltung ist nicht überraschend. Für erfolgreiche Menschen ist die Vergangenheit immer die Einleitung ihrer Zukunft – und ihre Vergangenheit ist immer rosarot. Aber dieser Profi ging gedanklich sogar noch einen Schritt weiter.

»Und was ist mit Werfern, bei denen du nicht so gut triffst?«, fragte ich. »Wie gehst du mit einem Pitcher um, der meistens dich ›fertigmacht‹?«

»Ganz genauso«, lautete seine Antwort. »Ich gehe zum Schlagmal und denke, dass ich diesen Typen besiegen kann. Denn schließlich habe ich schon Pitcher besiegt, die viel besser sind als er.«

Mit anderen Worten: Dieser Mann nutzte seine vorangegangenen Erfolge nicht nur, um sein erfolgreiches Selbstbild zu untermauern, sondern er machte sie sich selbst dann zunutze, wenn seine früheren Leistungen nicht ganz so positiv ausgefallen waren, wenn also die Realität seinem Selbstbewusstsein widersprach. Das Glas erfolgreicher Menschen ist niemals halb leer.

Dieses beschriebene Verhalten legen sie auch bei Teamleistungen an den Tag. Egal wie sehr sie ihre Mitstreiter respektieren: Wenn ihr Team großartige Ergebnisse erzielt, neigen diese Menschen dazu, ihren Beitrag für wesentlich bedeutender zu halten, als er in Wahrheit war.

Einmal habe ich drei Geschäftspartner gebeten, ihren prozentualen Beitrag zu dem Gewinn einzuschätzen, den ihr Unternehmen erwirtschaftete. Da ich den Seniorpartner dieses Unternehmens kannte, waren ich über die tatsächlichen Zahlen im Bilde. Die Schätzung der drei Partner lag in der Summe jedenfalls bei über 150 Prozent! Jeder von ihnen war der Meinung, dass mehr als die Hälfte des Unternehmensgewinns seiner persönlichen Leistung zu verdanken sei.

Diese Selbstüberschätzung lässt sich nicht nur bei meinen Klienten beobachten, sondern überall in der Arbeitswelt. Wenn Sie Ihre eigenen Kollegen bitten würden, ihren prozentualen Beitrag zu Ihrem Unternehmen zu schätzen, wird die resultierende Summe immer die 100-Prozent-Marke überschreiten. Daran gibt es nichts auszusetzen. Es ist ratsam, sich mit selbstbewussten Menschen zu umgeben. (Sollte die Gesamtsumme jemals weniger als 100 Prozent betragen, würde ich Ihnen raten, sich neue Kollegen zu suchen.)

Die feste Überzeugung »Ich bin erfolgreich«, so positiv sie auch sein mag, wird Menschen jedoch immer dann zum Verhängnis, wenn sie ihr Verhalten ändern müssen.

In ihren eigenen Augen schneiden erfolgreiche Menschen im Vergleich mit ihren Mitmenschen stets besser ab. Wenn Sie erfolgreiche Menschen bitten, sich im Vergleich zu ihren Kollegen einzuschätzen (eine Übung, die ich im Rahmen meiner Coachings inzwischen mit mehr als 50000 Personen durchgeführt habe), werden sich 80 bis 85 Prozent von ihnen zu den besten 20 Prozent ihrer Gruppe zählen – und 70 Prozent sogar in der Riege der besten 10 Prozent. Bei Berufsgruppen mit einem höheren sozialen Status, beispielsweise bei Ärzten, Piloten und Investmentbankern, liegt diese Zahl sogar noch höher: Im Durchschnitt zählen sich 90 Prozent dieser Menschen zu den obersten 10 Prozent.

Ärzte haben dabei vielleicht die am stärksten verzerrte Wahrnehmung. Ich habe einmal einer Gruppe von Ärzten gesagt, meine umfangreichen Untersuchungen hätten bewiesen, dass exakt die Hälfte aller Mediziner ihren Abschluss in der unteren Hälfte ihres Jahrgangs machen. Woraufhin zwei Ärzte darauf bestanden, dass dies völlig ausgeschlossen sei!

Und nun stellen Sie sich vor, Sie müssten derart von sich überzeugten Menschen sagen, dass sie etwas falsch machen und sich ändern müssen.

Überzeugung 2: Ich kann erfolgreich sein

Dies ist eine andere Art zu sagen: »Ich bin *zuversichtlich*, dass ich es schaffen kann.« Erfolgreiche Menschen glauben, dass sie die Fähigkeit besitzen, erstrebenswerte Dinge Wirklichkeit werden zu lassen. Natürlich nicht wie bei einem Zaubertrick, bei dem der Magier Gegenstände allein mit der Kraft seiner Gedanken bewegt oder Stahl verbiegt – aber fast. Erfolgreiche Menschen sind buchstäblich überzeugt davon, dass sie eine Situation dank ihrer Persönlichkeit, ihres Talents oder ihrer Intelligenz zu ihren Gunsten beeinflussen können.

Genau aus diesem Grund heben manche Leute die Hand und rufen »Lassen sie mich das machen!«, wenn der Chef nach Freiwilligen sucht, die ein Problem lösen sollen, während andere sich möglichst klein machen und beten, dass der Kelch an ihnen vorübergeht.

Hier haben wir es mit der klassischen Definition von Selbstwirksamkeit zu tun, und dabei handelt es sich womöglich um die wichtigste Überzeugung, die den Erfolg jedes Einzelnen bestimmt. Menschen, die glauben, dass sie erfolgreich sein können, wittern Chancen, wo andere Gefahren sehen. Sie haben keine Angst vor ungewissen oder unklaren Herausforderungen, sondern lassen sich mit Begeisterung darauf ein. Sie wollen höhere Risiken eingehen und bessere Ergebnisse erzielen. Wenn sie die Wahl haben, werden sie immer auf sich selbst setzen.

Erfolgreiche Menschen haben in der Regel eine hohe »Kontrollüberzeugung«, oder anders formuliert, sie fühlen sich nicht als Opfer des Schicksals. Nach ihrer Ansicht ist ihr eigener und der Erfolg anderer Menschen weitgehend das Resultat der persönlichen Motivation und der eigenen Fähigkeiten – und nicht reines Glück, ein Zufallsprodukt oder das Ergebnis äußerer Faktoren.

Diese Überzeugung vertreten sie auch dann, wenn das Glück in Wirklichkeit tatsächlich eine entscheidende Rolle spielt. Vor einigen Jahren wollten sechs meiner Partner in ein sehr großes Geschäft einsteigen. Da ich ein Seniorpartner war, benötigten sie dafür meine Zustimmung. Ich war dagegen und sagte ihnen auch, dass ich die Sache für idiotisch hielt. Letztlich gab ich ihnen unter Protest aber trotzdem grünes Licht. Sieben Jahre später erhielt ich als Rendite meiner »idiotischen« Investition den größten Scheck, den ich je erhalten hatte – mit sieben Stellen vor dem Komma. Dahinter steckte nichts anderes als reines Glück. Aber einige meiner erfolgreicheren Freunde waren anderer Meinung. Sie beharrten darauf, dass mein Glück kein reiner Zufall war, sondern viel mehr der gerechte Lohn für jahrelange harte Arbeit. Das ist die klassische Reaktion erfolgreicher Menschen. Wir neigen zu der Annahme, dass man sich Erfolg anhand der eigenen Motivation und Fähigkeiten »erarbeitet« (auch wenn das nicht der Fall ist).

Natürlich ist diese Auffassung ungefähr genauso zutreffend wie die Überzeugung eines Menschen, der Geld geerbt hat, sich aber für einen Selfmademan hält. Wenn Sie mit einem goldenen Löffel im Mund geboren sind, sollten Sie nicht denken, Ihr Reichtum sei Ihrer eigenen Hände Lohn. Erfolgreiche Menschen glauben jedoch immer an einen Zusammenhang zwischen ihrer Leistung und dem, was sie erreicht haben – selbst wenn es in Wahrheit gar keine Verbindung gibt. Das ist eine Illusion, aber sie ist auch ermutigend.

Diese Überzeugung ist jedenfalls besser als ihre Alternative. Denken Sie nur an die Menschen, die Lotterielose kaufen. Es ist eine statistische Tatsache, dass staatliche Lotterien gerade für Menschen aus niedrigeren Einkommensschichten »regressive Steuern« sind. Menschen, die das Lottospielen ernst nehmen, neigen dazu zu glauben, dass jeder Erfolg auf Glück, äußeren Faktoren oder Zufall basiert. (Dieser Glaube steht im kompletten Gegensatz zu der Überzeugung der meisten erfolgreichen Menschen und ist der Grund, weshalb wir selten Millionäre beim Kauf von Rubbellosen sehen.) In den Augen dieser Rubbellos-Jünger ist die Lotterie eine Manifestation der Beliebigkeit des Erfolgs. Sie glauben, dass sie mit ein wenig Glück Millionen gewinnen können, wenn sie nur genügend Lottoscheine kaufen. Studien belegen allerdings, dass Menschen mit derartigen Überzeugungen in der Regel nicht zu den Leistungsstarken oder Besserverdienenden gehören.

Und zu allem Übel neigen viele Menschen, die in Lotterien hohe Summen gewinnen, häufig dazu, ihre Gewinne schlecht zu investieren. Denn ein Lottogewinn bestärkt sie, dass die Überzeugungen, die sie dazu gebracht haben, Hunderte von Lottoscheinen zu kaufen, zutreffend sind. Die Folge: Auch bei Investitionen treffen sie irrationale Entscheidungen, in der erneuten Hoffnung, dass ihr Glück – und nicht ihr Können und ihre Intelligenz – sie noch reicher machen wird. Deshalb fallen sie mitunter auf fragwürdige Betrugsmaschen herein. Diesen Menschen fehlt der grundlegende Glaube, dass sie aus eigener Kraft erfolgreich sein können, und deshalb verlassen sie sich auf ihr Glück.

Erfolgreiche Menschen hingegen hegen anstelle dieser Lotterie-Mentalität einen unerschütterlichen Glauben an sich selbst. Eine weitere Hürde, die es zu überwinden gilt, wenn ich sie dabei unterstütze, ihr Verhalten zu ändern. Einer der größten Fehler erfolgreicher Menschen ist die Annahme: »Ich bin erfolgreich. Ich verhalte mich soundso. Also bin ich erfolgreich, *weil* ich mich so verhalte!« Die Herausforderung besteht darin, ihnen klarzumachen, dass sie manchmal nicht *wegen*, sondern *trotz* dieses Verhaltens erfolgreich sind.

Überzeugung 3: Ich werde erfolgreich sein

Diese Überzeugung lässt sich auch folgendermaßen ausdrücken: »Ich habe die *Motivation*, erfolgreich zu sein.« Wenn sich »Ich bin erfolgreich« auf die *Vergangenheit* bezieht, und »Ich kann erfolgreich sein« auf die *Gegenwart*, dann verweist »Ich werde erfolgreich sein« auf die *Zukunft*. Erfolgreiche Menschen verfügen über einen unerschütterlichen Optimismus. Sie glauben nicht nur, dass sie den Erfolg selbst herbeiführen können, sondern sind zudem überzeugt, dass ihnen der Erfolg praktisch zusteht.

Aus diesem Grund neigen erfolgreiche Menschen dazu, sich bietende Chancen mit einer Begeisterung zu verfolgen, die andere nur schwer nachvollziehen können. Wenn sie sich erst ein Ziel gesetzt und es öffentlich verkündet haben, tun sie in der Regal »alles, was nötig ist«, um dieses Ziel zu erreichen. Das ist eigentlich eine gute Einstellung, die allerdings leicht in übermäßigem Optimismus münden kann. Sie erklärt, weshalb erfolgreiche Menschen in der Regel extrem viel zu tun haben und Gefahr laufen, sich zu viel aufzubürden.

Denn ehrgeizigen Menschen mit einer »Ich werde erfolgreich sein«-Mentalität fällt es oft schwer, »Nein« zu attraktiven Gelegenheiten zu sagen. Die überwiegende Mehrheit der Führungskräfte, mit denen ich arbeite, fühlt sich heute so beschäftigt (oder noch beschäftigter) wie nie zuvor in ihrem Leben. Noch nie habe ich einen meiner Klienten sagen hören: »Ich habe nicht genug zu tun.« Diese Geschäftigkeit kommt aber nicht daher, dass sie so viele Probleme zu bewältigen haben. Auf meine

Frage, woher ihre Überlastung rührt, antwortete keiner von ihnen, sie versuchten, »ein sinkendes Schiff zu retten«. Stattdessen lag es vielmehr daran, dass sie »in einem Meer der Möglichkeiten ertranken«.

Vielleicht kennen sie die Situation: Sie haben einen richtig guten Job gemacht und plötzlich wollen jede Menge Kollegen mit Ihnen zusammenarbeiten und etwas von Ihrem Erfolg abhaben. Nachdem Ihnen schon einmal ein wahres Meisterstück gelungen ist, schlussfolgern sie aus nachvollziehbaren Gründen, dass Sie in Zukunft Ähnliches vollbringen werden – und möchten ein Stück vom Kuchen abhaben. Also dienen sie Ihnen in rascher Folge ein um die andere verlockende Chance an – und Ihnen fehlt die Erfahrung oder die Disziplin, um wenigstens einige dieser Chancen auszuschlagen. Doch wenn Sie nicht auf sich achtgeben, wird Ihnen alles früher oder später über den Kopf wachsen – und der Erfolg, der Sie überhaupt erst in diese Position gebracht, wird Ihnen zum Verhängnis.

Der Klient, mit dem ich im Rahmen meiner ehrenamtlichen Tätigkeit am liebsten zusammenarbeitete, war der Geschäftsführer eines in Europa ansässigen weltweit führenden Unternehmens für soziale Dienstleistungen. Seine Mission war es, den Schwächsten unserer Welt zu helfen. Bedauerlicherweise (für uns alle) boomte sein Geschäft. Wenn Menschen ihn um Hilfe baten, war er weder gewillt noch geneigt, Nein zu sagen. Sein gesamtes Tun fußte auf der festen Überzeugung, dass er Erfolg haben würde. Infolgedessen versprach er sogar mehr, als selbst seine engagiertesten Mitarbeiter leisten konnten.

Die Gefahr dabei? Wird ihr kein Riegel vorgeschoben, führt die Einstellung »Wir werden erfolgreich sein« zu einem Burn-out der Angestellten, einer hohen Mitarbeiterfluktuation und einem zunehmend schwächeren Team. Für diesen Chef bestand die größte Herausforderung darin, der Überlastung vorzubeugen.

Die Überzeugung »Ich werde erfolgreich sein« kann auch unsere Erfolgsaussichten zunichtemachen, wenn es Zeit wird, unser Verhalten zu ändern. Ich entschuldige mich nicht für die Tatsache, dass ich besessen davon bin, die Entwicklung meiner Klienten weiterzuverfolgen, um zu sehen, ob es ihnen dank meiner Methoden tatsächlich besser geht. Fast alle, die an meinen Programmen zur Entwicklung von Führungskräften teilnehmen, *nehmen sich vor*, das Gelernte in der Praxis anzuwenden. Die meisten tun es – und bessern sich! Wie unsere Forschung (auf die wir später eingehen werden) gezeigt hat, tun einige hingegen überhaupt nichts; sie hätten genauso gut Sitcoms schauen können, statt meine Kurse zu besuchen.

Auf die Frage, warum sie ihr Verhalten doch nicht wie angekündigt geändert haben, antworteten die meisten dieser »Nichtstuer«: »Ich wollte es ja, aber ich kam einfach nicht dazu.« Mit anderen Worten: Sie waren zu beschäftigt. Es ist nicht so, dass sie sich nicht ändern wollten oder missachteten, wie wertvoll eine Veränderung für sie wäre, sondern sie fanden schlicht und ergreifend nicht die Zeit dazu. Sie vertagten es auf »später« – und dieses »Später« trat niemals ein. Übermäßiges Engagement kann Veränderungen ebenso sehr erschweren wie die Überzeugung, es gäbe keinen Verbesserungsbedarf oder die eigenen Schwächen seien in Wahrheit mitverantwortlich für den eigenen Erfolg.

Überzeugung 4: Ich entscheide mich für den Erfolg

Erfolgreiche Menschen glauben, dass sie tun, was sie tun wollen, weil sie es tun wollen. Sie haben ein starkes Bedürfnis nach Selbstbestimmung. Je erfolgreicher jemand ist, desto mehr trifft diese Aussage zu. Wenn wir tun, was wir tun *wollen*, sind wir *engagiert*. Wenn wir tun, was wir tun *müssen*, sind wir *fügsam*.

Dieser Unterschied lässt sich in der gesamten Arbeitswelt beobachten, sogar dort, wo Geld nicht mit Leistung verknüpft ist. Als ich früher auf die Highschool in Kentucky ging, konnte selbst ein skeptischer und besserwisserischer Spaßvogel wie ich erkennen, dass einige Lehrer für diesen Beruf geboren waren, wohingegen andere ihn ganz offensichtlich lediglich zur Sicherung ihres Lebensunterhaltes ausübten – und die besten Lehrer waren natürlich die Erstgenannten. Sie waren mit Herzblut bei der Sache und wurden nicht von äußeren Anreizen (wie ihrem Gehaltsscheck) beeinflusst.

Erfolgreiche Menschen hegen eine vehemente Abneigung gegen eine Kontrolle oder Manipulation von außen. Das sehe ich Tag für Tag bei meiner Arbeit. Selbst wenn mir mein Ruf als Coach, der tatsächlich imstande ist, Menschen dabei zu helfen, sich zum Besseren zu verändern, bereits im Übermaß vorausgeeilt ist, stoße ich trotzdem regelmäßig auf Widerstand. Ich habe mich inzwischen damit abgefunden, dass ich Menschen nicht dazu zwingen kann, sich zu ändern. Ich kann sie nur bei Veränderungen unterstützen, *die sie selbst herbeiführen wollen.*

Der bekannte Basketballtrainer Rick Pitino hat ein Buch mit dem Titel *Success Is a Choice* geschrieben, was übersetzt so viel heißt wie »Erfolg ist eine bewusste Entscheidung«. Ich stimme dieser Ansicht zu. »Ich entscheide mich für den Erfolg« korreliert perfekt mit Erfolgen in praktisch sämtlichen Bereichen. Wir stolpern nicht zufällig über den Erfolg, sondern wir entscheiden uns ganz bewusst dafür.

Leider ist es nicht leicht, Menschen, die »sich für den Erfolg entschieden haben«, dazu zu bewegen, sich auch zu einer Änderung ihres Verhaltens zu entschließen. Denn das würde bedeuten, dieses kraftvolle Engagement auf den Kopf zu stellen. Das ist leichter gesagt als getan. Je mehr wir davon überzeugt sind, dass unser Verhalten das Ergebnis unserer eigenen Entscheidungen und unseres persönlichen Engagements ist, desto geringer ist die Wahrscheinlichkeit, dass wir es ändern wollen.

Dafür gibt es einen Grund, der eines der am besten erforschten psychologischen Phänomene ist: das Prinzip der kognitiven Dissonanz. »Kognitive Dissonanz« beschreibt die Diskrepanz zwischen unseren Überzeugungen und dem, was wir in der Realität erleben oder sehen. Die zugrunde liegende Theorie lässt sich ganz einfach zusammenfassen: Je mehr wir davon überzeugt sind, dass etwas wahr ist, desto unwahrscheinlicher ist es, dass wir eine gegenteilige Wahrheit akzeptieren werden, selbst wenn die Beweise, dass wir mit unserer Überzeugung falsch liegen, erdrückend sind. Wenn Sie beispielsweise Ihren Kollegen Bill für einen Idioten halten, werden Sie sein Tun durch die Brille Ihrer Überzeugung wahrnehmen. Egal, was er tut: Sie werden alles durch einen Filter sehen, der Ihnen bestätigt, dass Bill ein Trottel ist. Und selbst wenn er sich einmal nicht wie ein Idiot verhält, werden Sie dies als Ausnahme von der Regel interpretieren, dass er trotzdem einer ist. Bis es Bill gelingt, Sie mit seinem mustergültigen Verhalten vom Gegenteil zu überzeugen, können Jahre vergehen. Das ist ein Beispiel für kognitive Dissonanz in Bezug auf unsere Mitmenschen. In der Arbeitswelt kann sie eine zerstörerische Kraft entfalten und herbe Ungerechtigkeiten nach sich ziehen.

Auf die eigene Person bezogen, kann sich kognitive Dissonanz für erfolgreiche Menschen hingegen tatsächlich als förderlich erweisen. Je mehr wir von einer Sache überzeugt sind, desto weniger werden wir eine gegenteilige Wahrheit akzeptieren, auch wenn alles darauf hindeutet, dass wir falsch liegen. Das ist der Grund, weshalb erfolgreiche Menschen in schwierigen Zeiten nicht ins Trudeln geraten. Durch ihr Engagement für ihre Ziele und Überzeugungen betrachten sie die Realität durch eine rosarote Brille. In vielen Situationen ist das eine gute Sache. Ihr persönliches Engagement ermutigt die Menschen, »durchzuhalten« und nicht aufzugeben, wenn es schwierig wird. Natürlich kann jedoch genau diese Unerschütterlichkeit erfolgreichen Menschen zum Verhängnis werden, wenn sie ihr Verhalten ändern sollten.

Weshalb unser Erfolg uns abergläubisch macht

Die zuvor genannten vier Erfolgsüberzeugungen – dass wir die nötigen Fähigkeiten, das Selbstvertrauen und die Motivation haben, erfolgreich zu sein, und dass wir uns bewusst für den Erfolg entscheiden können – machen uns abergläubisch.

»Wie bitte, ich?«, fragen Sie. »Auf gar keinen Fall. Ich bin kein bisschen abergläubisch. Ich bin erfolgreich, weil ich mir meinen Erfolg erarbeitet habe.«

Das mag vielleicht auf »kindische« Formen des Aberglaubens zutreffen, zum Beispiel, dass es Unglück bringt, unter einer Leiter durchzulaufen, einen Spiegel zu zerbrechen oder wenn eine schwarze Katze unseren Weg kreuzt. Die meisten von uns verachten den Aberglauben als törichten Irrglauben der Primitiven und Ungebildeten. Tief in unserem Inneren versichern wir uns, dass wir über solche einfältigen Gedanken erhaben sind.

Das ist ein voreiliger Schluss. Zu einem gewissen Grad sind wir alle abergläubisch. Und oftmals nimmt unser Aberglaube zu, je weiter wir unseren beruflichen Totempfahl nach oben klettern.

Psychologisch gesehen beruht abergläubisches Verhalten auf dem Irrglauben, dass eine bestimmte Handlung, die eine positive Verstärkung nach sich zieht, der Auslöser dieser positiven Verstärkung war. Dabei ist es ganz egal, ob diese Handlung eine Funktion erfüllte oder nicht – ob sie also eine Wirkung auf etwas oder jemanden entfaltet hat oder in sich geschlossen und sinnlos war: Wenn etwas Gutes geschieht, nachdem wir eine Handlung ausgeführt haben, stellen wir eine Verbindung her und bemühen uns, diese Handlung zu wiederholen. Der Psychologe B. F. Skinner war einer der Ersten, der auf diese Absurdität hinwies, indem er zeigte, dass hungrige Tauben bestimmte Bewegungsmuster wiederholten, weil sie daraufhin manchmal, nach dem Zufallsprinzip, mit Getreidekörnern belohnt wurden. Nachdem die Tauben auf eine bestimmte Art und Weise gezuckt und anschließend sofort Futter erhalten hatten, lernten sie, diese Zuckungen zu wiederholen. Sie glaubten fälschlicherweise, ihr Zucken würde ihnen Nahrung bescheren. Wenn ich zucke, erhalte ich Körner, so ihre Hoffnung. Zucke ich noch mehr, bekomme ich noch mehr Futter.

Klingt albern, nicht wahr? Natürlich würden wir uns niemals so verhalten. Wir sagen uns, dass wir höher entwickelt sind als Skinners Tauben. Doch meiner Erfahrung nach wiederholen hungrige Geschäftsleute tagein, tagaus ein bestimmtes Verhalten, wenn sie glauben, dass ihnen dadurch große Mengen an Geld und Anerkennung winken.

Aberglaube ist lediglich die Verwechslung von Korrelation und Kausalität. Genau wie Tiere neigen deshalb auch wir Mensch dazu, ein Verhalten zu wiederholen, auf das eine positive Verstärkung folgt. Und je mehr wir erreichen, desto mehr Verstärkung erhalten wir.

Einer der größten Fehler erfolgreicher Menschen besteht in der Annahme: »Ich verhalte mich soundso, und ich erziele Ergebnisse. Also erziele ich diese Ergebnisse offensichtlich, weil ich mich so verhalte.«

Dieser Glaube ist zwar manchmal berechtigt, aber eben nicht immer. Und hier kommt der Aberglaube ins Spiel. Er führt zu dem entscheidenden Trugschluss, der dieses Buch notwendig macht, dem Grund, weshalb das, »was uns hierhergebracht hat, uns nicht weiterbringen wird«. Ich spreche von dem Unterschied zwischen dem Erfolg, der sich *wegen* unseres Verhaltens einstellt, und dem Erfolg, der sich *trotz* unseres Verhaltens einstellt.

Fast jeder, den ich treffe, ist erfolgreich, *weil er* vieles richtig macht, und fast jeder, den ich treffe, ist *trotz* eines Verhaltens erfolgreich, das dem gesunden Menschenverstand widerspricht.

Eine meiner größten Herausforderungen besteht darin, Führungskräften dabei zu helfen, den Unterschied zu erkennen – zu erkennen, dass sie »wegen« und »trotz« verwechseln – und nicht in die »Falle des Aberglaubens« zu tappen.

Genau das war auch die größte Hürde bei meiner Arbeit mit einem leitenden Angestellten, den ich an dieser Stelle Harry nennen möchte. Harry war eine brillante und engagierte Führungskraft, die stets die richtigen Zahlen ablieferte. Er war nicht nur klug, sondern er sah zudem auch Dinge, die niemandem sonst im Unternehmen auffielen. Das räumten alle ein. Seine kreativen Ideen mündeten in bahnbrechenden neuen Prozessen und Verfahren, für die ihm alle viel Anerkennung zollten. Es stand außer Zweifel, dass Harry entscheidend dazu beigetragen hatte, sein Unternehmen auf Erfolgskurs zu bringen. Doch damit noch nicht genug: Harry lagen das Unternehmen, seine Mitarbeiter und die Aktionäre aufrichtig am Herzen. Er hatte eine großartige Frau, zwei Kinder, die Colleges besuchten, und ein schönes Haus in einer tollen Nachbarschaft – also das volle Programm. Harry führte ein sehr gutes Leben.

Der einzige Schönheitsfehler in diesem perfekten Bild – und es gibt immer einen Schönheitsfehler, wenn Aberglaube ins Spiel kommt – war, dass Harry ein schlechter Zuhörer war. Obwohl die ihm unterstellten Mitarbeiter und seine Kollegen ihn respektierten, hatten sie das Gefühl, dass er ihnen nicht zuhörte. Selbst die Tatsache, dass seine schnelle Auffassungsgabe und seine Kreativität einschüchternd wirkten und sie daher durchaus zu akzeptieren bereit waren, dass Harry *ihnen nicht die ganze Zeit zuhören musste*, änderte nichts daran, dass er trotzdem ein fast schon aggressiver Nicht-Zuhörer war, und nicht nur ein zerstreutes Genie, das manchmal in anderen Sphären schwebte. Seine Kollegen hatten sich längst damit abgefunden, dass es sinnlos war, eine gegenteilige Meinung zu äußern, wenn Harry in einer Frage bereits ein Urteil gefällt hatte. Dies bestätigte man mir auf meine Nachfrage auf allen Unternehmensebenen. Und genau das gleiche Bild bot sich auch bei Harry zu Hause: Seine Frau und seine Kinder hatten ebenfalls den Eindruck, dass er nichts von dem wahrnahm, was sie ihm erzählten. Wenn Harrys Hund sprechen könnte, hätte er vermutlich dasselbe Fazit gebellt.

Ich sagte Harry, dass er wahrscheinlich wegen seines Talents, harter Arbeit und etwas Glück erfolgreich war. Ich sagte ihm jedoch auch, dass er gleichzeitig wahrscheinlich auch *trotz* seiner Eigenschaft als furchtbarer Zuhörer erfolgreich war.

Harry räumte ein, dass andere ihm bereits nahegelegt hatten, besser zuzuhören, aber dass er sich nicht sicher gewesen sei, ob er sich wirklich ändern sollte. Er war nämlich zu dem Schluss gekommen, dass seine mangelnde Aufmerksamkeit anderen gegenüber die wahre Quelle seines Erfolgs sei. Und genau wie viele andere Leistungsträger war auch Harry sofort gewillt, seine abergläubischen Überzeugungen zu verteidigen. Er führte an, dass manche Leute furchtbare Ideen vorbrachten und dass er es hasste, seinen kreativen Verstand mit miesen Konzepten zu verstopfen. Miese Konzepte würden das Gehirn kontaminieren. Er musste sie herausfiltern, und er wollte auf keinen Fall so tun, als würde er sich schlechte Ideen anhören, nur damit sich andere dadurch besser fühlten. »Ich habe keine Zeit für Blödsinn«, lautete sein ungeduldiges Fazit, in dem eine Spur Stolz mitschwang.

Damit zeigte er die klassische erste Abwehrreaktion, in die alle Menschen verfallen, die in der Falle des Aberglaubens feststecken. Sie klammern sich an die Überzeugung, dass ihr Erfolg in einem kausalen Zusammenhang mit einer bestimmten Verhaltensweise steht, sei sie gut oder schlecht, verantwortungsvoll oder riskant, berechtigt oder unangemessen. Gleichzeitig weigern sie sich zu akzeptieren, dass nicht all das Gute, das ihnen widerfährt, etwas mit den weniger guten Verhaltensweisen zu tun hat, die sie an den Tag legen. Manchmal gibt es eben überhaupt keine kausale Verbindung.

Meine Aufgabe bestand nun darin, Harry seine fehlerhafte Logik vor Augen zu führen.

Auf meine Frage, ob er seine Mitarbeiter und seine Familie wirklich für dumm hielt, räumte er beschämt ein, dass er womöglich etwas übertrieben hatte. Sie alle waren Menschen, die er respektierte und die er brauchte, um etwas zu erreichen. Menschen, deren Unterstützung er seinen gesamten Erfolg verdankte.

»Wenn ich darüber nachdenke«, gestand er weiter ein, »bin vielleicht vielmehr ich manchmal der Dummkopf.« Das war ein großer Schritt für Harry – *das Eingeständnis*, dass die Gefühle seiner Mitmenschen ihre Berechtigung hatten, genauso wie die *Erkenntnis*, dass er sich »vielleicht manchmal« wie ein Dummkopf verhielt.

Doch als Nächstes wechselte Harry zu Abwehrreaktion Nummer zwei über: der Angst vor der Überkorrektur. Er sorgte sich, dass er in Zukunft womöglich zu intensiv zuhören und dadurch womöglich seine kreativen Impulse hemmen würde. Womöglich würde er seine Meinung nicht mehr geradeheraus äußern und schließlich seiner Kreativität den Garaus machen. Daraufhin legte ich ihm dar, dass die Gefahr, dass ein 55-jähriger Mann, der sein Leben lang ein schlechter Zuhörer gewesen war, sich zu stark verändern und plötzlich zu großen Wert auf die Meinungen anderer legen würde, äußerst gering war. Ich versicherte ihm, dass er diese Sorge von seiner Liste der Dinge, über die er sich sorgen müsste, streichen könnte. Wir wollten lediglich eine negative Verhaltensweise korrigieren und keine religiöse Bekehrung vollziehen. Letztendlich entschied Harry, dass es produktiver sein würde, den Leuten zuzuhören, als seine Zeit mit der Rechtfertigung seines eigenen dysfunktionalen Verhaltens zu verschwenden.

Harrys Geschichte ist kein Einzelfall. Wir alle sind abergläubisch und räumen negativen Verhaltensweisen, die wir fälschlicherweise für unseren Erfolg verantwortlich machen, eine zu große Bedeutung ein.

Ich habe mit Leuten gearbeitet, die darauf beharrten, dass ihre grausamen Kommentare gegenüber Kollegen absolut notwendig waren, weil diese markigen Sprüche den Grundstein für ihre großartigen Ideen legten. (Ich fragte sie dann stets, ob sie auch schon einmal einen netten Menschen getroffen hatten, der genauso kreativ war wie sie selbst ... eine Frage, die sie regelmäßig nachdenklich stimmte.)

Ich habe mit Verkäufern gearbeitet, die ihr aufdringliches und aggressives Auftreten gegenüber Kunden dafür verantwortlich machten, dass sie mehr Geschäfte abschlossen als ihre Kollegen. (Ich fragte sie, wie ihre netteren Kollegen dann überhaupt etwas verkauften, wenn das tatsächlich wahr wäre. Lag es vielleicht auch einfach daran, dass sie ein großartiges Produkt verkauften oder schlicht mehr Verkaufsgespräche führten?)

Ich habe mit Führungskräften gearbeitet, die ihre Abschottung, ihr unergründliches Schweigen und ihre Unnahbarkeit gegenüber ihren Mitarbeitern vehement als kontrollierte und kalkulierte Taktik verteidigten, durch die sie ihre Untergebenen vermeintlich zu eigenständigem Denken anhielten. (Natürlich ist es die Aufgabe von Führungskräften, die Entschlusskraft ihres Teams zu fördern. Trotzdem fragte ich diese Führungskräfte, ob sie wirklich bewusst und wohlbegründet handelten oder ob sie dadurch lediglich im Nachhinein ein Verhalten rechtfertigten, das sie nicht ändern wollten. Könnten ihre Mitarbeiter nicht vielmehr *besser* für sich selbst denken, wenn man ihnen die richtige Richtung vorgeben und ihnen demonstrieren würde, wie sie selbst dachten? War es gar möglich, dass sie selbstständig dachten, obwohl sie von den Führungskräften ignoriert wurden?)

Jetzt wollen wir unseren Fokus auf Sie richten, denn nur die wenigsten von uns sind vor Aberglauben gefeit. Denken Sie an eine Eigenart oder eine unattraktive Verhaltensweise, von der Sie wissen, dass sie Ihre Freunde, Familienangehörigen oder Arbeitskollegen stört. Fragen Sie sich nun selbst: Behalten Sie sie bei, weil Sie glauben, dass sie auf irgendeine Weise mit den guten Dingen in Verbindung steht, die Ihnen widerfahren sind? Sehen Sie sich diese Verhaltensweise genauer an. Hilft sie Ihnen dabei, Ergebnisse zu erzielen? Oder handelt es sich um einen dieser irrationalen, abergläubischen Glaubenssätze, die Ihr Leben seit Jahren bestimmen? Ersteres ist »wegen« dieser Verhaltensweise der Fall, Letzteres »trotz« dieses Verhaltens.

Um dieser Falle des Aberglaubens zu entkommen, müssen Sie wachsam sein. Sie müssen sich ständig fragen: Ist dieses Verhalten ein legitimer Grund für meinen Erfolg, oder mache ich mir etwas vor?

Machen Sie eine Liste Ihrer Verhaltensweisen, »wegen« derer und »trotz« derer Sie Erfolg haben – und Sie werden womöglich schockiert sein, wie abergläubisch Sie wirklich sind.

Wir alle gehorchen dem Naturgesetz

In einem Vortrag an der Harvard Business School erläuterte Barry Diller, der Vorsitzende des amerikanischen Internetunternehmens IAC/Interactive Corp., die Beweggründe für das Mosaik interaktiver Handelsfirmen wie Ticketmaster, Hotels.com, Match.com, LendingTree.com etc., das er bei IAC zusammengestellt hatte. Ein anwesender Student wandte ein, dass diese verschiedenen Unternehmen unabhängig voneinander zu operieren schienen und nicht in einer koordinierten, synergetischen Weise.

Diller reagierte gespielt zornig: »Verwenden Sie nie wieder das Wort Synergie. Das ist ein grässliches Wort«, sagte er. »Das Einzige, was funktioniert, sind Naturgesetze. Wenn wir geduldig abwarten, werden unsere Unternehmen auf ganz natürliche Weise Beziehungen zueinander entwickeln.«

Ich teile diese Ansicht. Was für grundverschiedene Segmente eines riesigen Konzerns gilt, gilt auch für die grundverschiedenen Mitarbeiter eines Unternehmens. Niemand kann Menschen zur Zusammenarbeit zwingen. Niemand kann Synergien einfordern. Harmonie lässt sich nicht künstlich herstellen, weder zwischen zwei Menschen noch zwischen zwei Abteilungen. Niemand kann Menschen befehlen, ihr Denken oder Verhalten zu ändern. Das Einzige, was funktioniert, sind Naturgesetze.

Das einzige Naturgesetz, das ich in den drei Jahrzehnten beobachten konnte, in denen ich erfolgreiche Menschen bei ihren Bemühungen begleitet habe, noch erfolgreicher zu werden, lautet wie folgt: *Menschen tun nur dann etwas – zum Beispiel ihr Verhalten ändern –, wenn man ihnen glaubhaft machen kann, dass es in ihrem eigenen Interesse ist und ihren persönlichen Wertvorstellungen entspricht.*

Ich möchte nicht zynisch klingen oder gar behaupten, der Egoismus sei unser einziges Motiv im Leben. Es gibt so viele Menschen, die tagtäglich selbstlos und aus *eigenem Antrieb* Gutes tun, offensichtlich ohne eine Gegenleistung dafür zu verlangen.

Was ich vielmehr sagen will, ist Folgendes: Wenn Sie den Faktor der Eigenmotivation aus der Gleichung entfernen und Kräfte im Spiel sind, die sich Ihrer Kontrolle entziehen, dann kommt das Naturgesetz zum Tragen. Damit ich Sie dazu bringen kann, das zu tun, was ich will, muss ich beweisen, dass Sie in irgendeiner Weise davon profitieren werden, entweder sofort oder zu einem späteren Zeitpunkt. Das ist ein Naturgesetz. Jede Entscheidung, ob groß oder klein, ist eine Risiko-Nutzen-Abwägung, die letztlich auf die Frage hinausläuft: »Was habe ich davon?«

Dafür muss sich niemand von uns entschuldigen.

So ist die Welt nun einmal. Es ist diese Kraft, die Rivalen dazu bringt zu kooperieren. Wenn Sie ganz genau hinsehen, werden Sie feststellen, dass sie weder aus Altruismus zusammenarbeiten noch dass sie plötzlich zu Heiligen geworden sind. Sie tun es, weil es der einzige Weg ist, durch den jeder von ihnen das bekommt, was er will. In der Politik ist diese Vorgehensweise gang und gäbe: Erbitterte Kontrahenten aus entgegengesetzten Lagern sind bereit, dieselbe Gesetzesvorlage zu unterstützen, weil ihre Wählerschaften von jeweils unterschiedlichen Teilen dieses Gesetzes profitieren.

Dabei handelt es sich um die gleiche Kraft, die am Werk ist, wenn Menschen ihren Stolz überwinden und einen Irrtum eingestehen. So schwer es vielen auch fallen mag, werden sie es dennoch tun, wenn es der einzige Weg ist, ein Problem zu lösen – und voranzukommen.

Es ist auch der Grund, aus dem Menschen einen besser bezahlten Job ablehnen, weil sie spüren, dass er sie auch nicht glücklicher machen wird. Sie fragen sich, was dieser Wechsel ihnen bringt, und kommen zu dem Schluss, dass sie lieber nach Glück anstatt nach Reichtum streben möchten.

Was mich angeht, so danke ich dem Himmel für dieses Naturgesetz! Ohne ein solches wäre es unmöglich, erfolgreiche Menschen dazu zu bewegen, sich zu ändern.

Wie ich bereits sagte, gibt es für erfolgreiche Menschen nur sehr wenige Gründe, ihr Verhalten zu ändern – aber sehr viele Argumente, den Status quo beizubehalten und in derselben Manier weiterzumachen, die sie bis hierher gebracht hat.

Ihr Erfolg hat sie mit positiver Verstärkung nur so überschüttet, weshalb sie es für klug halten, auch weiterhin das zu tun, was sie schon immer getan haben.

Denn schließlich scheint ihr vergangenes Verhalten zu bestätigen, dass die Zukunft ebenso rosig aussieht. (Das habe ich schon immer so gemacht. Und seht nur, wie weit ich damit gekommen bin.)

Dann ist da noch die Arroganz, das Gefühl, ein »Alleskönner« zu sein, das sich bei erfolgreichen Menschen wie ein gut trainierter Muskel entwickelt und hervortritt, insbesondere nach einer eindrucksvollen Erfolgssträhne.

Und zu guter Letzt gibt es da noch den Schutzpanzer, den erfolgreiche Menschen im Laufe der Zeit aufgebaut haben und der ihnen beständig suggeriert: »Du hast recht. Alle anderen liegen falsch.«

Das sind schwierige Verteidigungswälle, die es zu überwinden gilt.

Bei manchen Menschen kommt man keinen Deut weiter, wenn man ihnen sagt, dass ihr Verhalten überall verhasst ist. Es ist ihnen schlicht egal, was andere denken. Sie unterstellen einfach, dass alle anderen verwirrt sind.

Andere wiederum lässt die Warnung, ihr Verhalten könnte ihre Beförderungschancen ruinieren, völlig kalt. Sie gehen davon aus, dass sie nur mit den Fingern zu schnippen brauchen, um anderswo einen besseren Job zu bekommen. (Es spielt keine Rolle, ob das stimmt. Sie glauben es eben!)

Menschen davon zu überzeugen, dass sie sich ändern müssen, indem man ein Szenario heraufbeschwört, das ihnen gleichgültig ist, kann Schwerstarbeit sein. Einmal wurde ich gebeten, mit einem Software-Freak zu arbeiten. Er war das Technik-Genie des Unternehmens und quasi unersetzlich. Der CEO wollte, dass er ein besserer Teamplayer wird. Er wünschte sich mehr Kooperation zwischen ihm und seinen Kollegen, in der Hoffnung, dass sich vielleicht ein Teil seiner Genialität auf den Rest des Unternehmens übertragen würde.

Es gab da nur ein Problem, das schon nach fünf Minuten mit ihm klar zu Tage trat: Dieser Mann war im Grunde genommen ein absoluter Eigenbrötler. Seine ideale Welt bestand aus einem Raum mit einem Schreibtisch, einem Monitor und (ganz wichtig) einem hypermodernen Soundsystem, das rund um die Uhr für Hintergrundmusik sorgte (Opern, wenn ich mich recht erinnere). Er wollte nicht mit den anderen »Kindern« spielen, sondern einfach seine Ruhe haben.

Vermutlich hätten wir damit drohen können, ihm sein Spielzeug wegzunehmen, wenn er sich nicht änderte. Aber was hätten wir damit erreicht? Es hätte ihn weder besser noch glücklicher gemacht, und das Unternehmen hätte sein wertvollstes Kapital »verloren«. Ihn zu einer Veränderung zu bewegen, war die Sache nicht wert, und das erläuterte ich auch dem CEO.

»Theoretisch ist Ihr Plan gut. Aber was Sie von ihm verlangen, deckt sich nicht mit seinen Werten«, erklärte ich ihm. »Lassen Sie ihn in Ruhe. Er ist glücklich. Er wird nicht weggehen. Warum wollen sie ihn vergraulen, indem Sie aus ihm einen Menschen machen, der er einfach nicht ist?«

Dieser Mann war die Ausnahme – gewissermaßen eine Anomalie.

Den Widerstand der meisten Menschen gegen Veränderungen können wir überwinden, indem wir uns auf besagtes Naturgesetz berufen. Jeder, selbst der Typ mit dem größten Ego, hat einen »roten« Knopf, den wir drücken können – und dieser Knopf ist das Eigeninteresse. Wir müssen ihn nur finden, denn er sitzt nicht bei allen Menschen an der gleichen Stelle.

Wenn mein Beruf in irgendeiner Form einer Kunst ähnelt (und glauben Sie mir, da gibt es nicht viele Ähnlichkeiten), dann vielleicht in dem entscheidenden Moment, in dem ich den roten Knopf eines Klienten entdecke.

Glücklicherweise machen es uns erfolgreiche Menschen leicht, diesen Knopf zu finden. Wenn Sie Menschen auffordern, die Motive zu benennen, die ihrem Eigeninteresse zugrunde liegen, kristallisieren sich in der Regel die folgenden vier Bereiche heraus: Geld, Macht, Status und Beliebtheit. Das sind die gängigen Belohnungen für Erfolg. Sie sind der Grund, weshalb wir mit Zähnen und Klauen für eine Gehaltserhöhung (Geld), eine Beförderung (Macht), einen bedeutenderen Titel und ein größeres Büro (Status) kämpfen. Sie sind der Grund, weshalb so viele von uns das brennende Verlangen haben, bei allen beliebt zu sein (Popularität).

Jeder Mensch hat seinen ganz eigenen »roten« Knopf, der sich im Lauf seines Lebens ändert, dabei aber immer dem Eigeninteresse dient. Meine Klienten im Einzelcoaching haben Geld, Macht und Status – und die meisten von ihnen sind auch beliebt. Nachdem sie diese Ziele erreicht haben, wenden sie sich noch höheren Zielen zu: Sie wollen »ein Vermächtnis hinterlassen«, »ein inspirierendes Vorbild sein« oder »ein großartiges Unternehmen aufbauen«. Wenn Sie nach dem roten Knopf des Eigeninteresses Ausschau halten, werden sie ihn auch in diesen Zielsetzungen finden.

Einen meiner bemerkenswertesten Erfolge entstand aus meiner Arbeit mit einem Vertriebsleiter namens John, den seine Rivalität mit einer anderen Führungskraft in seinem Unternehmen an seine Grenzen gebracht hatte. Die beiden Männer duellierten sich bereits seit Jahren (wobei nicht klar war, ob sich der »Widersacher« dieses Wettstreits wirklich bewusst war). Egal, was John tat – ob er im Rahmen eines Firmenevents Golf spielte oder seine Quartalsergebnisse präsentierte –, er empfand es nur dann als »Sieg«, wenn der andere schlechter abschnitt als er.

Der CEO hatte mich eingeschaltet, weil John als Spitzenkandidat für den Posten des COO vorgesehen war. Zunächst sollten jedoch noch ein paar seiner raueren Ecken und Kanten abgeschliffen werden. Das Feedback ergab, dass Johns Problem in einem zwanghaften Bedürfnis bestand, immer gewinnen zu wollen (Überraschung!), was sich in einem ständigen Überbietungswettbewerb mit den ihm unterstellten Mitarbeitern manifestierte. Immer korrigierte oder »verbesserte« er ihre Ideen, weil er darauf beharrte, dass seine eigenen Vorschläge besser seien.

Um John dazu zu bringen, sich zu ändern, musste ich zunächst mit viel Fingerspitzengefühl herausfinden, woher er seine Motivation bezog. Die Aussicht auf ein höheres Gehalt löste nichts in ihm aus, denn er verdiente bereits genug Geld. Auch Macht und Status lockten ihn nicht, denn auf der Karriereleiter war er schon höher geklettert, als er es sich je erträumt hatte. Und nach Popularität sehnte er sich ebenso wenig, denn dank seines berufsbedingten Talents, die Menschen für sich einzunehmen, war er bereits beliebt. Was ihn schließlich zu einer Änderung bewegte, war der entsetzliche Gedanke, dass er andernfalls womöglich seinem Erzrivalen den Vortritt lassen müsste. Sicher nicht das edelste aller Motive, aber ich will nicht darüber urteilen, warum sich Menschen ändern. Ich sorge lediglich dafür, dass sie es tun.

Ein anderes Mal arbeitete ich mit einer Führungskraft, die ausgesprochen unangenehm und sarkastisch war. Dieser Mann war bereit, sich zu ändern, weil ihm bewusst wurde, dass seine beiden Söhne sein Verhalten zu Hause inzwischen imitierten. Er wollte der Welt nicht zwei sarkastische Trottel als Vermächtnis hinterlassen. (Mehr über ihn erfahren Sie in Kapitel 6.)

Sehen Sie sich in Ihrem Arbeitsumfeld um. Wo stehen Sie? Was bringt Sie dazu, Tag für Tag an Ihren Arbeitsplatz zurückzukehren? Einer der vier zentralen Gründe – Geld, Macht, Status, Beliebtheit – oder etwas Tiefgründigeres und Subtileres, das sich im Laufe der Zeit entwickelt hat? Wenn Sie wissen, was Ihnen wichtig ist, fällt es Ihnen leichter, sich auf Veränderungen einzulassen. Wenn Sie nicht benennen können, welche Dinge Ihnen etwas bedeuten, werden Sie nicht merken, wenn Sie Gefahr laufen, sie zu verlieren. Und meiner Erfahrung nach ändern Menschen ihr Verhalten nur dann, wenn das, was ihnen wirklich wichtig ist, bedroht ist.

Das liegt in unserer Natur. Das ist das Gesetz.

ZWEITER TEIL

20 Gewohnheiten, die Ihren Aufstieg verhindern

Lernen Sie die unerfreulichsten zwischenmenschlichen Probleme am Arbeitsplatz kennen und finden Sie heraus, welche davon auf Sie zutreffen

KAPITEL 4

Die 20 Gewohnheiten

Erkennen, womit man aufhören aus

In meinen zehn Jahren als Vorstandsmitglied der Peter Drucker Foundation hatte ich viele Gelegenheiten, diesem großen Mann zuzuhören. Von den unzähligen klugen Dingen, die Peter Drucker äußerte, blieb mir diese Weisheit als wichtigste in Erinnerung: »Wir verbringen sehr viel Zeit damit, Führungskräften beizubringen, was sie tun sollen. Wir verbringen nicht genug Zeit damit, ihnen beizubringen, womit sie aufhören sollten. Die Hälfte der Führungskräfte, die ich kennengelernt habe, müssen nicht lernen, was sie tun sollen. Sie müssen lernen, womit sie aufhören sollten.«

Wie wahr. Denken Sie an Ihr eigenes Unternehmen oder Ihre Arbeitsstelle. Wann haben Sie das letzte Mal an einem Seminar teilgenommen, das den schönen Titel trug: »Dumme Dinge, die unsere Spitzenleute tun und ab sofort unterlassen werden müssen«? Wann hat Ihr CEO das letzte Mal intern eine Rede zur Mitarbeitermotivation gehalten, in der er seine negativen Eigenschaften thematisierte und schilderte, wie er sich darum bemühe, dieses destruktive Verhalten abzulegen? Können Sie sich überhaupt vorstellen, dass Ihr CEO (oder Ihr unmittelbarer Vorgesetzter) jemals öffentlich eine persönliche Schwäche eingestehen und die Maßnahmen beschreiben würde, mithilfe derer er sich um Besserung bemüht?

Wahrscheinlich nicht.

Dafür gibt es gute Gründe, die größtenteils mit dem positiven Eindruck und der vorwärts gerichteten Dynamik in Verbindung stehen, die Unternehmen gerne beibehalten wollen. Unternehmen wollen stets mit allen Mitteln ihre Bereitschaft zu positivem Handeln demonstrieren – verpackt in Aussagen, die unterstreichen, dass etwas getan wird: »Wir werden in Zukunft mehr auf die Stimme unserer Kunden hören« (und nicht »Wir werden aufhören, nur über uns selbst zu reden«). »Wir müssen anfangen, aufmerksamer zuzuhören« (und nicht »Wir müssen aufhören, mit unseren Smartphones zu spielen, während andere etwas sagen«).

In gleichem Maße sind die Anerkennungs- und Belohnungssysteme in den meisten Unternehmen ganz darauf ausgerichtet, *Taten* zu honorieren. So bekommen wir Anerkennung dafür, dass wir etwas Gutes tun, aber nur selten dafür, dass wir aufhören, etwas Schlechtes zu tun. Dabei sind das schlicht die Kehrseiten ein und derselben Medaille.

Sicher haben Sie schon viele Male miterlebt, wie Kollegen mit einem riesigen Auftrag in der Tasche aus einem Kundengespräch zurück ins Büro kommen. Wenn sie den Verkäufern ähneln, die ich kenne, dann wedeln sie dabei stolz mit dem lukrativen Auftrag herum und erzählen jedem, der es hören will, bis ins kleinste Detail, wie sie den Kunden umgestimmt haben. Sie werden sich noch monatelang in ihrem Triumph sonnen. Aber drehen Sie das Ganze einmal um: Was wäre, wenn diese Verkäufer während ihres Gesprächs eine Kalkulation erstellen und dabei feststellen würden, dass sie im Begriff sind, ein Geschäft abzuschließen, bei dem ihr Unternehmen unterm Strich mit jeder verkauften Einheit ein Minus macht? Was wäre, wenn sie auf der Stelle beschließen würden, die Verhandlungen abzubrechen und den Auftrag abzulehnen? Würden sie dann auch ins Büro zurückeilen und damit prahlen, dass sie gerade ein schlechtes Geschäft verhindert haben? Wohl kaum, denn Fehler zu vermeiden gehört zu den unsichtbaren, Leistungen, die niemals zur Sprache kommen und auf die wir weder Zeit noch Gedanken verschwenden dürfen. Und doch ist es so, dass sich gerade ein Nein zu einem schlechten Geschäft oft stärker auf die Jahresbilanz auswirken kann als der große Deal, den wir an Land ziehen.

Denken Sie nur an Gerald Levin, den in den 90er-Jahren vielbewunderten Vorsitzenden des Medienunternehmens Time Warner (inzwischen Warner Bros. Discovery, Inc.). Levin wurde als visionärer CEO gefeiert, als der Mann, der die Zukunft des Kabelfernsehens voraussah, den Bezahlsender HBO mitentwickelte und den vormals bunten Mix aus Zeitschriftenverlag, Filmstudio und Plattenfirma in einen Mediengiganten verwandelte.

Doch im Jahr 2000 machte Levin einen Fehler. Er fusionierte das altehrwürdige Unternehmen Time Warner mit dem Emporkömmling AOL. Es war die bis dato größte Unternehmensfusion in der amerikanischen Wirtschaftsgeschichte, aus der – so die Idee – ein Unternehmen hervorgehen sollte, das die Medienlandschaft über Jahrzehnte hinweg dominieren würde. Doch natürlich kam alles anders als geplant. Die Fusion führte beinahe zum Ende von Time Warner. Die Aktien des Unternehmens verloren 80 Prozent ihres Werts, und Tausende Mitarbeiter verloren den größten Teil ihrer angesparten Pensionsansprüche. Levin wiederum kostete die Fusion den Job sowie den Großteil seines Vermögens, und sein Ruf war für immer ruiniert. Der einst so mächtige Time-Warner-Boss wurde zum Architekten der verheerendsten Unternehmensfusion in der US-Wirtschaftsgeschichte.

Und nun stellen Sie sich vor, Levin hätte zu irgendeinem Zeitpunkt während der Verhandlungen mit AOL die Notbremse gezogen und wäre aus dem Geschäft ausgestiegen. Wahrscheinlich hätten wir nie etwas davon erfahren. Denn Levin hätte sicherlich keine Pressekonferenz abgehalten, um zu verkünden: »Wir werden nicht fusionieren!« Diesen Beschluss hätte er für sich behalten, als weitere, nie erzählte Anekdote einer Fehlentscheidung, die umschifft werden konnte. Und doch ist es so, dass er sich seinen guten Ruf und sein Vermögen womöglich bewahrt hätte, wenn er genau dies getan hätte – wenn er einfach *aufgehört* hätte, das zu tun, was er tat.

Das ist das Seltsame dabei, wenn wir ein bestimmtes Verhalten einstellen: Es erregt keine Aufmerksamkeit, obwohl diese Form des »Handelns« genauso wichtig sein kann, wie die *Summe* all dessen, was wir sonst noch tun.

Im Privatleben neigen wir aus irgendeinem Grund wesentlich weniger dazu, unser Denken auf diese Weise zu vergiften. Wenn wir außerhalb unserer Arbeitssphäre eine ungünstige Angewohnheit aufgeben oder schlechte Entscheidungen vermeiden, beglückwünschen wir uns ständig selbst dazu.

Vor ein paar Jahren beschlossen meine Frau und ich, nicht in ein Immobilienprojekt zu investieren, weil es uns zu riskant erschien. Wir hatten Glück (im Gegensatz zu einigen unserer Freunde), denn das ausführende Unternehmen meldete Konkurs an. Es vergeht kein Monat, in dem Lyda und ich nicht am Küchentisch sitzen, unsere Rechnungen durchgehen und uns gegenseitig bestätigen: »Gott sei Dank haben wir unser Geld nicht an dieses Projekt verschenkt.« Dann schweigen wir kurz und denken bedauernd an die Verluste unserer Freunde, bevor wir die nächste Rechnung zur Hand nehmen. Das ist unsere Art, uns dafür zu beglückwünschen, dass wir diese schlechte Entscheidung vermieden haben.

Das Gleiche gilt im Privatleben auch für schlechte Angewohnheiten, die wir ablegen. Wenn wir uns erfolgreich das Rauchen abgewöhnen, betrachten wir das als großartige Leistung – für die wir uns ein ums andere Mal hochzufrieden auf die eigene Schulter klopfen. Unsere Mitmenschen halten es genauso (und das ist auch gut so, wenn man bedenkt, dass Raucher im Durchschnitt neun Anläufe benötigen, um mit ihrer Sucht aufzuhören).

Genau dieser gesunde Menschenverstand geht uns jedoch angesichts der »Macher«-Mentalität in Unternehmen verloren – wo es kein Belohnungssystem gibt, das die Vermeidung schlechter Entscheidungen oder die Aufgabe negativer Verhaltensweisen honoriert. Dort basiert unsere Leistungsbeurteilung einzig und allein auf dem, was wir getan, auf den Zahlen, die wir geliefert, und auf den Zuwächsen, die wir im Vergleich zum vorangegangenen Jahr erzielt haben. Und selbst die scheinbar untergeordneten persönlichen Ziele werden an Dingen gemessen, die wir in die Wege geleitet haben, und nicht an Verhaltensweisen, die wir abgestellt haben. Wir werden für unsere Pünktlichkeit gelobt und nicht dafür, dass wir unseren Hang zu Verspätungen überwunden haben.

Doch das können wir ändern. Alles, was es dafür braucht, ist eine geringfügige Änderung unserer Denkweise bzw. des Blickwinkels, aus dem wir unser Verhalten betrachten.

Schlagen Sie Ihren Notizblock auf und beginnen Sie anstelle Ihrer üblichen To-do-Liste mit einer To-stop-Liste. Gut möglich, dass Ihre Liste gut gefüllt sein wird, wenn Sie am Ende dieses Buchs angelangt sind.

In den Leerlauf schalten

Wir müssen aufhören, unser gesamtes Verhalten in positive oder negative Kategorien einzuteilen. Nicht jede Verhaltensweise ist entweder gut oder schlecht. Einige davon sind einfach *neutral* – weder gut noch schlecht.

Angenommen, man betrachtet Sie nicht als netten, angenehmen Menschen und Sie möchten diese Wahrnehmung ändern. Deshalb beschließen Sie: »Ich muss netter werden.«

Was tun Sie also?

Für viele Menschen ist das eine einschüchternde Aufgabe, die eine lange Liste positiver Maßnahmen erfordert. Sie müssen damit beginnen, anderen Menschen Komplimente zu machen, »Bitte« und »Danke« zu sagen, geduldiger zuzuhören, höflicher zu sein und noch vieles mehr. Sie müssen praktisch alle negativen Verhaltensweisen, die Sie am Arbeitsplatz an den Tag legen, ins Positive verkehren. Das verlangt den meisten Menschen sehr viel ab und erfordert eine komplette Veränderung ihrer Persönlichkeit, die mehr einer religiösen Bekehrung gleichkommt als einer Verhaltensänderung im Arbeitsumfeld. Nach meiner Erfahrung sind nur sehr wenige Menschen in der Lage, auf einen Schlag so viele positive Veränderungen in ihrem zwischenmenschlichen Gebaren umzusetzen. Sie können eine Veränderung nach der anderen vornehmen. Aber ein halbes Dutzend oder noch mehr auf einmal? Das halte ich für ausgeschlossen.

Zum Glück gibt es auch einen einfacheren Weg, das Ziel »netter zu werden« zu erreichen. Sie müssen einfach nur aufhören, sich wie ein

Idiot zu benehmen. Dazu braucht es nicht viel. Sie müssen sich überlegen, wie Sie netter zu anderen sein können. Sie müssen sich nicht täglich etwas Neues einfallen lassen, um Ihren Charakter zu verändern. Sie müssen nicht ständig daran denken, nette Dinge zu sagen, Komplimente zu verteilen und all die kleinen Notlügen einzusetzen, die dafür sorgen, dass es bei der Arbeit stets harmonisch bleibt. Alles, was Sie tun müssen ist … nichts.

Halten Sie sich mit Kritik zurück, wenn jemand in einer Besprechung einen nicht ganz so brillanten Vorschlag macht. Sagen Sie nichts.

Vermeiden Sie Streit und suchen Sie nicht nach Ausreden, wenn jemand eine Ihrer Entscheidungen infrage stellt. Denken Sie in Ruhe darüber nach und sagen Sie nichts.

Entgegen Sie auf einen hilfreichen Vorschlag nicht, dass Sie das bereits wussten. Danken Sie Ihrem Gegenüber und sagen Sie nichts.

Das ist kein semantisches Spielchen. Das Schöne daran, zu wissen, womit man aufhören muss – das Stadium der inspirierten Neutralität zu erreichen – ist, *dass es so leicht ist, es in die Tat umzusetzen.*

Was lässt sich Ihrer Meinung nach leichter realisieren: ein netter Mensch zu werden, oder aufzuhören, sich wie ein Idiot zu benehmen? Ersteres erfordert eine ganze Reihe aufeinander abgestimmter positiver Handlungen. Letzteres ist nichts anderes als ein Akt der Unterlassung.

Stellen Sie sich vor, Sie hätten eine Schachtel. Um ein netter Mensch zu werden und Ihr neues Ich zu etablieren, müssten Sie die Box bis oben hin mit all den kleinen positiven Taten füllen, die Sie dafür jeden Tag vollbringen. Bis die Box voll wäre, würde viel Zeit vergehen, und es würde noch wesentlich länger dauern, bis die Leute darauf aufmerksam würden, dass Ihre Schachtel voll ist.

Wenn Sie hingegen damit aufhören, sich wie ein Idiot zu benehmen, müssten Sie kein neues Verhalten erlernen und die Schachtel nicht mit lauter positiven Leistungen füllen. Sie müssten lediglich dafür sorgen, dass sich keine negativen Handlungen darin sammeln, sondern dass sie leer bleibt.

Behalten Sie dieses Gleichnis im Hinterkopf, während Sie die Liste der zwischenmenschlichen Probleme in diesem Abschnitt durchgehen und hinterfragen, ob einige davon auf Sie zutreffen. Sie werden feststellen, dass die Korrektur des eigenen Verhaltens keine ausgefeilten Fähigkeiten, kein aufwendiges Training, kein zähes Üben und keine übermäßige Kreativität erfordert. Alles, was Sie brauchen, ist die leise Einsicht, mit dem aufzuhören, was Sie bisher getan haben – im Grunde genommen müssen Sie einfach rein gar nichts tun.

Was stimmt nicht mit uns?

Bevor wir uns damit befassen können, wie sich ein fehlerhaftes Verhalten korrigieren lässt, müssen wir zunächst die häufigsten Fehler identifizieren.

Ich möchte an dieser Stelle betonen, dass es sich dabei um eine äußerst spezifische Art von Fehlern handelt.

Sie manifestieren sich nicht in mangelnden *Fähigkeiten*. Die kann ich nicht verbessern. Ginge es hier um Baseball und wäre ich Ihr Trainer, dann könnte ich Ihnen nicht beibringen, wie Sie einem Ball den richtigen Drall verleihen. Das ist der Job des Schlagcoachs. Ich bin der Coach, der Ihnen beibringt, wie Sie gut mit Ihren Mannschaftskameraden auskommen – wie neben dem sportlichen vor allem das zwischenmenschliche Zusammenspiel gelingt.

Diese Fehler haben auch nichts mit mangelnder *Intelligenz* zu tun. Ich kann Sie nicht schlauer machen, als Sie es bereits sind. Derartige Probleme wären vermutlich eher auf Ursachen irgendwann zwischen Ihrer Geburt und Ihrem Schulabschluss zurückzuführen. Damals war ich nicht zugegen und ich hätte Ihnen sowieso nicht helfen können.

Und es handelt es sich auch nicht um Fehler aufgrund einer unveränderlichen *Persönlichkeit*. Ich unterziehe Sie hier keiner psychiatrischen Behandlung und dieses Buch ersetzt auch keine medikamentöse Therapie. In solchen Belangen kann Ihnen nur ein Arzt weiterhelfen.

Wir haben es hier vielmehr mit Herausforderungen im zwischenmenschlichen Verhalten zu tun, die häufig auch Führungskräfte betreffen. Damit meine ich die lästigen alltäglichen Ärgernisse, die die Atmosphäre an Ihrem Arbeitsplatz unnötig beeinträchtigen. Diese Verhaltensweisen treten nicht in einem Vakuum zutage. Es handelt sich um Verhaltensmängel von Menschen, die die transaktionalen Beziehungen zu ihren Kollegen beeinträchtigen. Dazu zählen:

1. **Immer gewinnen wollen:** Das Bedürfnis, um jeden Preis zu gewinnen und aus jeder Situation als Sieger hervorzugehen – wenn es darauf ankommt, wenn es nicht darauf ankommt und sogar dann, wenn es völlig nebensächlich ist.
2. **Übermäßiges Einmischen:** Das überwältigende Verlangen, zu jeder Diskussion unbedingt etwas beizutragen.
3. **Ständiges Be- und Verurteilen:** Das Bedürfnis, andere zu bewerten und ihnen unsere eigenen Maßstäbe aufzudrängen.
4. **Destruktive Kommentare abgeben:** Der unnötige Sarkasmus und die bissigen Bemerkungen, die uns vermeintlich scharfsinnig und geistreich wirken lassen.
5. **Sätze mit »Nein«, »Aber« oder »Allerdings« einleiten:** Der übermäßige Gebrauch negativer Einschränkungen, die anderen insgeheim vermitteln: »Ich habe recht und du liegst falsch.«
6. **Aller Welt verkünden, wie schlau wir sind:** Das Bedürfnis, den Leuten zu demonstrieren, dass wir viel schlauer sind, als sie glauben.
7. **Sich äußern, wenn man verärgert oder zornig ist:** Der Einsatz von emotionaler Unberechenbarkeit als Managementinstrument.
8. **Negativität oder »Ich erkläre Ihnen mal, warum das nicht funktioniert«:** Das Bedürfnis, ungefragt unsere negativen Gedanken mitzuteilen.
9. **Informationen zurückhalten:** Die Weigerung, Informationen mit anderen zu teilen, um sich einen Vorteil zu verschaffen.
10. **Gebührende Anerkennung verweigern:** Die Unfähigkeit, andere zu loben und zu belohnen.
11. **Anerkennung einfordern, die uns nicht zusteht:** Die ärgerlichste Form der Überbewertung des eigenen Beitrags zu einem Erfolg.
12. **Ausreden erfinden:** Das Bedürfnis, unser negatives Verhalten als unverbesserliches Persönlichkeitsmerkmal zu verkaufen, damit man es uns automatisch verzeiht.

13. **Die Vergangenheit vorschieben:** Das Bedürfnis, alle Schuld von uns zu weisen und Ereignisse und Menschen aus unserer Vergangenheit dafür verantwortlich zu machen; eine Variante der Praxis, immer anderen die Schuld zu geben.
14. **Bevorzugung:** Nicht erkennen, dass wir jemanden ungerecht behandeln, während wir andere begünstigen.
15. **Sich weigern, Reue zu zeigen:** Die Unfähigkeit, die Verantwortung für unser Handeln zu übernehmen, einzugestehen, dass wir uns geirrt haben, oder zu erkennen, wie sich unser Handeln auf andere auswirkt.
16. **Nicht zuhören:** Die passivste Form der entschlossenen Missachtung von Kollegen.
17. **Keine Dankbarkeit zum Ausdruck bringen:** Die elementarste Ausprägung schlechter Manieren.
18. **Den Überbringer schlechter Nachrichten bestrafen:** Das fehlgeleitete Bedürfnis, Unschuldige anzugreifen, die uns eigentlich nur helfen wollen.
19. **Anderen die Schuld geben:** Das Bedürfnis, jede Schuld von uns zu weisen und andere zum Sündenbock zu machen.
20. **Übertriebene Selbstbezogenheit:** Die Praxis, die eigenen Fehler als Tugenden zu tarnen, die uns zu dem Menschen machen, der wir nun einmal sind.

Machiavelli hätte diese Schwächen womöglich als Tugenden bezeichnet und dargelegt, weshalb sie als äußerst clevere Schachzüge dienen, um sich gegenüber Rivalen einen Vorsprung zu verschaffen. Ich hingegen werde im Folgenden jede einzelne dieser störenden Verhaltensweisen näher analysieren und veranschaulichen, weshalb wir sie korrigieren sollten, um Verbündete zu gewinnen – was langfristig gesehen eine wesentlich zielführendere Erfolgsstrategie ist als das beharrliche Festhalten an Verhaltensweisen, mit denen wir andere Menschen vor den Kopf stoßen.

Zugegeben, diese Liste gleicht einem schaurigen Pantheon des schlechten Benehmens. An einem Ort versammelt wirkt sie wie ein

Gruselkabinett. Wer von uns möchte in einem Umfeld arbeiten, in dem sich die Kollegen solcher Sünden schuldig machen? Und doch tun wir genau das jeden Tag. Die gute Nachricht ist, dass diese Schwächen nur selten im Pulk auftreten. Vielleicht kennen Sie Menschen, die eine oder zwei dieser unangenehmen Verhaltensweisen an den Tag legen. Und womöglich fällt ihnen auch jemand ein, der ein oder zwei weitere dieser unangenehmen Eigenschaften aufweist. Dass erfolgreiche Menschen allzu viele dieser Schwächen auf einmal besitzen, kommt hingegen nur selten vor. Das ist gut, denn es erleichtert unser Vorhaben, langfristige und positive Veränderungen zu erzielen.

Und es gibt noch mehr gute Nachrichten. Die genannten Fehler lassen sich einfach beheben. Alle Menschen besitzen die Fähigkeit, sie zu korrigieren und sich zu ändern. Soll ich Ihnen ein paar Beispiele geben? Mangelnde Dankbarkeit lässt sich kurieren, indem wir uns immer wieder daran erinnern, »Danke« zu sagen. (Wie schwer kann das wohl sein?) Wer sich nie entschuldigt, muss lernen zu sagen: »Es tut mir leid. Ich werde es in Zukunft besser machen.« Wer seinen Frust gerne an den Überbringern schlechter Nachrichten auslässt, muss sich vor Augen führen, wie er selbst in der gleichen Situation behandelt werden möchte. Wer nicht zuhört, sollte seinen Mund schließen und die Ohren spitzen – und so weiter. Obwohl das ganz einfach klingt, ist es trotzdem nicht leicht (ein kleiner, aber feiner Unterschied). Sie wissen bereits, was Sie tun müssen. Dieses Wissen ist eine grundlegende Fähigkeit, wie Schuhe binden oder Fahrrad fahren, oder jede andere Fertigkeit, die wir nie wieder verlernen. Was wir hingegen verlernen, ist der Blick für die vielen Gelegenheiten, an denen wir sie tagtäglich anwenden können, und dadurch kommen wir aus der Übung.

Nutzen Sie die Liste und machen Sie den Selbstcheck. Es ist unwahrscheinlich (so hoffe ich zumindest), dass Sie all diese unangenehmen Angewohnheiten auf einmal aufweisen. Auch dass sie überhaupt sechs bis acht davon besitzen, ist nicht zu erwarten. Und selbst wenn es so sein sollte, dann sind diese sechs bis acht negativen Verhaltensweisen sicher nicht *alle* derart markant, dass wir uns deshalb Sorgen machen müssten. Das ein oder andere Problem mag in seiner Ausprägung jedoch ernster sein als andere. Solange nur einer von zwanzig Menschen aus Ihrem Umfeld behauptet, Sie neigten zu Wutausbrüchen, brauchen Sie sich nicht darum zu kümmern. Wenn allerdings sechzehn von zwanzig Personen diese Meinung teilen, dann sollten wir dieser Behauptung nachgehen.

Reduzieren Sie die Liste auf die ein oder zwei wichtigsten Punkte, dann werden Sie wissen, wo Sie anfangen müssen.

Meine Aufgabe ist es, Ihnen zu zeigen, wie Sie vorgehen können. Ich bringe Menschen schlicht und ergreifend bei, ihre positiven Fähigkeiten zu nutzen, anstatt ihre Schwächen zutage treten zu lassen. Was könnte einfacher sein als das?

Verhaltensprobleme in Spitzenpositionen

Es gibt einen Grund, warum ich so viel Energie darauf verwende, zwischenmenschliche Probleme bei erfolgreichen Menschen zu identifizieren: Je weiter Sie beruflich aufsteigen, desto eher sind die Probleme, die Sie auf einmal haben, Ihrem Verhalten geschuldet.

Auf den höheren Unternehmensebenen besitzen alle führenden Köpfe die nötigen technischen Fähigkeiten. Sie alle sind klug und auf dem neuesten Stand, was die technischen Aspekte ihrer Arbeit betrifft. Sie werden beispielsweise nicht zum Finanzdirektor eines Unternehmens ernannt, wenn sie nicht wissen, wie man rechnet, eine Bilanz liest und wie man umsichtig mit Geld umgeht.

Und genau aus diesem Grund sind es Verhaltensfragen, die auf den höheren Sprossen der Karriereleiter auf einmal in den Fokus der Aufmerksamkeit rücken. Wenn bei allen anderen Faktoren Ebenbürtigkeit herrscht, wird Ihre Sozialkompetenz (oder der Mangel daran) umso offensichtlicher, je höher Sie aufsteigen. Es ist sogar häufig so, dass die sozialen Fähigkeiten selbst bei durchschnittlichen Fachkenntnissen der *entscheidende* Faktor sind, der bestimmt, wie weit Sie es nach oben schaffen.

Wen hätten Sie lieber als CFO? Einen durchschnittlich befähigten Bilanzbuchhalter, der gut mit Menschen außerhalb des Unternehmens umgehen kann und in der Lage ist, kluge Mitarbeiter kompetent zu führen? Oder einen brillanten Finanzexperten, der nicht mit Außenstehenden zurechtkommt und alle klugen Mitarbeiter vergrault, die ihm unterstellt sind?

Das ist keine schwere Entscheidung, oder? Wir werden immer dem Kandidaten mit der größeren Sozialkompetenz den Vorzug geben, und zwar hauptsächlich deshalb, weil er in der Lage sein wird, Menschen einzustellen und mit Geschick zu führen, die womöglich besser mit Geld umgehen können als er. Wohingegen es keine Garantien dafür gibt, dass der brillante Finanzexperte mit der Zeit ebenfalls dazu in der Lage sein wird.

Überlegen Sie einmal, wie wir andere erfolgreiche Menschen wahrnehmen. Wir machen ihren Erfolg selten an ihren technischen Fähigkeiten oder gar ihrer Intelligenz fest. Auch wenn wir diese Menschen als klug bezeichnen mögen, ist das niemals der einzige Grund, den wir für ihren Erfolg verantwortlich machen. Wir halten sie für klug und spüren gleichzeitig, dass noch ein weiterer Faktor eine Rolle spielt. Im Zweifel unterstellen wir ihnen auch ohne greifbare Belege die nötige Fachkompetenz. Wir setzen beispielsweise einfach voraus, dass unser Arzt tatsächlich ein kompetenter Mediziner ist, und beurteilen ihn deshalb überwiegend anhand seines Umgangs mit Patienten – wir er auf unsere Fragen eingeht, wie er schlechte Nachrichten überbringt und sogar, wie er sich dafür entschuldigt, dass wir lange Zeit im Wartezimmer sitzen mussten. Nichts davon wird im Medizinstudium gelehrt.

Es sind solche Verhaltenskriterien anhand derer wir fast alle erfolgreichen Menschen beurteilen – egal ob es sich um einen CEO oder einen Klempner handelt.

Wir verfügen alle über bestimmte Attribute, die uns helfen, unseren ersten Job zu ergattern. Das sind die Leistungen, die in unserem Lebenslauf stehen. Doch je erfolgreicher wir werden, desto mehr rücken diese Attribute in den Hintergrund – und subtilere Eigenschaften nehmen ihren Platz ein.

Jack Welch ist promovierter Chemieingenieur, aber ich bezweifle, dass auch nur eines der Probleme, die ihm während seiner Zeit bei General Electric begegneten, irgendetwas mit seinen Fähigkeiten in Bezug auf die Titration oder die Herstellung von Kunststoffen zu tun hatten. Als er sich um den CEO-Posten bewarb, war es vielmehr sein Verhalten, das ihm Steine in den Weg legte: seine Dreistigkeit, seine unverblümte Sprache und seine mangelnde Toleranz gegenüber einfältigen Menschen. Diese Eigenschaften hatte er sicher nicht in den Chemielaboren der Universität von Illinois erworben. Entsprechend beschäftigte den Vorstand von General Electric auch nicht die Frage, ob Welch in der Lage sein würde, Gewinne zu erzielen, sondern ob er fähig sein würde, sich wie ein CEO zu verhalten.

Wenn ich gefragt werde, ob die Führungskräfte, die ich coache, ihr Verhalten wirklich ändern können, lautet meine Antwort stets folgendermaßen: Wenn wir Karriere machen, sind Verhaltensänderungen oft die *einzigen* signifikanten Veränderungen, die wir überhaupt vornehmen können.

Zwei Einschränkungen

Erster Vorbehalt: In diesem Buch wandeln wir durch das Pantheon persönlicher Schwächen, gegen die niemand von uns immun ist. Deshalb möchte ich nicht, dass Sie als Leser denken, die Führungskräfte, mit denen ich arbeite, seien »schlechte« Menschen. Das genaue Gegenteil ist der Fall. Es handelt sich um herausragende Persönlichkeiten, die ausnahmslos zu den oberen zwei Prozent ihres Unternehmens gehören – sie können lediglich nicht ihr volles Potenzial entfalten, weil sie ein oder zwei Verhaltensschwächen aufweisen, die sie entweder (a) nicht erkennen, (b) über die sie niemand in Kenntnis gesetzt hat oder (c) die ihnen zwar bewusst sind, die sie aber nicht ändern wollen.

Behalten Sie das bitte im Hinterkopf, denn manchmal werden Sie womöglich den Eindruck gewinnen, als verbrächte ich meine Tage in Unternehmen, die Fegefeuern ähneln und die ausschließlich von Psychopathen, Außenseitern und Narren bevölkert werden. Sehen Sie sich einmal an Ihrem Arbeitsplatz um. Meine Klienten unterscheiden sich nicht von den herausragendsten Leuten in Ihrem Unternehmen. Im Grunde genommen sind sie nicht einmal anders als Sie selbst, außer vielleicht in einer Hinsicht: Im Gegensatz zu vielen anderen Menschen akzeptieren sie ihre Schwächen und haben sich fest vorgenommen, sich zu bessern. Das ist ein wesentlicher Unterschied.

Zweiter Vorbehalt: Wenn Sie die folgende Liste gängiger Schwächen durchgehen, werden Sie darin womöglich den ein oder anderen eigenen Fehler wiedererkennen. »Das bin ja ich«, werden Sie sich dann vielleicht sagen. »Das mache ich auch die ganze Zeit. Ich hatte ja keine Ahnung, was mein Verhalten bei anderen auslöst.«

Die Wahrscheinlichkeit, dass Ihnen die Lektüre hie und da einen kleinen Seitenhieb der Selbsterkenntnis versetzt, ist ziemlich hoch.

Die Wahrscheinlichkeit, dass Sie sich eingestehen werden, dass das ein *Problem* ist, ist dagegen schon nicht mehr ganz so hoch.

Und die Wahrscheinlichkeit, dass Sie daraufhin Maßnahmen einleiten, um Ihr Verhalten zu ändern, ist noch geringer. Doch selbst wenn Sie ein außergewöhnlich aufgeklärter, aufgeschlossener Mensch sind, der seine Fehler freimütig einräumt, sollten wir mit Bedacht vorgehen und nichts überstürzen. Sie sind noch nicht bereit, sich zu ändern.

Zum einen stehe ich Selbstdiagnosen nämlich stets etwas skeptisch gegenüber. Genau wie Menschen gerne ihre Stärken überschätzen, neigen sie gleichfalls dazu, auch ihren Schwächen zu viel Gewicht beizumessen. Sie sind schnell bereit, sich in Dingen für wirklich schlecht zu halten, in denen Sie in Wahrheit passabel oder maximal *ein wenig* schlecht abschneiden – sie geben sich selbst eine »Fünf«, obwohl sie in Wahrheit bei einer »Drei minus« stehen. Mit anderen Worten: Sie diagnostizieren Krebs, während ein Arzt lediglich eine Muskelzerrung feststellen würde. Bitte halten Sie sich mit der Selbstdiagnose also noch ein wenig zurück.

Viel wichtiger ist nämlich Folgendes: Selbst, wenn Ihre Diagnose zutrifft – und Sie Ihren Mitmenschen beispielsweise tatsächlich chronisch ins Wort fallen – muss das noch lange nicht heißen, dass dieses Verhalten für andere Menschen tatsächlich ein ernstes Problem ist. Vielleicht empfinden es Ihre Kollegen einfach als persönlichen Tick, als Marotte, die sie jedoch tolerieren. Wenn es sie also nicht stört und ihre Meinung über Sie nicht negativ beeinträchtigt oder Sie selbst daran hindert, im Berufsleben weiterzukommen, können Sie gerne nachsichtig mit sich sein – zumindest in diesem Punkt.

Wir werden noch früh genug, nämlich in Kapitel 6, herausfinden, wo der Schuh tatsächlich drückt und wo Sie an sich arbeiten sollten. Doch zunächst sollten wir uns vor Augen führen, welche zwischenmenschliche Herausforderungen wirklich zu Problemen führen.

Gewohnheit 1: Immer gewinnen wollen

Ständig gewinnen zu wollen ist das mit Abstand häufigste Verhaltensproblem, das ich bei erfolgreichen Menschen beobachte. Es verläuft eine feine, aber wichtige Grenze zwischen vernünftigem Konkurrenzdenken und übertriebenem Ehrgeiz, zwischen einem Sieg, wenn es wirklich darauf ankommt, und einem Sieg, der keine Rolle spielt – und erfolgreiche Menschen überschreiten diese Grenze erschreckend oft.

Um es ganz klar zu sagen: Ich habe nichts gegen eine gesunde Portion Wettbewerbsgeist. Ich weise lediglich darauf hin, dass es ein Problem ist, wenn wir ihn für Belange missbrauchen, die den Aufwand einfach nicht wert sind.

Immer gewinnen zu wollen steht vor allen anderen Herausforderungen auf Platz eins, weil diese Gewohnheit beinahe jedem anderen Verhaltensproblem zugrunde liegt:

Wenn wir zu heftig diskutieren, liegt es daran, dass wir unsere Meinung um jeden Preis durchsetzen möchten (was bedeutet, dass wir einfach nur gewinnen wollen).

Wenn wir andere Menschen ständig herabwürdigen, bezwecken wir damit insgeheim, sie uns unterzuordnen (und damit erneut den Sieg davonzutragen).

Wenn wir andere ignorieren, geht es uns wieder ums Gewinnen – indem wir sie einfach ausblenden.

Wenn wir Informationen zurückhalten, dann nur, um uns einen Vorteil gegenüber anderen zu verschaffen.

Wenn wir einen Menschen besonders protegieren, wollen wir ihn als Verbündeten gewinnen und »unserer Seite« einen Vorteil sichern ... und so weiter. So vieles, was wir zum Ärger anderer tun, lässt sich auf unseren verzweifelten Versuch zurückführen, aus jeder Situation als Alphamännchen (oder Alphaweibchen) hervorzugehen – als Gewinner.

Das hässliche Antlitz unserer Besessenheit, stets zu siegen, offenbart sich nicht nur bei Führungskräften, sondern im gesamten Spektrum menschlicher Unterfangen. Wenn das Anliegen wichtig ist, wollen wir gewinnen. Wenn das Anliegen trivial ist, und unserer Zeit und Energie nicht wert, wollen wir trotzdem siegen. Und selbst wenn das Anliegen eindeutig zu unserem Nachteil ist, wollen wir immer noch gewinnen.

Sobald Sie auch nur den geringsten Erfolg verbuchen konnten, machen Sie sich jeden Tag dieser Tatsache schuldig. Wenn Sie ein Meeting haben, möchten Sie, dass sich Ihr Standpunkt durchsetzt. Wenn Sie sich mit Ihrem Partner streiten, ziehen Sie alle Register, um den Sieg davonzutragen (was auch immer das bedeuten mag!) Und selbst wenn Sie im Supermarkt an der Kasse stehen, behalten Sie die anderen Schlangen im Blick, um zu sehen, ob es anderswo schneller geht als bei Ihnen.

Auf einer Gartenparty beobachtete ich einmal ein Basketballspiel zwischen einem Vater und seinem 9-jährigen Sohn. Der Vater war einen guten halben Meter größer, wog gut 50 Kilo mehr und hatte 30 Jahre mehr Erfahrung als sein Sohn. Er benahm sich wie Väter es eben tun. Er bemühte sich, Spaß mit seinem Sohn zu haben und seinem Sprössling trotzdem ganz nebenbei ein paar Tricks beizubringen. Anfangs war das Spiel fröhlich und ausgelassen – der Vater machte es dem Jungen leicht und gab ihm viele Chancen, um ihn bei Laune zu halten. Doch nachdem die beiden etwa zehn Minuten lang »Spaß« gehabt hatten, gewannen auf einmal die »Ich muss gewinnen«-Gene des Vaters die Oberhand, und er begann zu spielen, als ob es um etwas ginge. Er deckte seinen Sohn eng, lenkte ihn mit sinnlosem Geplauder ab und freute sich schließlich ganz offenkundig, dass er ihn 11 : 2 besiegte. An diesem Beispiel können Sie sehen, wie überwältigend der Drang zu gewinnen tatsächlich ist. Selbst in noch so trivialen Situationen – und auch auf die Gefahr hin, dass wir jemanden verletzen, den wir lieben – wollen wir trotzdem gewinnen.

Natürlich ist es leicht, das Verhalten dieses Vaters aus der Ferne zu verurteilen und sich selbst zu versichern, dass man sich niemals so unsensibel verhalten würde.

Doch ist das wirklich so?

Angenommen, Sie möchten zum Abendessen in Restaurant X gehen. Ihr Ehepartner, Lebenspartner oder Freund will jedoch lieber im Restaurant Y essen. Daraufhin entbrennt ein hitziger Streit über die Entscheidung für eine der beiden Optionen. Sie weisen darauf hin, dass Restaurant Y viele schlechte Bewertungen erhalten hat, geben dann aber schließlich doch zähneknirschend nach und willigen ein, ins Restaurant Y zu gehen. Der Abend bestätigt all Ihre Befürchtungen. Ihre Tischreservierung ist nirgends vermerkt und Sie müssen erst einmal 30 Minuten warten. Anschließend ist der Service lahm, die Drinks sind verwässert, und das Essen ist ungenießbar. Im Rahmen dieser unschönen Erfahrung haben Sie zwei Möglichkeiten. Option 1: Sie kritisieren das Restaurant und reiben Ihrem Partner selbstgefällig unter die Nase, wie falsch er oder sie lag und dass dieses Debakel hätte vermieden werden können, wenn man nur auf *Sie* gehört hätte. Option 2: Sie halten den Mund und essen einfach auf. Sie schreiben das Essen gedanklich als Reinfall ab und genießen den restlichen Abend.

Schon seit vielen Jahren frage ich regelmäßig bei meinen Klienten nach, welche Option sie wählen würden. Die Ergebnisse sind immer die gleichen: 75 Prozent meiner Klienten sagen, sie würden an dem Restaurant herumnörgeln. Und was *sollten* sie, wie sie einhellig eingestehen, besser stattdessen tun? Den Mund halten und den Abend genießen. Eine »Kosten-Nutzen-Analyse« führt uns in der Regel zu dem Schluss, dass die Beziehung zu unserem Partner wesentlich wichtiger ist, als den trivialen Streit über die Wahl eines Restaurants zu gewinnen. Und dennoch … überwältigt der Drang zu gewinnen so häufig unseren gesunden Menschenverstand. Dann tun wir das Falsche, auch wenn wir eigentlich wissen, was wir stattdessen tun sollten.

Und es wird noch schlimmer.

Vor ein paar Jahren bot ich einem der wichtigsten Generäle der U.S. Army an, ein kostenfreies Coaching durchzuführen. Auf seine Frage »Wer wäre denn Ihr idealer Kandidat?« entgegnete ich ihm: »Ihre Generäle sind vielbeschäftigte Menschen, die noch weniger Freizeit haben als ich, also sollten wir jemanden wählen, bei dem es sich wirklich lohnt. Ich würde gerne mit jemandem arbeiten, der klug, engagiert und fleißig ist, außerdem zielstrebig, patriotisch und willensstark. Jemand mit Sachverstand, der schwer zu ersetzen und noch dazu brillant ist, der durch seine Kompetenz besticht und gleichzeitig arrogant, stur und ein absoluter Besserwisser ist. Glauben Sie, Sie hätten einen passenden Kandidaten für mich?«

»Nur einen?«, fragt er lachend. »Bei uns wimmelt es nur so von passenden Kandidaten.«

Und so bekam ich im ersten Jahr die Gelegenheit, viele Army-Generäle zu coachen.

An einem Gruppen-Coaching mit den Generälen nahmen damals auch deren Ehefrauen teil. Es war amüsant zu beobachten, wie die Generäle mein Restaurant-Dinner-Quiz meisterten. Ungefähr 25 Prozent von ihnen sagten, sie würden das Richtige tun, also den Mund halten und den Abend genießen – woraufhin sich prompt ihre Frauen erhoben, energisch den Kopf schüttelten und ihren Männern den Marsch bliesen. Nie und nimmer würden ihre Männer sich so verhalten, verkündeten sie einhellig. Sehen Sie, wie überwältigend der Drang zu gewinnen ist? Selbst in Anwesenheit von Zeugen (in diesem Fall die Ehepartner), mit deren Widerspruch sie rechnen mussten, versuchten viele Generäle dennoch, mir eine Antwort zu geben, die sie im besten Licht erscheinen ließe.

Wenn das Gewinner-Gen das dominante Gen in unserer Erfolgs-DNA ist – der alles überstrahlende Grund, weshalb wir erfolgreich sind – dann ist der Drang, immer und unter allen Umständen gewinnen zu wollen, eine perverse genetische Mutation, die unseren künftigen Erfolg einschränken kann.

In diesem Buch werde ich wiederholt die ketzerische Meinung kundtun, dass wir erfolgreicher werden können, wenn wir diese »Schwäche« erkennen und daran arbeiten, sie bei zwischenmenschlichen Interaktionen zu unterdrücken.

Gewohnheit 2: Übermäßiges Einmischen

Die beiden Männer beim Abendessen waren eindeutig auf der gleichen Wellenlänge. Der eine war Jon Katzenbach, der ehemalige McKinsey-Direktor, der jetzt sein eigenes Geschäft für Elite-Consulting betreibt. Der andere war Niko Canner, sein brillanter Schützling und Partner. Die zwei planten gerade ein neues Projekt. Aber irgendetwas an ihrem Gespräch war seltsam. Jedes Mal, wenn Niko eine Idee vorbrachte, schnitt ihm Katzenbach das Wort ab: »Das ist eine tolle Idee«, wandte er jeweils ein, »aber es würde besser funktionieren, wenn du … – um daraufhin ausschweifend zu erzählen, wie es ihm Jahre zuvor bereits gelungen war, dieselbe Idee in einem anderen Kontext erfolgreich umzusetzen. Wenn Jon damit fertig war, machte Niko genau dort weiter, wo er aufgehört hatte, nur um innerhalb weniger Sekunden erneut unterbrochen zu werden. So ging es hin und her, wie ein sehr langer Ballwechsel in Wimbledon.

Ich saß als dritte Partei am Tisch und sah und hörte den beiden einfach nur zu. Als Führungskräfte-Coach bin ich es gewohnt, die Dialoge anderer zu verfolgen und mit forensischer Präzision nach Hinweisen zu suchen, die offenbaren, weshalb ansonsten kompetente und kultivierte Menschen ihre Vorgesetzten, Kollegen und Untergebenen regelmäßig in den Wahnsinn treiben.

Normalerweise greife ich in solchen Situationen nicht in das Geschehen ein. Aber Jon war ein Freund, der gerade das klassische destruktive Verhalten eines Klugscheißers an den Tag legte. Deshalb sagte ich: »Jon, sei bitte mal still und lass Niko ausreden. Hör auf, das Gespräch ständig an dich zu reißen.«

Was Jon Katzenbach bei diesem Treffen in Vollendung demonstrierte, war eine Variante des Bedürfnisses, immer gewinnen zu wollen – das Bedürfnis, sich immer einbringen zu wollen. Es lässt sich häufig bei Führungskräften beobachten, die es gewohnt sind, alle Fäden in der Hand zu halten. Sie tragen immer noch die Überreste des Top-down-Managementstils in sich, bei dem es ihr Job war, allen zu sagen, was sie zu tun hatten. Diese Führungspersönlichkeiten sind sich in der Regel durchaus bewusst, dass sich die Welt inzwischen verändert hat und dass die meisten ihrer Untergebenen in bestimmten Bereichen mehr wissen, als sie jemals wissen werden. Doch alte Gewohnheiten lassen sich nur schwer ablegen. Erfolgreichen Menschen fällt es sehr schwer, anderen zuzuhören und sich etwas sagen zu lassen, was sie bereits wissen, ohne ihnen in irgendeiner Form zu vermitteln, (a) »das war mir bereits bekannt« und (b) »ich kenne einen besseren Weg«.

Und genau deshalb ist es problematisch, wenn wir uns ständig einbringen müssen. Stellen Sie sich vor, Sie seien ein CEO, und ich käme mit einer Idee zu Ihnen, die Ihnen äußerst gut gefällt. Anstatt mir auf die Schulter zu klopfen und einfach »Hervorragende Idee!« zu sagen, können Sie es sich jedoch nicht verkneifen (weil Sie sich unbedingt einbringen müssen) und sagen stattdessen: »Gute Idee, aber es wäre besser, wenn Sie dabei so vorgehen würden ...«

Das Problem ist nun, dass Sie den Inhalt meiner Idee auf diese Weise vielleicht um 5 Prozent verbessert haben – doch Sie haben mein Engagement für die Umsetzung dieser Idee um 50 Prozent verringert, weil Sie mir das Eigentumsrecht an meiner Idee gestohlen haben. *Meine* Idee ist jetzt *Ihre* Idee, und ich verlasse Ihr Büro mit wesentlich weniger Begeisterung als zu dem Zeitpunkt, als ich es betreten hatte. Und hier offenbart sich der Trugschluss des vermeintlichen Mehrwerts, den wir liefern, indem wir uns ständig einmischen. Was wir dazugewinnen, indem wir eine Idee »optimieren«, geht uns gleichzeitig wieder um ein Vielfaches verloren, weil wir dadurch das Engagement unserer Mitarbeiter für das Konzept schmälern.

Beim Abendessen haben Katzenbach und ich später noch herzlich über diesen Vorfall gelacht. Als eine der weltweit führenden Autoritäten auf dem Gebiet des Teambuildings hätte Jon es besser wissen müssen. Ein weiteres gutes Beispiel für die zerstörerische Kraft, die das Bedürfnis, stets gewinnen zu wollen, in sich trägt. Selbst wenn wir uns der Gefahr bewusst sind, fallen wir ihr trotzdem regelmäßig zum Opfer.

Bitte verstehen Sie mich nicht falsch. Ich will damit nicht sagen, dass Chefs um jeden Preis den Mund halten sollten, damit die Stimmung ihrer Mitarbeiter nicht kippt. Aber je höher Sie in einem Unternehmen aufsteigen, desto mehr ist es Ihre Aufgabe, andere Menschen zu Gewinnern zu machen und den eigenen Siegeswillen hintenanzustellen.

Für Sie als Vorgesetzten heißt das, dass Sie genau analysieren müssen, wie Sie Ermutigungen formulieren. Wenn Sie sich dabei ertappen, dass Sie mit »Tolle Idee!« beginnen, dann jedoch ein einschränkendes »aber« oder ein »allerdings« nachschieben, sollten Sie daran arbeiten, Ihre Äußerung direkt nach dem Wort »Idee« zum Abschluss zu bringen. Noch besser wäre es, wenn Sie zunächst kurz innehalten und sich fragen würden, ob das, was Sie sagen wollen, die Sache wirklich wert ist. Dass diese Taktik funktioniert, bestätigte mir auch einer meiner Klienten, der inzwischen CEO eines großen Pharmakonzerns ist. Als er es sich erst einmal angewöhnt hatte, tief durchzuatmen, bevor er zu einer Erwiderung ansetzte, stellte er fest, dass er sich mindestens die Hälfte dessen, was er eigentlich hatte sagen wollen, auch sparen konnte. Obwohl er überzeugt war, etwas Wichtiges beitragen zu können, erkannte er, dass er mehr davon hatte, wenn er einmal nicht versuchte, unbedingt zu gewinnen.

Allen Mitarbeitern, die unter dem Bedürfnis ihres Chefs, sich immer und überall einbringen zu müssen, leiden, empfehle ich wiederum, auf ihr eigenes Fachwissen zu vertrauen und an ihrer Position ohne große Rebellion weiter nüchtern festzuhalten.

Vor Jahren erklärte sich ein mir bekannter Schokoladenproduzent aus San Francisco bereit, für den inzwischen verstorbenen Designer Bill Blass eine aus zwölf Sorten bestehende Pralinenmischung zu entwerfen. Weil die Mischung später unter seinem Namen vermarktet werden sollte, kreierte man im Unternehmen vorab ein Muster mit einem Dutzend unterschiedlicher Pralinen, die Blass zunächst verkosten wollte. Und da man bereits ahnte, dass er es der Firma sicherlich übelnehmen würde, wenn er nicht die Möglichkeit bekäme, eine eigene Auswahl zu treffen, kredenzte man ihm neben den ersten zwölf Kompositionen ein weiteres Dutzend anderer Sorten, die intern jedoch eindeutig als minderwertig eingestuft wurden. Zum Entsetzen der Chocolatiers entschied sich Blass im Rahmen der Verkostung jedoch ausgerechnet für die billigen Pralinen und ließ sich keines Besseren belehren. Niemand hatte damit gerechnet, dass er seine Meinung derart vehement vertreten würde, doch als Mann mit einem ausgezeichneten Geschmack war Blass es gewohnt, seinen Willen durchzusetzen, und er wusste genau, was ihm gefiel und was nicht. Entsprechend wollte er sich unbedingt in den Auswahlprozess einbringen. Nachdem Blass gegangen war, sahen sich die Chocolatiers an und dachten alle das Gleiche: *Und was jetzt? Er hat ohne Ausnahme die falschen Pralinen ausgesucht.*

Schließlich fasste der Chef des renommierten Familienunternehmens, das bereits in der siebten Generation am Markt war, einen Entschluss: »Wir verstehen etwas von Schokolade und er nicht. Wir machen die Pralinen, die wir mögen. Er wird den Unterschied nie bemerken.«

Süße Genugtuung, oder?

Gewohnheit 3: Ständiges Be- und Verurteilen

In dem Hollywoodstreifen *Was das Herz begehrt* kommt es zu einer rührenden Szene zwischen Jack Nicholson und Diane Keaton. Keaton spielt eine erfolgreiche, geschiedene Theaterautorin um die 50, Nicholson einen etwa 60-jährigen Tycoon und Frauenheld, der mit ihrer Tochter ausgeht. Ein leichter Herzanfall zwingt Nicholson dazu, sich ein paar Tage in Keatons luxuriösem Wochenendhaus zu erholen. Nachdem die anfänglich tiefe Abneigung der beiden langsam abgeflaut ist, entspinnt sich während der Zubereitung eines Mitternachtssnacks in Keatons Küche schließlich sogar ein Flirt zwischen den beiden.

Keaton sagt: »Ich kann mir nicht vorstellen, was Sie über mich denken.«

Nicholson erwidert: »Tut es Ihnen leid, nicht mehr verheiratet zu sein?«

»Manchmal schon«, gesteht Keaton. »Doch, ja, nachts vor allem. Aber nicht mehr so sehr wie früher.«

Nun wechselt das Gespräch kurz zu der Frage, was sie essen wollen, bis Keaton es schließlich, in dem nicht besonders subtilen Versuch, eine Antwort zu erhalten, auf die Ausgangsfrage zurücklenkt.

»Haben wir nicht gerade über was Interessantes geredet?«, überlegt sie laut.

»Sie sagten, Sie könnten sich nicht vorstellen, was ich über Sie denke.«

»Darauf müssen Sie nicht unbedingt antworten«, wirft sie ein.

Woraufhin er gleichmütig entgegnet: »Okay.«

Sie: »Aber falls Sie eine Meinung haben, würde sie mich schon interessieren.«

Er: »Sagen Sie mir erst mal, warum es Ihnen nachts etwas ausmacht, nicht mehr verheiratet zu sein.«

Sie: »Naja, das Telefon klingelt nachts nicht mehr so oft. Allein zu sein merkt man halt vor allem nachts. Musste mich erst daran gewöhnen, allein zu schlafen. Hab dann aber irgendwann herausgefunden, wie man das macht. Man muss in der Mitte schlafen. Absolut ungesund, auf einer Seite zu schlafen, wenn niemand auf der anderen Seite liegt.«

Ermutigt durch ihre Erklärung sagt Nicholson: »Jetzt bin ich überzeugt, dass es stimmt, was ich über Sie denke. Sie sind der starke Fels in der Brandung.«

Sie, enttäuscht: »Oh!«

Daraufhin er: »Legen Sie keinen zu großen Wert auf das, was ich sage.«

Ich weiß, es ist nur eine romantische Komödie, aber die Szene klingt wie aus dem Leben gegriffen. Selbst in den schönsten, intimsten Augenblicken, wenn uns andere Menschen das (äußerst hilfreiche) Geschenk machen, uns präzise zu schildern, wie wir auf sie wirken, kommen wir nicht umhin, darüber zu urteilen. Wir können nicht anders, wir müssen das Gesagte bewerten – und es als erfreulicher oder aufschlussreicher einstufen, als wir es von ihnen erwartet hätten, als wir uns selbst einschätzten oder als das, was wir von anderen in dieser Hinsicht zu hören bekamen.

Es ist nichts daran auszusetzen, im Rahmen geschäftlicher Diskussionen die eigene Meinung zu äußern. Alle Menschen sollen die Freiheit haben, offen beizupflichten oder zu widersprechen.

Es ist allerdings unangebracht, die Äußerungen anderer Menschen zu be- oder verurteilen, wenn wie sie ausdrücklich darum gebeten haben, ihre Meinung über uns kundzutun. Jedes Mal, wenn jemand über einen Ratschlag von mir urteilt, um den ich zuvor gebeten wurde, denke ich immer als Erstes: »Seit wann bist du hier plötzlich der Chefkritiker?«

Das passiert auch dann, wenn Sie eine Frage stellen und mit der Antwort zufrieden sind. Egal ob bewusst oder unbewusst: Ihr Gegenüber registriert Ihre Zustimmung. Und er oder sie wird sich sehr genau daran erinnern, wenn Sie ihm beim nächsten Mal *nicht* beipflichten. Der Unterschied ist aufschlussreich, und die Person wird sich fragen: »Was war falsch an dem, was ich gesagt habe? Warum habe ich mir die Mühe gemacht?«

Genauso verhält es sich auch, wenn ein CEO in einem Meeting um Vorschläge zur Lösung eines bestimmten Problems bittet und auf die Meldung eines Mitarbeiters hin sagt: »Das ist eine tolle Idee.« Den Vorschlag eines weiteren Mitarbeiters kommentiert er mit »Das ist eine gute Idee« und zur Anregung eines dritten Angestellten sagt er schließlich überhaupt nichts. Während die Zustimmung seines Vorgesetzten den ersten Kandidaten vermutlich freut und motiviert, wird der zweite Mitarbeiter wahrscheinlich etwas weniger zufrieden sein. Und der Dritte im Bunde wird weder Zufriedenheit noch Motivation ausstrahlen. Aber von zwei Dingen können Sie mit absoluter Sicherheit ausgehen: Nummer eins lautet: Alle Anwesenden haben von diesem Ranking des CEO Notiz genommen. Und zweitens: Selbst wenn seine Kommentare nur gut gemeint waren, hat der CEO die Vorschläge seiner Mitarbeiter auf diese Weise einer Wertung unterzogen – anstatt sie einfach kommentarlos zur Kenntnis zu nehmen – und drängt sie damit automatisch in die Defensive.

Menschen möchten nicht kritisiert werden, auch wenn die Kritik noch so gut getarnt ist. Deshalb ist das Be- und Verurteilen eine besonders heimtückische Schwäche, mit der wir andere auf Abstand halten, gleichzeitig aber auch unseren eigenen weiteren Erfolg behindern. Das Einzige, was mit Gewissheit passiert, wenn wir die Beiträge von Menschen beurteilen, die uns nur helfen wollten? Sie werden uns in Zukunft sicherlich nicht noch einmal unterstützen.

Wie können wir es in Zukunft also vermeiden, ein Urteil über Menschen zu sprechen, die sich ehrlich darum bemüht haben, uns zu helfen?

Eine der unangenehmsten Situationen in meinem Beruf ist, dass meine Klienten sich häufig ernsthaft darum sorgen, ob ich ihr Verhalten gutheiße oder missbillige – und sich im weiteren Sinne fragen, was ich über die Veränderung denke, um die sie sich bemühen.

Ich bin immer sehr bedacht darauf, diese Gedanken möglichst vollständig zu zerstreuen.

Ich sage ihnen, dass wir bei jeder Aktion, die langfristig gesehen einen positiven Wandel bewirken soll, eine Wahl haben: Wir können der Aktion zustimmend, ablehnend oder völlig neutral gegenüberstehen. Mission positiv. Mission negativ. Oder Mission neutral.

Anschließend versichere ich meinen Klienten stets, dass ich »Mission neutral« bin. Ich arbeite nicht mit Zustimmung oder Missbilligung. Ich be- und verurteile niemanden, denn es ist nicht meine Aufgabe zu bewerten, ob Sie ein guter oder ein schlechter Mensch sind, nur, weil Sie beschlossen haben, an dieser Schwäche zu arbeiten und nicht an jener.

Es ist wie bei Ärzten und ihren Patienten. Wenn Sie mit einem gebrochenen Bein in den Untersuchungsraum kommen, wird der Arzt nicht darüber urteilen, wie Sie sich das Bein gebrochen haben. Es ist ihm völlig egal, ob Sie diese Verletzung erlitten haben, als sie eine Straftat begingen, als Sie Ihren Hund getreten haben, die Treppe hinuntergefallen sind oder von einem Auto angefahren wurden. Ihm geht es einzig und allein darum, Ihr Bein wieder zu heilen.

Genau diese Einstellung – die Neutralität eines Arztes, der nur Ihr Bestes will – müssen Sie auch auf den Umgang mit Menschen übertragen, die Ihnen helfen wollen. Und damit meine ich nicht nur die Menschen, die Ihnen dabei helfen wollen, sich zu ändern. Sie dürfen niemals über den hilfreichen Kommentar eines Kollegen, Freundes oder Familienmitglieds urteilen. Egal, was Sie im Stillen über den Vorschlag denken: Behalten Sie Ihre Gedanken für sich, lassen Sie Ihr Gegenüber ausreden und sagen Sie »Danke«.

Versuchen Sie einmal Folgendes: Behandeln Sie eine Woche lang jede Idee, die von einer anderen Person an Sie herangetragen wird, mit absoluter Neutralität. Verhalten Sie sich wie die personifizierte Schweiz. Ergreifen Sie nicht Partei. Äußern Sie keine Meinung. Urteilen Sie nicht über das Gesagte. Wenn Sie aus Ihrem innersten Wesen heraus nicht in der Lage sind, einfach nur »Danke« zu sagen, dann versuchen Sie es mit einem unverfänglichen »Danke, das hatte ich noch nicht bedacht« oder einem »Danke, ich werde darüber nachdenken«.

Ich garantiere Ihnen, dass Sie nach einer Woche die Zahl der sinnlosen Streitereien bei der Arbeit oder zu Hause deutlich reduziert haben werden. Und wenn Sie den Versuch gleich auf mehrere Wochen hinweg ausdehnen, werden sich mindestens drei gute Dinge ereignen.

Zum Ersten werden Sie sich nicht mehr ständig auf eine neutrale Reaktion besinnen müssen. Die Neutralität wird Ihnen in Fleisch und Blut übergehen, genau wie Sie jedem, der niesen muss, reflexartig »Gesundheit« wünschen.

Zum Zweiten werden Sie wesentlich weniger Zeit mit kontroversen Diskussionen verschwenden. Wenn Sie sich kein Urteil über eine Idee erlauben, kann Ihnen auch niemand widersprechen.

Zum Dritten werden die Menschen Sie zunehmend als angenehmen Gesprächspartner wahrnehmen – und zwar auch dann, wenn Sie nicht einer Meinung sind. Wenn Sie sich dauerhaft so konsequent verhalten, werden Sie mit der Zeit als einladende Persönlichkeit gelten, die immer ein offenes Ohr für neue Vorschläge hat, und mit der man sich zwanglos über Ideen austauschen kann, ohne eine Eskalation befürchten zu müssen.

Falls es Ihnen schwerfällt, sich zu beherrschen und sich mit Urteilen zurückzuhalten, dann »engagieren« Sie einen Freund, der Sie nach jeder wertenden Äußerung zur Räson ruft und Ihnen eine saftige Geldstrafe aufbrummt. Fragen Sie Ihren Lebenspartner, Ihren Assistenten oder einen Arbeitskollegen. Wenn Sie mit jedem wertenden Urteil, das Ihnen über die Lippen kommt, 10 Euro ärmer werden, werden Sie im Nu den gleichen Schmerz verspüren, den Sie anderen zufügen – und damit aufhören.

Gewohnheit 4: Destruktive Kommentare abgeben

Unter destruktiven Kommentaren verstehe ich die bissigen, sarkastischen Bemerkungen, die wir täglich absichtlich oder unabsichtlich von uns geben und die allein dem Zweck dienen, andere Menschen herabzusetzen, zu verletzen oder ihnen zu signalisieren, dass wir ihnen überlegen sind. Im Unterschied zu den Äußerungen, durch die wir uns einbringen und einen wichtigen Beitrag leisten wollen, verursachen destruktive Kommentare nichts als Schmerz.

Sie reichen von unbedachten Seitenhieben in einer Besprechung (»Das war nicht besonders klug«) über unnötige Kommentare zum Aussehen des Gegenübers (»Nette Krawatte« – gepaart mit einem spöttischen Grinsen) bis hin zu ausgeklügelten Kritiken der vergangenen Leistungen anderer Leute, die alle außer Ihnen bereits vergessen hatten (»Denken Sie nur daran, wie Sie damals …«).

Wenn Sie andere Menschen bitten würden, alle destruktiven Kommentare aufzuzählen, die ihnen in den letzten 24 Stunden über die Lippen kamen, würde den meisten kein einziger einfallen. Denn diese Kränkungen rutschen uns häufig ganz gedankenlos und einfach so heraus, ohne dass wir groß Notiz davon nehmen oder sie im Kopf behalten. Doch den Leidtragenden unserer Verachtung bleiben sie sehr wohl in Erinnerung. Auf Nachfrage könnten Sie jede sarkastische Bemerkung, die wir auf ihre Kosten gemacht haben, nahezu wortgetreu wiedergeben. Das ist eine statistisch belegte Tatsache. Das Feedback, das ich zu dieser Gewohnheit gesammelt habe, besagt, dass das Attribut »Vermeidet destruktive Kommentare« einer der beiden Punkte mit der niedrigsten Korrelation ist zwischen unserem Selbstbild und dem Bild, das andere von uns haben. Mit anderen Worten: Wir glauben nicht, dass wir destruktive Kommentare machen, aber die Menschen, die uns kennen, sind da ganz anderer Meinung.

Einer meiner Klienten erzählte mir einmal, dass seine Kollegen und Freunde anlässlich seines Vierzigsten mit einem Augenzwinkern einen »Tag der Abrechnung« zelebrierten. Zu diesem Zweck mussten am Abend alle Gäste eine bissige Bemerkung vortragen, die das Geburtstagskind im Laufe der Jahre auf ihre Kosten gemacht hatte. Ein interessantes Gambit: Sie machten sich über das Geburtstagskind lustig, indem sie all die Momente heraufbeschworen, in denen er sich über sie lustig gemacht hatte. Nach Aussage meines Klienten war es ein rauer, aber urkomischer Abend.

»Das Seltsame ist allerdings«, schloss mein Kunde seine Erzählung ab, »dass mir an diesem Abend Dutzende von bissig-witzigen Bemerkungen an den Kopf geworfen wurden, ich mich aber nicht daran erinnern kann, je auch nur eine einzige davon gesagt zu haben. So gedankenlos waren sie gewesen. Und was mich ebenfalls verwunderte, war, dass meine Freunde mich nicht deswegen hassten. Sie mögen sie als »destruktive Kommentare« bezeichnen, aber in meinem Umfeld haben sie keine Schneise der Zerstörung hinterlassen. Für meine Freunde und Kollegen sind meine sarkastischen Sprüche einfach ein Teil von mir, und niemand hat ein Problem damit.«

Mit dieser Einschätzung hatte er recht. Das ist der andere interessante Aspekt an destruktiven Kommentaren. Wir glauben, dieses Verhalten sei ein verbreitetes Phänomen, doch statistisch gesehen führt es nur bei 15 Prozent meiner Kunden tatsächlich zu Problemen. Das heißt allerdings nicht, dass die anderen 85 Prozent niemals schmerzhafte Seitenhiebe verteilen. Uns allen rutschen Tag für Tag Kränkungen heraus. Es ist lediglich so, dass nur 15 Prozent aller Menschen dieses Verhalten derart auf die Spitze treiben, dass es negative Folgen für ihre Beziehungen zu ihren Mitmenschen nach sich zieht.

Es ist an Ihnen, herauszufinden, ob Sie zu diesen 15 Prozent gehören.

Und genau da beginnt das eigentliche Problem – denn ist eine gehässige Bemerkung erst einmal über Ihre Lippen gekommen, dann ist der Schaden angerichtet und lässt sich nur schwer wieder rückgängig machen. Sie können das Gesagte nicht zurücknehmen, und egal, wie oft sie sich auch entschuldigen (und selbst wenn Ihre Entschuldigung angenommen wird), wird die Bemerkung dennoch im Gedächtnis des Betroffenen haften bleiben.

Ein weiterer Klient von mir unterhielt sich einmal ganz zwanglos mit seiner Assistentin über ihre Augenfarbe (wie auch immer sie ausgerechnet auf dieses Thema zu sprechen kamen!).

»Welche Farbe haben eigentlich Ihre Augen?«, fragte er, während er sie konzentriert musterte.

»Sie sind blau. Sehen Sie nicht, dass sie blau sind?«

»Naja, sie sind ja nicht richtig blau«, entgegnete er abwiegelnd. »Natürlich sind sie das«, beharrte sie daraufhin mit Nachdruck. »Sie sind leuchtend blau.«

»Sagen wir es mal so«, erwiderte er abschätzig amüsiert, »wären Ihre Augen Diamanten, dann würden sie eher in die Kategorie Modeschmuck fallen, anstatt das Schaufenster von Harry Winston zu zieren.«

Dieser grausame und völlig überflüssige Kommentar verletzte die Dame sichtlich – und die Nachwirkungen dieser Episode sind äußerst lehrreich. Nur wenige Augenblicke nachdem er diese Worte ausgesprochen hatte, hatte er sie auch schon wieder vollständig aus seinem Gedächtnis gestrichen. Ganz im Gegensatz zu seiner Assistentin. Obwohl die Bemerkung auf ihre Kosten ging, erzählte sie all ihren Freunden davon – als Beweis dafür, was für ein Trottel ihr Chef doch sei. Auch mir berichtete sie davon, als ich sie um Feedback über ihren Chef bat. Sie betonte, dass sie zwar gerne für ihn arbeitete, dass er aber regelmäßig solche abfälligen Bemerkungen machte, die sie verletzten.

Wie können wir aufhören, unsere Umwelt durch destruktive Kommentare zu verärgern? Vor diesem Problem stand auch ich noch vor einigen Jahren. Damals leitete ich ein kleines Beratungsunternehmen mit einem Dutzend Mitarbeitern. Als Feedback-Profi spielte ich natürlich auch selbst bereitwillig das Versuchskaninchen und bat meine Mitarbeiter um eine 360-Grad-Bewertung meines Verhaltens. Die Rückmeldungen ergaben, dass ich bei dem Attribut »Vermeidet destruktive Kommentare« in einer statistischen Verteilung nur auf einen Wert von 8 Prozent kam – was bedeutete, dass 92 Prozent aller Menschen in diesem Punkt besser abschnitten als ich. Ich war bei einem Test, den ich selbst entwickelt hatte, durchgefallen!

In meinem Fall (und darauf bin ich wirklich nicht stolz) bestand die spezielle Herausforderung nicht darin, dass ich meine Mitmenschen durch persönlich adressierte Kommentare beleidigte. Stattdessen lästerte ich über sie, wenn sie nicht im Raum waren. Als Manager bereitete ich mir dadurch selbst Probleme. Denn was passiert mit der Qualität der Teamarbeit und der kollegialen Unterstützung in einem Unternehmen, wenn wir vor anderen unverblümt über nicht anwesende Mitarbeiter herziehen – noch dazu in einem Umfeld, in dem alle ständig predigen, wie wichtig gegenseitiger Support ist? Sie wird dadurch auf keinen Fall besser. Und dabei wollte ich doch, dass mein Unternehmen erfolgreich ist.

Also sprach ich mit meinen Mitarbeitern. Ich sagte: »Mit meinem Feedback bin ich größtenteils zufrieden. Aber eine Sache möchte ich in Zukunft besser machen: Ich möchte aufhören, destruktive Kommentare abzugeben. Wenn ihr mich jemals wieder dabei ertappt, wie ich abfällig über eine andere Person rede, zahle ich demjenigen, der mich darauf aufmerksam macht, 10 Dollar. Ich bin fest entschlossen, die schlechte Gewohnheit abzulegen.«

Anschließend ging ich zu einer emotionalen Motivationsrede über, in der ich alle ermutigte, mir zu »helfen«, indem sie mich ehrlich und gewissenhaft konfrontieren sollten, wenn ich erneut in alte Muster verfiel. Doch bald zeigte sich, dass das überhaupt nicht nötig war, ganz im Gegenteil: Meine Kollegen versuchten, mich ganz aktiv aufs Glatteis zu führen, um mir gemeine Bemerkungen zu entlocken und sich dadurch 10 Dollar zu verdienen. Und sie wussten genau, welche Namen sie erwähnen mussten, um einen Nerv zu treffen. So lenkten sie das Gespräch beiläufig auf einen Kollegen namens Max, und schon rutschte es mir heraus: »Kaum zu glauben, dass der einen Doktortitel hat, oder? Er hat keine Ahnung, wovon er redet.« 10 Dollar. Ein Kunde rief an und ich bemerkte: »Dieser Typ ist so ein Geizhals.« Wieder 10 Dollar. Bis zum Mittag hatte ich bereits 50 Dollar verloren. Ich schloss mich in meinem Büro ein und weigerte mich für den Rest des Tages, mit jemandem zu sprechen. Natürlich hilft es, sich zu verstecken, wenn man einem Problem aus dem Weg gehen möchte. Lösen wird man es auf diese Weise aber nicht. Doch der finanzielle Verlust tat seine Wirkung und lenkte mich in die richtige Richtung. Am nächsten Tag kosteten mich meine Lästereien noch 30 Dollar. Am dritten Tag waren es nur noch 10 Dollar. Diese Regel behielten wir über mehrere Wochen hinweg bei. Und sie kostete mich Geld. Schließlich konnte ich mein Feedback zu dieser Schwachstelle jedoch auf 96 Prozent steigern. Ich gebe keine destruktiven Kommentare mehr ab – jedenfalls nicht so, dass es ein Problem wäre.

Meine Erfahrung ist der Beweis für einen simplen Sachverhalt: Um sich zu bessern, müssen Sie lediglich ein paar Tausend Dollar ausgeben!

Destruktive Kommentare sind eine Gewohnheit, in die man ganz leicht verfällt, und das trifft vor allem auf Menschen zu, die »Offenheit« ohnehin als wirksames Managementinstrument betrachten. Das Problem ist, dass diese Offenheit leicht zu einer Waffe werden kann. Sie liefert den Menschen einen Vorwand für destruktive Äußerungen – denn schließlich sprechen sie ja nur die »Wahrheit« offen aus. Ob eine gehässige Bemerkung zutrifft, ist allerdings völlig irrelevant. Die Frage darf nicht lauten: »Ist das wahr?«, sondern vielmehr: »Ist es das wert?«

Sie müssen sich bewusst machen, dass wir alle jeden Tag viel Zeit damit verbringen, die Wahrheiten, die wir äußern, sorgfältig zu filtern. Damit meine ich nicht nur die kleinen Notlügen, auf die wir tagtäglich zurückgreifen, um unsere zwischenmenschlichen Beziehungen zu pflegen (unser Kompliment für eine neue Frisur, die in Wirklichkeit lächerlich aussieht). Auch wenn es ums Überleben geht, vermeiden wir destruktive Kommentare ganz instinktiv. Wir kennen den Unterschied zwischen Ehrlichkeit und vollständiger Offenbarung. Wir mögen unseren Chef für einen Vollidioten halten, aber wir sind weder moralisch noch ethisch dazu verpflichtet, ihm das ins Gesicht zu sagen – und auch sonst niemandem.

Diesen Überlebensinstinkt müssen Sie verstärken und nicht nur in Bezug auf Vorgesetzte, sondern auch bei Mitarbeitern und Untergebenen an den Tag legen.

Warren Buffett hat einmal Folgendes empfohlen: Wenn man im Begriff ist, etwas moralisch Bedenkliches zu tun, solle man sich vorher fragen, ob man wolle, dass die eigene Mutter etwas darüber in der Zeitung liest.

Einen ganz ähnlichen Test können Sie anwenden, um sich destruktive Kommentare abzugewöhnen. Stellen Sie sich in Zukunft stets diese vier Fragen, bevor Sie den Mund öffnen:

1. Hilft dieser Kommentar unseren Kunden?
2. Hilft dieser Kommentar unserem Unternehmen?
3. Hilft dieser Kommentar der Person, mit der ich spreche?
4. Hilft dieser Kommentar der Person, über die ich spreche?

Wenn die Antwort Nein lautet, brauchen Sie keinen Doktortitel, um zu wissen, was Sie tun müssen. Sagen Sie einfach nichts.

Gewohnheit 5: Sätze mit »Nein«, »Aber« oder »Allerdings« einleiten

Vor einigen Jahren erhielt ich vom CEO eines Unternehmens aus der verarbeitenden Industrie den Auftrag, seinen COO zu coachen, der als talentiert, aber auch als stur und rechthaberisch galt.

Als ich bei unserem ersten Treffen das Feedback seiner direkten Mitarbeiter mit ihm durchgehen wollte, reagierte er ablehnend: »Aber, Marshall, das mache ich doch gar nicht.«

»Das war noch einmal gratis«, entgegnete ich. »Wenn ich das nächste Mal, ein »Nein«, »Aber« oder »Allerdings« von Ihnen höre, kostet Sie das 20 Dollar.«

»Aber«, fuhr er unwirsch dazwischen, »das ist nicht ...«

»Das macht dann 20 Dollar!«

»Nein, das können Sie vergessen ...«, widersprach er.

»40 Dollar!« »Nein, nein, nein«, protestierte er.

»Das sind dann 60, 80, 100 Dollar«, zählte ich mit.

Nach einer Stunde hatte er bereits 420 Dollar verloren. Es dauerte weitere zwei Stunden, bis er endlich verstand und einfach »Danke« sagte.

Ein Jahr später konnte ich feststellen, dass der COO seine Lektion gelernt hatte. Ich war bei einem Vortrag zugegen, den eine Mitarbeiterin des Unternehmens vor der Geschäftsleitung hielt. Das Thema: Die Unterrepräsentation von Frauen in Führungspositionen (eine brisante Materie, die Männer gerne nervös und defensiv macht). Nachdem sie die zentralen Argumente vorgetragen hatte, fuhr ihr der CEO in die Parade: »Sie haben da ein paar sehr interessante Aspekte genannt, aber ...«

Daraufhin erhob sich der COO und unterbrach seinen Chef: »Entschuldigen Sie bitte. Ich denke, die richtige Reaktion wäre ein Danke.« Der CEO starrte ihn zunächst verärgert an, doch dann besann er sich und entgegnete mit einem Lächeln: »Sie haben recht. Danke.« Er wandte sich wieder der Frau zu und bat sie, mit ihrem Vortrag fortzufahren.

Wenn Sie einen Satz mit »Nein«, »Aber«, »Allerdings« oder einer Variation davon beginnen, senden Sie Ihrem Gegenüber die unmissverständliche Botschaft *»Sie haben unrecht«*. Dabei ist es ganz egal, wie freundlich Ihr Tonfall war oder wie viele besänftigende Nettigkeiten Sie eingestreut haben, um die Gefühle der anderen Person nicht zu verletzen. Sie kommunizieren nicht: »Ich bin anderer Meinung.« Und nicht: »Vielleicht stimmen Ihre Informationen nicht.« Und auch nicht: »Ich stimme Ihnen nicht zu.« Ihre Botschaft lautet klar und unmissverständlich: »Was Sie sagen, ist falsch, und was ich sage, ist richtig.« Danach kann nichts Produktives mehr folgen. Für gewöhnlich wird die Reaktion Ihres Gegenübers darin bestehen, Ihren Standpunkt abzustreiten und zum Gegenangriff überzugehen (es sei denn, es handelt sich um einen Heiligen, der gerne auch noch die andere Wange hinhält). Sind Sie erst einmal an diesem Punkt angekommen, entwickelt sich das Gespräch nur noch zu einem völlig sinnlosen Krieg, in dem sie nicht mehr miteinander kommunizieren, sondern in dem beide nur noch auf den Sieg aus sind.

Es gibt nicht allzu viele kostengünstige, todsichere, einfache und garantiert zu 100 Prozent zutreffende Möglichkeiten, mit denen wir Einblicke in das Konkurrenzverhalten unserer Kollegen und Freunde gewinnen können. Doch die folgende Übung liefert Ihnen genau das: Verfolgen Sie eine Woche lang genau, wie häufig Ihnen ein »Nein«, »Aber«, oder »Allerdings« zu Ohren kommt. Halten Sie mithilfe einer Strichliste fest, wie oft jede Person in Ihrem Umfeld diese drei Wörter an den Anfang von Sätzen stellt.

Sie werden schockiert sein, wie häufig diese Begriffe fallen.

Wenn Sie daraufhin ein wenig tiefer in die Materie eindringen, werden Sie bestimmte Muster entdecken. Sie werden sehen, wie Menschen diese Wörter gegen andere einsetzen, um sich in eine Machtposition zu bringen oder sie zu festigen. Und Sie werden auch feststellen, wie sehr sich die Adressaten – bewusst oder unbewusst – über diese Anmaßungen ärgern, und dass sie kein Ausgangspunkt für sachliche Diskussionen sind, sondern vielmehr jeden Diskurs im Kein ersticken.

Genau wie ein Orchesterdirigent, der es sofort bemerkt, wenn Musiker einen halben Ton zu hoch oder zu tief spielen, registriere auch ich inzwischen ganz instinktiv, wie meine Klienten »Nein«, »Aber«, und »Allerdings« einsetzen. Ohne nachzudenken, beginne ich mitzuzählen. Für mich ist das ein derart wichtiger Indikator, dass ich dabei quasi auf Autopilot schalte. Wenn meine gedankliche Strichliste schon während der allerersten Sitzung immer länger wird, unterbreche ich den betroffenen Klienten und weise ihn darauf hin: »Wir sprechen jetzt schon seit 40 Minuten miteinander. Wissen Sie eigentlich, dass Sie in dieser Zeit siebzehn Antworten entweder mit »Nein«, »Aber«, oder mit »Allerdings« eingeleitet haben?

Kein Kunde war sich *jemals* dessen bewusst. Das ist dann der Moment für ein ernsthaftes Gespräch über eine Verhaltensänderung.

Wenn Sie vor der gleichen zwischenmenschlichen Herausforderung stehen, können Sie dasselbe für sich tun, was ich für meine Klienten tue.

Hören Sie auf, Ihren Standpunkt zu verteidigen, und beginnen Sie stattdessen, ganz bewusst zu verfolgen, wie oft Sie Ihre Ausführungen mit den berüchtigten Wörtern einleiten. Achten Sie dabei besonders auf die Situationen, in denen Sie diese Begriffe in Sätzen verwenden, mit denen Sie Ihrem Gesprächspartner vordergründig Ihre *Zustimmung* suggerieren wollen. Zum Beispiel: »Das stimmt, aber …« (Sie glauben ganz und gar nicht, dass es stimmt.) Oder der Klassiker: »Ja, aber …« (Sie bereiten Ihr Gegenüber darauf vor, dass Sie gleich widersprechen werden.)

Wie bei fast allen Übungen, mit denen störende Verhaltensweisen abgestellt werden sollen, gibt es neben der Selbstkontrolle natürlich auch immer die monetäre Lösung. Dafür müssen Sie nur dasselbe tun, was ich im Fall des COO der Produktionsgesellschaft getan habe. Bitten Sie einen Freund oder Kollegen, Ihnen jedes Mal Geld abzunehmen, wenn Sie mit »Nein«, »Aber«, »Allerdings« und dergleichen ansetzen.

Wenn Sie erst einmal eingesehen haben, wie unpassend Sie sich verhalten haben, werden Sie in Zukunft hoffentlich ein »gewinnenderes« Verhalten an den Tag legen.

Nichtsdestotrotz ist und bleibt es eine Herausforderung.

Vor ein paar Jahren hielt ich ein Seminar am Hauptsitz eines Telekommunikationsunternehmens. Einer der anwesenden Männer belächelte mich ein wenig, als ich erläuterte, weshalb die Verwendung von »Nein«, »Aber« und »Allerdings« problematisch sein kann. Seiner Ansicht nach war es doch wirklich einfach, diese Begriffe nicht zu benutzen, und er war sich seiner Sache sogar so sicher, dass er anbot, jedes Mal 100 Dollar zu bezahlen, wenn sie ihm über die Lippen kämen. In der Mittagspause setzte ich mich ganz bewusst zu ihm an den Tisch. Ich fragte ihn beiläufig, wo er herkomme, und er antwortete: »Aus Singapur.«

»Singapur?«, sagte ich. »Das ist eine tolle Stadt.«

»Ja«, entgegnete er, »sie ist wirklich toll, aber …«

Er stockte, griff nach seiner Brieftasche und sagte: »Ich habe gerade 100 Dollar verloren, oder?«

Sehen Sie, wie allgegenwärtig der Drang ist, immer recht zu haben? »Nein«, »Aber« und »Allerdings« schleichen sich in alle noch so trivialen Gespräche ein und zwar sogar dann, wenn wir eigentlich dafür sensibilisiert sein sollten und auf unsere Wortwahl achten wollen, weil es uns ansonsten eine schöne Stange Geld kostet.

Gewohnheit 6: Aller Welt verkünden, wie schlau wir sind

Diese Gewohnheit verkörpert eine weitere Variante unseres Bedürfnisses, immer gewinnen zu wollen. Wir wollen, dass andere Menschen uns bewundern. Wir wollen ihnen vermitteln, dass wir ihnen intellektuell mindestens ebenbürtig, wenn nicht sogar überlegen sind. Wir wollen die klügste Person im Raum sein. Doch dieser Schuss geht meist nach hinten los.

Viele von uns sind klammheimlich und unbewusst rund um die Uhr damit beschäftigt, diese Dinge an ihre Umwelt zu kommunizieren.

Wir verhalten uns so, wenn wir jemandem beipflichten, der uns einen praktischen Rat geben will, wenn wir ungeduldig mit dem Kopf nicken, während ein anderer spricht, oder wenn unsere Körpersprache nahelegt, dass wir nichts hören, was wir nicht schon gehört haben. (Sind das Ihre Finger, die ich da gerade trommeln höre?)

Wir tun es ganz offenkundig, wenn wir jemandem sagen: »Das wusste ich schon.«

(Alternative Formulierungen wären der sanft tadelnde Vorwurf »Das hat man mir schon mal erzählt«, die sarkastische Erwiderung »Das musst du mir nicht sagen« oder auch das regelrecht arrogante Statement »Ich bin dir da längst fünf Schritte voraus«.) Das Problematische an diesem Verhalten ist nicht, dass wir mit unserem Wissen prahlen, sondern dass wir unseren Gesprächspartner parallel dazu auch noch beleidigen.

Was wir in diesen Fällen wirklich sagen, ist nämlich: »Mit diesen irrelevanten Informationen hättest du mir nun wirklich nicht meine

Zeit stehlen müssen. Du denkst vielleicht, dass du Erkenntnisse mit mir teilst, von denen ich noch nie gehört habe. Aber ich stimme dir zu und verstehe ganz genau, was du mir sagen möchtest. Du verwechselst mich – meine kluge und liebenswerte Wenigkeit –, mit jemandem, dem dein Wissen wirklich weiterhelfen würde. Aber dieser Mensch bin nicht ich. Du hast dich getäuscht. Du hast ja keine Ahnung, wie schlau ich bin.«

Stellen Sie sich vor, jemand würde Ihnen das alles ins Gesicht sagen. Sie würden ihn für einen absoluten Kretin halten. Und doch ist es genau das, was die Leute hören (und denken), wenn Sie Ihnen sagen: »Das wusste ich schon.« Es wäre besser, wenn Sie ihnen einfach zuhören und gar nichts sagen würden.

Denn das Paradoxe ist, dass wir mit unserem Bedürfnis zu zeigen, wie schlau wir sind, nur selten ins Schwarze treffen.

Einmal hat sich ein Freund von mir als wissenschaftlicher Mitarbeiter bei einem Professor für Psychologie beworben, der gerade an einem Buch über Genie und Kreativität arbeitete. Im Vorstellungsgespräch kamen die beiden schließlich auf große Genies zu sprechen, speziell auf Mozart. Der Professor prahlte damit, er habe alles über Mozart gelesen, was er finden konnte – das klassische Verhalten eines waschechten Akademikers, der außerordentlich stolz auf seinen Intellekt ist und keine Gelegenheit auslässt, um aller Welt zu verkünden, wie schlau er doch ist. Doch der besagte Professor ging sogar noch einen Schritt weiter. Um sein umfangreiches Wissen unter Beweis zu stellen, forderte er meinen Freund auf, ihm eine beliebige Frage über Mozart zu stellen.

Mein Freund, den die seltsame Wendung, die sein Vorstellungsgespräch genommen hatte, ein wenig verwunderte, zögerte kurz. Doch sein Gehirn arbeitete auf Hochtouren, denn wie es der Zufall wollte, waren klassische Musik und Oper seine große Leidenschaft. Tatsächlich wusste er mehr über Mozart als die meisten anderen Menschen.

»Nur zu«, drängte ihn der Professor, »keine falsche Scheu. Ich werde schon zurechtkommen.«

Erneut winkte mein Freund ab, obwohl ihm inzwischen schon alle möglichen Fragen durch den Kopf schossen. Wo wurde Mozart geboren? Wann ist er gestorben? Wie hieß seine Schwester? (Alles viel zu leicht.)

»So tun Sie mir schon den Gefallen«, beharrte der Professor. »Es sei denn, Sie wissen nicht genug über Mozart, um eine Frage zu stellen.«

Diese rhetorische Ohrfeige wollte mein Freund nicht auf sich sitzen lassen.

»Okay«, sagte er, »nennen Sie mir dreizehn Mozart-Opern.«

Für einen selbsternannten Mozart-Fanatiker hätte diese Frage ein Kinderspiel sein sollen (denn Mozart komponierte mindestens 20 Opern). Genauso gut hätte man einen auf US-Präsidenten spezialisierten Historiker bitten können, alle Vizepräsidenten aufzuzählen. Leider konnte der Professor nur 9 Opern nennen.

Für meinen Freund war dieser Moment, noch dazu in einem Vorstellungsgespräch, sehr unangenehm, und er war einerseits verlegen, triumphierte insgeheim aber dennoch. In diesem Raum saß ein kluger Mensch, der allerdings nicht mit seinem Wissen prahlte.

Der Professor reagierte übrigens äußerst anständig. Er nahm meinem Freund seinen Sieg nicht krumm und bot ihm den ausgeschriebenen Job auf der Stelle an.

Und auch mein Freund bewies Anstand. Er lehnte das Angebot ab.

Klug zu sein macht attraktiv. Lauthals zu verkünden, wie schlau man ist, macht unattraktiv.

Wie lässt sich nun aber das Bedürfnis, aller Welt unter die Nase zu reiben, wie schlau man ist, unterdrücken?

Als Erstes müssen wir uns dieses Verhaltens überhaupt erst bewusst werden. Haben Sie schon einmal Folgendes getan? Ihr Assistent stürzt in Ihr Büro mit einem Schriftstück, das Ihre sofortige Aufmerksamkeit erfordert. Was er nicht weiß: Erst wenige Minuten zuvor hat Sie bereits ein anderer Kollege auf den Sachverhalt aufmerksam gemacht. Wie reagieren Sie? Nehmen Sie das Schriftstück dankend in Empfang, ohne zu erwähnen, dass Sie bereits im Bilde sind? Oder finden Sie einen Weg, um Ihren Assistenten wissen zu lassen, dass Sie die Informationen schon vorher besaßen?

Nach meiner Erfahrung ist dieser scheinbar unbedeutende Moment ein Lackmustest für unser übertriebenes Bedürfnis, anderen zu zeigen, wie schlau wir doch sind.

Wenn Sie ihn einfach mit einem »Danke« vorbeiziehen lassen können, machen Sie alles richtig.

Doch wenn Sie wie die meisten Menschen sind, werden Sie diese Gelegenheit nicht so leicht verstreichen lassen, sondern Ihrem Assistenten auf irgendeine Weise vermitteln, dass Sie ihm längst einen Schritt voraus sind. Dafür gibt es zahlreiche Möglichkeiten, die von einem einfachen »Das wusste ich schon« bis zu einem herablassenden »Warum belästigen Sie mich damit?« reichen können. So oder so gilt: der Schaden ist angerichtet.

Sie haben Ihrem Assistenten zu verstehen gegeben, dass er Ihre Zeit vergeudet hat, dass er Sie mit jemandem verwechselt hat, *der nicht auf dem neuesten Stand ist*, und dass er keine Ahnung hat, wie schlau Sie wirklich sind.

Dieses Verhalten zu ändern, ist nicht schwer – Sie müssen nur die folgenden drei Schritte befolgen: (a) Halten Sie kurz inne, bevor Sie den Mund aufmachen, und fragen Sie sich: »Ist das, was ich sagen will, die Sache wert?«; (b) schlussfolgern Sie, dass es nicht der Fall ist; (c) sagen Sie »Danke«.

Gelingt es Ihnen, sich in einem derart unbedeutenden Moment zurückzuhalten? Wenn nichts auf dem Spiel steht und Sie nicht Ihre Muskeln spielen lassen müssen, weil Ihr Gegenüber ein enger Mitarbeiter ist, der Sie vermutlich gut kennt? Dann sind Sie wahrhaft imstande, die Gewohnheit, aller Welt zu verkünden, wie schlau Sie sind, ein für allemal abzulegen. Denn wenn Sie diesem Bedürfnis in einem wirklich unbelasteten Moment widerstehen können – in einem Rahmen, in dem Sie eine dominante Position bekleiden –, werden Sie sicherlich auch in anderen, wichtigeren Situationen zögern. Überlegen Sie nur: Wenn Ihr CEO mit demselben Schriftstück in Ihr Büro gestürmt käme, würden Sie ihm oder ihr in einem gleichermaßen geringschätzigen Ton sagen, dass Sie »schon längst im Bilde« sind?

Gewohnheit 7: Sich äußern, wenn man verärgert oder zornig ist

Gelegentlich, so denke ich, besitzt offen gezeigte Verärgerung bis hin zu Zorn oder gar Wut einen gewissen Wert als Managementinstrument. Um schläfrige Mitarbeiter wachzurütteln. Um jedermanns Adrenalinspiegel nach oben zu treiben. Um allen ganz klar zu signalisieren, dass Ihnen etwas verdammt wichtig ist – was man seinen Mitarbeitern gelegentlich in aller Deutlichkeit sagen muss. Aber zu welchem Preis?

Emotionale Unberechenbarkeit ist nicht gerade das verlässlichste Führungstool. Wenn Sie wütend werden, haben Sie sich in der Regel nicht unter Kontrolle. Und wenn Sie die Beherrschung verlieren, büßen Sie normalerweise auch ihre Führungsfähigkeiten ein. Sie glauben vielleicht, Sie hätten alles im Griff und könnten Ihre spontanen Wutausbrüche gezielt einsetzen, um andere zu manipulieren und zu motivieren. Doch Sie können nur sehr schwer voraussehen, wie andere auf Ihren Zorn reagieren. Die Chance, dass sie mauern, ist genauso hoch wie die Chance, dass Sie sie wie gewünscht wachrütteln.

Jedes Mal, wenn Manager vorgeben, Ihre Wutausbrüche seien nur ein Werkzeug zur Mitarbeiterführung, frage ich mich, wie dann all die anderen Führungskräfte erfolgreich ihre Arbeit machen, die keine Wut einsetzen, um ihre Untergebenen zum Gehorsam zu bewegen. Wie bringen diese ruhigen, gelassenen Leader, die ihre Truppen anführen, ohne Angst und Schrecken zu verbreiten, jemals etwas zustande?

Das Schlimmste an Zorn und Wut ist, dass sie unsere Fähigkeit, uns zu ändern, untergräbt. Wenn Sie erst einmal den Ruf eines emotional unbeständigen Menschen haben, sind Sie für den Rest Ihres Lebens gebrandmarkt und schon bald ist das alles, was die Leute über Sie wissen. Der Basketballtrainer Bob Knight gewann mit seinem Team der University of Indiana drei NCAA-Titel und ist einer von nur zwei Trainern in der Geschichte, der mehr als 800 Siege verbuchen kann. Er ist also in praktisch jeder Hinsicht einer der größten Trainer aller Zeiten. Allerdings ist er auch bestens bekannt für unzählige Streits mit Schiedsrichtern und für Wutausbrüche, bei denen schon mal Stühle über das

Spielfeld flogen. Neben diesem Ruf verblasst die Leistung von Knight. Beim Namen »Bob Knight« kommt jedem zuerst sein Jähzorn in den Sinn und nicht seine sagenhafte Erfolgsbilanz.

Am Arbeitsplatz ist es genauso. Wir vergessen es nie, wenn wir Kollegen in unseren Reihen haben, die chronisch verärgert oder zornig sind. Ihre leichte Reizbarkeit bleibt für immer ihr prägendes Merkmal, ganz egal, welche Leistungen sie sonst erbringen. Fällt ihr Name, wird unweigerlich jemand sagen: »Ich habe gehört, er ist etwas cholerisch.«

Das Image eines jähzornigen Hitzkopfs wird man nur schwer wieder los. Weil wir selbst keinen Einfluss darauf haben, wie man über uns denkt, müssen wir uns womöglich viele Jahre lang ruhig und besonnen verhalten, bis unser schlechter Ruf in Vergessenheit gerät.

Wie lässt es sich vermeiden, dass man schnell »sauer« wird?

Darauf habe ich keine endgültige Antwort. Dies ist kein Buch über Aggressionsmanagement, und selbst wenn es so wäre, bezweifle ich, dass ich Ihren Zorn über die Tücken und Ungerechtigkeiten des Lebens zum Schweigen bringen könnte. Aber ich kann Ihnen helfen zu erkennen, dass sich (a) Ihre Wut wahrscheinlich nicht gegen den sprichwörtlichen »anderen Typen« richtet und dass es (b) einen einfachen Weg gibt, Ihren Ruf als Choleriker wieder loszuwerden.

Zum ersten Punkt: Wenn ich bei meiner Arbeit mit einem Wutproblem konfrontiert werde, handelt es dabei ausnahmslos immer um Wut, die sich gezielt gegen einen anderen Menschen richtet. Meine Aufgabe besteht darin, meinen Klienten in diesen Fällen zu zeigen, dass die Schuld für diese Wut nur selten anderen anzulasten ist, sondern dass es sich dabei um eine persönliche Schwäche handelt.

Es gibt eine buddhistische Legende über einen jungen Bauern, der schweißüberströmt mit seinem Boot den Fluss hinaufpaddelte, um in einem flussaufwärts liegenden Dorf seine Waren auszuliefern. Er hatte es eilig, denn es war ein heißer Tag, und er wollte einfach nur seine Lieferung erledigen und vor Einbruch der Dunkelheit zu Hause sein. Als er nach vorne blickte, entdeckte er ein anderes Boot, das schnell stromabwärts fuhr und direkt auf ihn zusteuerte. Dieses Boot schien sich alle

Mühe zu geben, ihn zu treffen. Verzweifelt versuchte der Bauer, aus dem Weg zu rudern, doch es schien nichts zu nützen.

Er schrie dem anderen Boot entgegen: »Weich' aus, du Idiot! Du rammst mich gleich. Der Fluss ist breit genug. Pass auf!« Doch all sein Rufen war vergebens. Das andere Boot traf ihn mit voller Wucht. Erbost sprang der Bauer auf und brüllte: »Du Idiot! Wie konntest du es nur fertigbringen, mein Boot in der Mitte dieses breiten Flusses zu rammen? Bist du verrückt?«

Doch bei genauerem Hinsehen stellte er fest, dass das andere Boot leer war. Er hatte ein leeres Boot angebrüllt, das sich aus seiner Vertäuung gelöst hatte und mit der Strömung flussabwärts getrieben war.

Die Moral von dieser Geschichte liegt auf der Hand: *Das andere Boot ist immer leer.* Wenn wir wütend sind, schreien wir gewissermaßen ein leeres Boot an.

In unser aller Leben gibt es Menschen, die uns in den Wahnsinn treiben und die wir leidenschaftlich hassen. Wir haben womöglich bereits unzählige Stunden damit verschwendet, uns an die Momente zurückzuerinnern, in denen uns diese Personen unfair, undankbar oder rücksichtslos behandelt haben. Schon beim bloßen Gedanken an sie schießt unser Blutdruck in die Höhe.

Es liegt auf der Hand, dass der beste Umgang mit solchen Menschen darin besteht, sich nicht von ihnen ärgern zu lassen. Unser Ärger ändert nichts an der Situation, und das Leben ist zu kurz, um zu viel Zeit in schlechter Stimmung zu verbringen. Ein weiser Mensch würde sagen, dass die Person, die uns so wütend macht, nichts dafürkann, dass sie so ist. Auf sie wütend zu sein, weil sie so ist, wie sie nun einmal ist, macht ebenso wenig Sinn, wie sich darüber zu ärgern, dass unser Schreibtisch ein Schreibtisch ist. Hätten wir dieselben Eltern, dieselben Gene und dieselbe Herkunft, wären wir genau wie sie. Natürlich ist das leichter gesagt als getan, aber es bringt uns dem eigentlichen Problem näher: Meistens könnten wir genauso gut diese andere Person sein – denn in Wirklichkeit sind wir wütend auf uns selbst.

Was den zweiten Punkt betrifft: Ich kann Ihnen mit einem einfachen Ratschlag helfen, Ihren Ruf als Person, die schnell in Rage gerät, loszuwerden. Das geht ganz leicht: *Wenn Sie den Mund halten, kann niemand wissen, was Sie in Wirklichkeit empfinden.*

Ich weiß, dass ich Ihnen damit viel abverlange. Sie müssen Ihre natürliche Neigung unterdrücken und sich auf die Zunge beißen. Aber sobald Sie eingesehen haben, dass es sich lohnt, nichts zu sagen – dass Sie sich weder Feinde machen noch sich selbst zum Narren machen, wenn Sie schweigen – haben Sie eine realistische Chance auf Besserung.

Genau das habe ich auch selbst gelernt, als ich vor ein paar Jahren eine Woche in einem kleinen Kloster und buddhistischen Meditationszentrum namens Plum Village in Frankreich verbracht habe. Unser Lehrer war der aus Vietnam stammende buddhistische Mönch Thich Nhat Hanh. Tag für Tag ermutigte er uns, über ein bestimmtes Thema zu meditieren, und eines Tages war »Wut« an der Reihe. Thich Nhat Hanh forderte uns auf, uns auf eine Situation in unserem Leben zu besinnen, in der wir wütend geworden waren und die Kontrolle verloren hatten. Daraufhin sollten wir analysieren, wer für unser unschönes Verhalten verantwortlich gewesen war.

Meine Gedanken wanderten zurück zu einem Tag, als meine Tochter Kelly im Teenageralter war und mit einem neuen Schmuckaccessoire nach Hause kam. Es handelte sich um einen sogenannten Bauchnabelring, der bei der jüngeren Generation genauso im Trend liegt wie Tätowierungen an schwer zugänglichen Stellen der menschlichen Anatomie. Doch was nützt so ein Piercing, wenn man es nicht sehen kann? Aus diesem Grund hatte sich Kelly darüber hinaus auch ein wagemutig knappes Outfit zugelegt, das ihren Nabelring (und nahezu alles andere rund um ihre Körpermitte) gebührend zur Geltung bringen sollte.

Die eigene Tochter mit einem Nabelpiercing zu sehen, ist einer dieser Momente, die die Toleranz und Zuneigung eines Vaters auf eine harte Probe stellen. Aber ich schätze, in meinem Fall war es zugegebenermaßen wohl noch ein wenig komplizierter. Ich war alles andere als begeistert und verwandelte mich in die Karikatur eines tobenden, schimpfenden und enorm wütenden Vaters.

Als ich nun in der Stille des Klosters an diesen Moment zurückdachte, stellte ich mir unweigerlich die Frage: »Was habe ich mir nur dabei gedacht?« Mir wurde klar, dass mein erster Gedanke war, dass jemand beim Anblick meiner Tochter denken könnte: »Sie sieht aus wie ein billiges Flittchen! Wer sind bloß ihre Eltern?«

Mein zweiter Gedanke war sogar noch schlimmer. Was wäre, wenn einer meiner Freunde sie sehen und denken würde: »Ich kann nicht glauben, dass Marshall seinem Kind erlaubt, so herumzulaufen.«

Wem galten meine Sorgen in diesem Fall? Kelly oder mir? Was war das größere Problem: ihr Piercing oder mein Ego?

Wenn ich diesen Tag noch einmal erleben würde, würde ich ihr erneut ans Herz legen, den Nabelring abzunehmen. (Eine Woche der Erleuchtung in Frankreich bewirkt viel, aber doch nicht *so* viel!) Ich würde jedoch nicht mehr derart wütend reagieren und mich zum Narren machen. Vielleicht würde ich innerlich toben wie ein Wahnsinniger, aber solange ich meine Wut nicht in Worte fassen würde, würde niemand davon erfahren.

Wenn Sie Ihrem Ärger wieder einmal mit Worten Luft machen wollen, sehen Sie zuerst in den Spiegel. Dann werden Sie jedes Mal feststellen, dass der Grund für Ihre Wut nicht »da draußen«, sondern in Ihrem Inneren liegt.

Gewohnheit 8: Negativität oder »Ich erkläre Ihnen mal, warum das nicht funktioniert«

Wir alle haben negative Persönlichkeiten in unserem Arbeitsumfeld – meine Frau bezeichnet sie gerne als »Negatrone«. Es sind Menschen, die von Natur aus nicht in der Lage sind, etwas Positives oder Lobendes zu einem unserer Vorschläge zu äußern. Stattdessen flüchten Sie sich standardmäßig in die Negativität. Sie könnten Ihnen ein Heilmittel gegen Krebs präsentieren und bekämen trotzdem zu hören: »Ich erkläre Ihnen mal, warum das nicht funktioniert.«

Meiner Erfahrung nach ist dieser Satz das Sinnbild von Negativität. Ich führe diese ärgerliche Verhaltensweise als eine der 20 hier versammelten Schwächen auf, weil sie ein Spiegel unseres Bedürfnisses ist, andere ungefragt mit unseren negativen Gedanken zu belästigen.

Zu sagen »Ich erkläre Ihnen mal, warum das nicht funktioniert« ist nicht gleichbedeutend mit Gewohnheit 2, dem »Übermäßigen Einmischen« – denn die Erklärungen, die auf diese Einlassung folgen, tragen niemals etwas Wertsteigerndes bei.

Es hat auch nichts mit dem übermäßigen Gebrauch von Wörtern wie »Nein«, »Aber« und »Allerdings« gemein, weil wir unsere Negativität im vorliegenden Fall nicht unter dem Deckmantel der Zustimmung verbergen.

Und es ist auch nicht dasselbe, wie wenn wir die Ideen anderer be- und verurteilen – denn indem wir ungefragt zu Erklärungen ansetzen, bewerten oder vergleichen wir gar nichts. Wir sagen nicht, dass eine Idee gut, besser oder am besten sei.

Dieses Verhalten hat auch nichts mit destruktiven Kommentaren zu tun – weil die Gedanken, die folgen, zwar negativ, aber nicht übermäßig boshaft sind.

»Ich erkläre Ihnen mal, warum das nicht funktioniert« ist eine einzigartige Gewohnheit, denn sie ist Ausdruck purer, unverfälschter Negativität unter dem Deckmantel der Hilfsbereitschaft.

Wir verwenden diese Phrase (oder Variationen wie »Das einzige Problem dabei ist, dass …«), um anderen zu signalisieren, dass wir Ihnen in puncto Fachwissen oder Kompetenz überlegen sind. Das muss jedoch nicht heißen, dass das, was wir sagen, tatsächlich richtig oder hilfreich ist. Diese Phrase gibt uns einfach die Möglichkeit, uns federführend als Schiedsrichter oder Chefkritiker in eine Situation einzuschalten. Das einzige Problem dabei ist, dass, wie man eigentlich wissen sollte, niemand seine Kritiker besonders schätzt oder respektiert. Sie nerven. Und mit der Zeit behandeln wir sie, als ob sie die Vogelgrippe hätten: Wir meiden sie, wir arbeiten nicht mehr mit ihnen zusammen und wir weigern uns, ihnen zu helfen.

Ich kannte einmal eine Frau namens Terri, die eine Veranstaltungsagentur in New York City leitete. Zwei- oder dreimal im Jahr buchte sie mich als Redner für Vorträge vor Unternehmensverbänden. Zu diesen

Anlässen referierte ich dann über Führungsthemen und wie man Menschen dabei unterstützen kann, sich zu ändern. Nach solchen Vorträgen kamen üblicherweise ein oder zwei Personen aus dem Publikum auf mich zu, überreichten mir ihre Visitenkarte und luden mich ein, in naher Zukunft in ihren Firmen zu sprechen. Offensichtlich vermittelte ich eine Botschaft, die nach ihrer Meinung noch mehr Menschen hören sollten.

Natürlich hätte ich diese Folgeaufträge auch in Eigenregie festmachen können. Doch da sie aufgrund von Veranstaltungen zustande kamen, die Terri für mich vereinbart hatte, fühlte ich mich verpflichtet, sie zu involvieren. Ich hielt es für richtig, ihr die Verhandlungen zu überlassen und sich eine Provision zu verdienen. Also rief ich sie nach jedem meiner Vorträge an.

Sie erkundigte sich dann, wie es gelaufen war, ob der Auftraggeber zufrieden war und so weiter. Das Übliche eben.

Ich versicherte ihr stets: »Es war alles bestens. Einige Leute haben mich sogar zu weiteren Vorträgen in ihren Unternehmen eingeladen.«

Dann las ich ihr die Kontaktdaten aller Interessenten vor, damit sie sich mit ihnen in Verbindung setzen konnte.

Die erste Reaktion von Terri war jedes Mal eine Variante des berühmt-berüchtigten Satzes »Ich erkläre Ihnen mal, warum das nicht funktioniert«.

Das Unternehmen ginge nie auf hohe Honorarforderungen ein, also würde es sich meine Gage ohnehin nicht leisten wollen. (Die Message: Ich war zu teuer.)

Die Mitarbeiter des Unternehmens seien Banausen, die meine Botschaft nicht zu hören brauchten, oder sie seien zu einfach gestrickt, um sie zu »verstehen«. (Die Message: Meine Vorträge waren zu komplex.)

Das Unternehmen würde mich nur ausnutzen: Sie würden mich den ganzen Tag dortbehalten, einschließlich Abendessen, was mich einen zusätzlichen Tag für die Rückreise kosten würde. (Die Message: Ich würde mich dabei überarbeiten.)

Wenn Terri zu diesem Sermon ansetzte, nahm ich stets den Hörer vom Ohr und starrte sprachlos mein Telefon an. Da bot ich ihr eine Gelegenheit für leicht verdientes Geld an, und sie kam mit fadenscheinigen Gründen, um mich abzuschmettern. Vielleicht glaubte sie wirklich, sie würde mich vor einem potenziell »schlechten Deal« schützen. Doch indem sie mir zu verstehen gab, dass sie mehr von ihrem Job verstand als ich, bewies sie eigentlich nur, dass sie mich überhaupt nicht verstanden hatte. Ich nehme keine Wucherhonorare, meine Botschaft ist nicht kompliziert, sondern ganz einfach, und ich scheue mich nicht vor der Arbeit. Wenn meine Kunden wollen, dass ich den ganzen Tag bei ihnen bleibe, dann werte ich das als Kompliment und nicht als Ausbeutung.

Entsprechend begann ich zu hinterfragen, ob ich wirklich wollte, dass Terri mich »repräsentiert«.

Und ich kam zu dem Schluss, dass Terri es wahrscheinlich fertigbrächte, selbst eine Einladung zur Oscar-Verleihung ins Negative zu ziehen. Also beendete ich unsere Zusammenarbeit. Falls die Negativität auch Ihre Schwäche ist, würde ich Ihnen in einem ersten Impuls nahelegen, darauf zu achten, wie Sie reagieren, wenn Ihnen jemand einen hilfreichen Vorschlag unterbreitet. Wenn Sie bis hierher gelesen haben, dann kennen Sie inzwischen meine feste Überzeugung: Wenn wir unsere Aufmerksamkeit auf das lenken, was wir sagen, werden wir schnell und präzise erkennen, warum andere Menschen auf Distanz zu uns gehen. Sollten Sie sich also häufig dabei ertappen, wie Sie »Ich erkläre Ihnen mal, warum das nicht funktioniert« sagen, dann wissen Sie, was Sie ändern müssen.

Nach genauerem Bedenken möchte ich Ihnen in diesem Fall jedoch eher empfehlen, eine persönliche Bestandsaufnahme durchzuführen, um zu erheben, wie Ihre Kollegen mit Ihnen umgehen – das ist wesentlich aufschlussreicher.

Wie oft kommen sie mit hilfreichen Vorschlägen zu Ihnen, ohne dass Sie darum gebeten haben?

Wie oft klopfen sie an Ihre Tür und setzen sich mit Ihnen zusammen, um ein wenig zu plaudern oder Sie über eine Entwicklung zu informieren, die auch Sie betreffen könnte?

Wie stark ist Ihr Schreibtisch frequentiert, vor allem im Vergleich zu den Tischen Ihrer Kollegen? Sind Sie eher beliebt oder bildet sich auf dem Stuhl, der dort für Gäste bereitsteht, bereits eine Staubschicht? Wenn Sie auch nur die leiseste Befürchtung haben, dass an Ihrer Bürotür ein imaginäres »Betreten verboten«-Schild prangt, sind Sie vielleicht just im Moment ein wenig schlauer geworden und wissen, was Sie ab sofort ändern sollten.

Beim Thema Negativität gebe ich beobachtungsbasiertem Feedback stets den Vorzug gegenüber der Analyse bestimmter Sprachmuster. Zu registrieren, was Sie sagen, gibt Ihnen nicht automatisch Aufschluss darüber, was andere über Sie denken. Womöglich sind Sie ja wirklich extrem negativ, aber Ihre Kollegen können trotzdem ganz gut damit leben. Indem Sie jedoch gezielt hinterfragen, wie Ihr Umfeld sich Ihnen gegenüber verhält, gewinnen Sie schnell Gewissheit, ob es sich bei Ihrer Schwäche um *ein ernsthaftes Defizit* handelt, das auch von außen als problematisch wahrgenommen wird.

Gewohnheit 9: Informationen zurückhalten

Wissen ist Macht – im Zeitalter der Informationsgesellschaft trifft dieses Klischee mehr denn je zu. Aus diesem Grund wird das Zurückhalten von Informationen immer problematischer und ärgerlicher.

Anderen Menschen bestimmte Informationen bewusst vorzuenthalten, ist die Kehrseite der Gewohnheit, sich immer und überall einzubringen, und beschreibt quasi die Weigerung, einen wertsteigernden Beitrag zu liefern. Trotzdem dient diese Gewohnheit dem gleichen Zweck: dem Machtgewinn. Sie fußt auf dem bekannten Bedürfnis, immer gewinnen zu wollen, kommt jedoch wesentlich perfider daher – und manifestiert sich nicht nur in dem Verhalten, mit verdeckten Karten zu spielen, sondern in noch vielen weiteren Ausprägungen. Sie offenbart sich in Menschen, die immer wieder betonen, wie wichtig es ist, Geheimnisse zu wahren: eine gern genutzte Ausrede, um andere aus dem Informationsfluss auszuschließen. Sie zeigt sich bei Menschen, die jede Frage mit einer Gegenfrage beantworten: Sie befürchten Nachteile, wenn sie *irgendetwas* preisgeben. Sie manifestiert sich in passiv-aggressiver Form bei Menschen, die niemals zurückrufen, nicht auf E-Mails antworten oder nur teilweise auf Fragen eingehen.

Wenn Sie nicht nachvollziehen können, warum ein solches Verhalten andere Menschen ärgert, denken Sie bitte einmal darüber nach, wie Sie sich selbst in diesen Situationen gefühlt haben, die fast jeder kennt:

- Es gab ein Treffen, über das man Sie nicht informiert hat
- Ein Memo oder eine E-Mail wurde an vielen Adressaten verschickt, aber nicht an Sie
- Sie erfahren als Allerletzter von einer Sache, über die alle anderen längst Bescheid wussten

Das Problematische am Zurückhalten von Informationen – egal aus welchen Gründen – ist, dass wir mit dieser Maßnahme nur selten die gewünschte Wirkung erzielen. Sie denken vielleicht, Sie würden sich dadurch einen Vorteil verschaffen und Ihre Macht festigen, aber in Wirklichkeit schüren Sie damit nur Misstrauen. Um Macht zu gewinnen, müssen Sie sich Loyalität erarbeiten, statt Angst und Argwohn zu schüren. Informationen für sich zu behalten, ist nichts anderes als ein deplatzierter Siegeswille.

Ich beziehe mich hier nicht nur auf die vorsätzliche toxische Weigerung, Informationen mit anderen zu teilen, das Mittel, das Menschen ergreifen, wenn sie Gruppen spalten und auf diese Weise Macht erlangen wollen. Ich bin mir nicht sicher, ob ich die Fähigkeit oder die Geduld hätte, solch ein machiavellistisches Verhalten zu ändern.

Stattdessen konzentriere ich mich lieber auf die vielen unabsichtlichen oder zufälligen Gründe, aus denen wir Informationen zurückhalten.

Zum Beispiel, wenn wir zu beschäftigt sind, um jemandem wertvolle Informationen zukommen zu lassen.

Wenn wir vergessen, jemanden in eine Diskussion einzubeziehen oder zu einem Meeting einzuladen.

Wenn wir eine Aufgabe an unsere Untergebenen delegieren, uns aber nicht die Zeit nehmen, um ihnen genau zu erläutern, wie wir diese Aufgabe erledigt haben möchten.

Einmal bat einer meiner Nachbarn seinen Sohn, seinen teuren SUV zu waschen. Also holte der Teenager den Wasserschlauch, füllte einen Eimer mit Seifenwasser und machte sich mit einem Schwamm bewaffnet an die Arbeit. Das Problem dabei war, dass der Schwamm zwei unterschiedliche Seiten hatte, eine kratzige und eine weiche. Als der Vater das Ergebnis begutachten wollte, hatte der Junge bereits einen großen Teil der Lackierung abgeschrubbt. Die einst glänzende Oberfläche des Lexus sah aus wie eine Eisfläche nach einem Eishockeymatch. Der Vater tobte. Sein Wagen war ruiniert. Wie konnte sein Sohn nur so dumm sein?

»Weißt du nicht, wie man etwas so Simples bewerkstelligt, wie ein Auto zu waschen?«, zischte er wutschnaubend.

Doch nachdem er sich ein wenig abgekühlt hatte (und sah, dass sein Sohn sich schämte und den Tränen nahe war), besann er sich und sagte etwas sehr Weises: »Ich bin nicht böse auf dich, mein Junge. Ich bin wütend auf mich selbst, denn ich hätte dir sagen sollen, wie man das richtig macht. Ich habe dir nie beigebracht, wie man ein Auto wäscht, also ist das Ergebnis meine eigene Schuld.«

Die vormals gewittrige Spannung, die über der Szenerie gelegen hatte, löste sich augenblicklich in Luft auf, als mein Nachbar erkannte, dass er seinem Sprössling einige entscheidende Informationen vorenthalten hatte. Sein Sohn war erleichtert. Der Vater war nicht länger verärgert, weder über seinen Sohn noch über den bedauerlichen Zustand seines Wagens, und letztlich wurde der Vorfall zu einer amüsanten Anekdote, die immer dann hervorgekramt wurde, wenn jemand aus der Familie einen Schwamm sah.

In den meisten Fällen halten wir Informationen nicht aus Bosheit zurück. Wir tun es, weil wir nicht ahnen, wie wichtig sie sind. Das ist etwas Gutes, denn vorsätzliche Böswilligkeit ist keine »Schwäche«, die wir an dieser Stelle heilen könnten. Gegen Ahnungslosigkeit können wir hingegen leicht etwas tun.

Einst beriet ich einen Freund, der Probleme mit seiner Assistentin hatte. Laut seiner Aussage bildeten sie einfach kein harmonisches Team, und er war ratlos, weshalb oder wie er das Problem lösen sollte. Er hatte lediglich das vage Gefühl, dass »das Timing nicht stimmt«.

Bevor ich mit der Mitarbeiterin sprach, fragte ich ihn: »Was würde deine Assistentin wohl als deine größte Schwäche als Chef bezeichnen?«

»Dass ich nicht genug mit ihr spreche«, antwortete er. »Ich gebe keine Informationen an sie weiter. Ich lasse sie außen vor.«

»Sonst noch etwas?«, Hakte ich nach.

»Nein, das ist alles«, sagte er. »Reicht das nicht?«

»Und glaubst du denn, sie hat recht?«, fragte ich weiter.

»Ja.«

Interessant, dachte ich. Dass ein Chef die gesamte Schuld für ein zwischenmenschliches Problem auf sich nimmt, hört man selten.

Als Nächstes sprach ich mit der Assistentin und fragte sie, weshalb sie und ihr Chef nicht harmonierten. Sie berichtete dasselbe wie er: Ihr Boss gab ihr keine Informationen weiter.

Weil es sich um einen Freund handelte, dem ich unentgeltlich half, tat ich etwas, was ich normalerweise nicht tue. Ich schlüpfte für einen Tag gewissermaßen in die Rolle eines Konsumforschers, der untersucht, wie die Menschen ein bestimmtes Produkt eines Unternehmens nutzen. Konkret hieß das, dass ich mich von dem Moment an, als mein Freund die Firma betrat, an seine Fersen heftete und ganz genau beobachtete, wie er sich gegenüber seiner Assistentin verhielt.

Was ich sah, erklärte alles. Mein Freund kam etwa fünfzehn Minuten vor seiner Assistentin ins Büro. Als Erstes checkte er seine E-Mails. Dann klingelte sein Handy und er nahm den Anruf entgegen. Während seines Gesprächs traf auch seine Assistentin an ihrem Schreibtisch ein. Sie steckte ihren Kopf durch die Tür, um Guten Morgen zu sagen. Mein Freund winkte kurz und setzte seinen Anruf fort. Als er das Gespräch beendet hatte, setzte er sich an seinen Computer, machte sich ein paar Notizen und beantwortete einige E-Mails. Seine Assistentin trat ein und informierte ihn, dass einer seiner Kunden am Apparat sei. Wollte er das Gespräch entgegennehmen? Mein Freund wollte. Während des nun folgenden zwanzigminütigen Gesprächs gingen drei weitere Anrufe ein. Nachdem er aufgelegt hatte, rief er diese Anrufer zurück und prüfte währenddessen immer wieder seinen Computer auf eingehende E-Mails. Dieses Muster setzte sich den ganzen Vormittag fort.

Gegen Mittag hatte ich genug gesehen.

»Geht es hier jeden Tag so zu?«, fragte ich.

»Ja, meistens schon«, antwortete mein Freund.

Es war tatsächlich seine Schuld, dass er seine Assistentin im Unklaren ließ. Aber er tat es nicht böswillig oder gar absichtlich. Sein Arbeitsalltag glich einem einzigen langen Feuerwehreinsatz. Er war ständig abgelenkt, unorganisiert und so sehr damit beschäftigt, Anrufe entgegenzunehmen und Brände zu löschen, dass er nie die Zeit fand, um sich mit seiner Assistentin zu einer täglichen Besprechung zusammenzusetzen.

Wenn er das in Zukunft tun würde, würde er vermutlich auch sein Informationsproblem lösen. Ich bin der Meinung, dass das zuvor genannte Beispiel ein häufiger Grund ist, warum so viele von uns Informationen zurückhalten. Eigentlich wollen wir gar niemanden im Unklaren lassen. Wir sind einfach nur viel zu beschäftigt. Wir meinen es gut, wir nehmen es uns immer wieder vor, doch wir kommen einfach nicht dazu. Die Folge? Wir werden immer schlechter darin, die Informationen, die bei uns eingehen, mit anderen zu teilen – egal ob es sich um Erkenntnisse aus einem Newsletter handelt oder um eine Vorwarnung, die wir nicht weiterleiten, oder um entscheidende Anweisungen, die wir Menschen vorenthalten, die eine Arbeit für uns erledigen, für die uns selbst die Zeit fehlt. Mit der Zeit sieht es in der Summe so aus, als hielten wir *absichtlich* Informationen zurück.

Doch nur, weil wir schlecht darin sind, heißt das nicht, dass wir sie bewusst verschweigen. Das ist ein kleiner, aber feiner Unterschied, auch wenn das Ergebnis in den Augen unserer Mitmenschen dasselbe ist.

Wie können wir aufhören, Informationen zurückzuhalten?

Ganz einfach: Fangen Sie an, sie weiterzugeben.

Genau das tat auch mein Freund. Trotz seines stressigen Arbeitsalltags gab er der Übermittlung wichtiger Informationen ab sofort höhere Priorität. Er plante von nun an täglich ein Zeitfenster ein, um seine Assistentin über seine Vorhaben in Kenntnis zu setzen, und bestand ohne Ausnahme auf diesem »Jour fixe« – er konnte nicht abgesagt oder verschoben werden und auch Telefonate waren in dieser Zeit tabu.

Wenn Sie das gleiche Problem haben, rate ich Ihnen zu derselben Lösung. Auf diese Weise verbessern Sie nicht nur Ihre Kommunikation, sondern demonstrieren gleichzeitig auch, dass Sie sich um Ihre Mitarbeiter kümmern und dass Ihnen ihre Meinungen wichtig sind. Es kommt nicht oft vor, dass es für ein zwischenmenschliches Problem eine Lösung gibt, bei der man gewissermaßen zwei Fliegen mit einer Klappe schlägt. Doch der einfache Wechsel vom Zurückhalten zur Weitergabe von Informationen ist eine solche Lösung.

Gewohnheit 10: Gebührende Anerkennung verweigern

Diese Gewohnheit ist eng mit dem Vorenthalten von Informationen verwandt. Wenn Sie einem Kollegen die Anerkennung für seinen Beitrag zum Erfolg Ihres Teams verweigern, fördern Sie nicht nur Ungerechtigkeiten und den unfairen Umgang mit Ihren Mitarbeitern, sondern berauben ihn außerdem des emotionalen Hochgefühls, das mit Erfolg einhergeht. Sie nehmen ihm die Chance, sich über seinen Erfolg zu freuen und von anderen für seine Leistung beglückwünscht zu werden. Stattdessen fühlt er sich übergangen, ignoriert und an den Rand gedrängt. Und das wird er Ihnen übelnehmen. Wenn Sie es sich wirklich mit anderen verderben möchten, dann enthalten Sie ihnen die Anerkennung vor – und das gute Gefühl, das sich einstellt, wenn wir eine Sache zum Abschluss gebracht haben. Und genau diesen Abschluss brauchen wir alle in unseren zwischenmenschlichen Beziehungen. Es gibt viele Formen, mit Dingen abzuschließen. Von der emotional komplexen Form des Abschieds von einem geliebten Menschen vor seinem Tod bis hin zu der festen Sitte, auf ein »Danke« des Gegenübers mit einem »Gern geschehen« zu antworten. In diesen und vielen weiteren Situationen gilt: Wir legen Wert darauf, Dinge zu Ende zu bringen.

Auch bei der Anerkennung dreht sich alles um den Abschluss. Er ist die hübsche Schleife auf der Schmuckschatulle, die das kostbare Geschenk des Erfolgs birgt, den Sie und Ihr Team erzielt haben. Wenn Sie diese Anerkennung nicht zollen, mindern Sie den Wert des Geschenks. Dann bleibt Ihnen zwar der Erfolg, aber niemand kann sich in seinem Glanz sonnen.

Diese Situation finden wir bei der Arbeit wie auch im privaten Umfeld.

Auf die Frage »Wie viele von Ihnen glauben, dass Sie die großartigen Leistungen anderer mehr würdigen sollten?«, heben acht von zehn Teilnehmern meiner Trainingsseminare die Hand.

Wenn ich nachhake, warum sie sie nur selten würdigen, sagen die daraufhin genannten Gründe mehr über die Antwortenden aus als über die Menschen, denen sie die nötige Anerkennung vorenthalten. »*Ich* bin einfach zu beschäftigt.« »*Ich* erwarte einfach, dass alle gute Arbeit leisten.« »*Ich* wusste nicht, wie wichtig das für andere ist.« »*Ich* wurde auch nie für meine großartige Arbeit gelobt – warum auch?«

Ist Ihnen der geradezu aggressive Gebrauch des Pronomens in der ersten Person Singular aufgefallen? Das ist das Markenzeichen erfolgreicher Menschen: Sie werden zu Leistungsträgern, weil sie sich ausschließlich auf sich selbst konzentrieren. *Ihre* Karriere, *ihre* Leistung, *ihre* Fortschritte, *ihre* Bedürfnisse. Aber es gibt einen Unterschied zwischen einem Leistungsträger und einer Führungspersönlichkeit. Zu großartigen *Führungskräften* werden erfolgreiche Menschen dann, wenn sie lernen, den Fokus von sich selbst auf andere zu verlagern.

Durch einen meiner Klienten habe ich eine wunderbare Technik kennengelernt, mit der wir uns ein anerkennendes Wesen antrainieren können:

1. Zunächst erstellte er eine Liste mit allen wichtigen Personengruppen in seinem Leben (Freunde, Familie, direkte Untergebene, Kunden usw.).

2. Anschließend notierte er die Namen der wichtigsten Personen in jeder Gruppe.
3. Von nun an ging er zweimal pro Woche, am Mittwochmorgen und am Freitagnachmittag, diese Namensliste durch und überlegte: »Hat einer dieser Menschen etwas getan, für das ich ihm meine Anerkennung aussprechen sollte?«
4. Wenn die Antwort Ja lautete, übermittelte er ihnen schnell ein Lob. Er rief sie an, schickte ihnen eine E-Mail oder eine Sprachnachricht oder schrieb ihnen eine kurze Mitteilung. Wenn die Antwort Nein war, unternahm er nichts, denn Zweck dieser Übung war es nicht, falsche Anerkennung zu heucheln.

In nur einem Jahr gelang es meinem Klienten auf diese Weise, seinen Ruf enorm zu verbessern und sich von einem Menschen, der niemals Anerkennung zollte, zu einer Person zu entwickeln, die für ihr anerkennendes Wesen geschätzt wurde. Er war selbst erstaunt, wie wenig Zeit ihn diese Änderung gekostet hatte.

Von allen zwischenmenschlichen Kränkungen, derer wir uns in unserem Berufs- oder Privatleben schuldig machen, ist das Nichtanerkennen von Leistungen vielleicht sogar die Verletzung, die den Betroffenen am Längsten im Gedächtnis bleibt. Mit einer Ausnahme …

Gewohnheit 11: Anerkennung einfordern, die uns nicht zusteht

Für die Leistungen anderer die Lorbeeren einzuheimsen, bringt das Fass, das wir füllen, indem wie unseren Mitmenschen die Anerkennung verweigern, sprichwörtlich zum Überlaufen. Damit bringen wir sie nicht nur um ihr verdientes Lob, sondern nehmen es stattdessen auch noch für uns selbst in Anspruch. Das sind gleich zwei Vergehen auf einmal.

Denken Sie einmal an die Momente in Ihrem Leben zurück, zu Schulzeiten oder im Berufsleben, in denen Sie etwas Großartiges geleistet haben und darauf warteten, dass man Sie loben und beglückwünschen würde. Und warteten. Und warteten. Dass wir vergeblich warten, passiert immer wieder. Leider nimmt die Welt nicht immer Notiz davon, wenn wir Hervorragendes leisten, denn alle verfolgen ihre eigenen Ziele. Wenn man uns als Kind mit Nichtbeachtung strafte, dann schmollten wir und beschwerten uns lautstark, dass man uns übersehen hatte. »Das ist unfair!«, jammerten wir gerne. Mit den Jahren lernten wir dann langsam, aber sicher, uns mit der Missachtung unserer Leistungen zu arrangieren. »So ist die Welt nun einmal«, erinnern wir uns bis heute an den Lauf der Dinge. Das ändert nichts an der Tatsache, dass wir etwas Besonderes getan haben – auch wenn wir die Einzigen sind, die es wissen. Trotzdem akzeptieren wir es und gehen wieder zur Tagesordnung über.

Doch selbst dem kultiviertesten Menschen würde es sauer aufstoßen, wenn aus der Vernachlässigung, die wir lächelnd hinnehmen, ein Diebstahl würde. Denn genau das ist es, wenn jemand Anerkennung für eine Leistung fordert, die ihm nicht zusteht: Diebstahl. Es ist, als würden uns unsere Ideen, unsere Leistungen, unser Selbstwertgefühl, unser Leben gestohlen. Das mochten wir schon als Kinder nicht (als es in der Regel um nicht viel mehr ging als um die Anerkennung unserer Lehrer). Und als Erwachsene ist uns ein derartiges Verhalten geradezu verhasst (teilweise schon deshalb, weil heute wesentlich mehr auf dem Spiel steht, unsere Karriere und unser finanzielles Auskommen beispielsweise). Wenn jemand, mit dem Sie zusammenarbeiten, Sie Ihrer verdienten Anerkennung für einen Erfolg beraubt, begeht er das schlimmste und gefährlichste zwischenmenschliche »Verbrechen«, das die Arbeitswelt kennt. (Genau diese zwischenmenschliche Verhaltensweise ist es nämlich, die in meinen Feedback-Interviews regelmäßig die stärksten und negativsten Emotionen hervorruft.) Sie erzeugt eine Bitterkeit, von der wir uns nur schwer wieder freimachen können. Wir können es jemandem verzeihen, wenn er unsere großartige Leistung übersehen hat. Aber wir können es diesem Menschen nicht verzeihen, wenn er eben doch Notiz davon genommen und sie dann als seine eigene ausgegeben hat. Sofern Ihnen das schon einmal passiert ist, wissen Sie, wie schwer es ist, diesen bitteren Geschmack wieder loszuwerden.

Doch nun wollen wir den Spieß einmal umdrehen: Stellen Sie sich vor, Sie seien nicht das Opfer, sondern der Täter.

Wenn Sie genau hinsehen, werden Sie feststellen, dass die Inbeschlagnahme von Anerkennung, die uns nicht zusteht, ein weiterer Ausdruck unseres unbedingten Siegeswillens ist. Sie würden niemals den Lebenslauf oder den Hochschulabschluss eines anderen als Ihren eigenen ausgeben. Das liegt daran, dass diese Leistungen gut dokumentiert sind. Ihre Behauptung könnte angefochten werden. Aber wenn nachträglich festgestellt werden soll, wer in einer Besprechung den entscheidenden Satz gesagt oder in einer schwierigen Phase einen wichtigen Kunden bei der Stange gehalten hat, wird die Beweislage unscharf. In solchen Fällen lässt sich nur schwer ermitteln, wem das Verdienst gebührt. Vor die Wahl gestellt, die Anerkennung für eine Leistung entweder für uns zu beanspruchen oder sie jemand anderem zu überlassen, tappen wir deshalb gerne in die Erfolgsfalle, die ich bereits in Kapitel 3 beschrieben habe (ich bin erfolgreich, ich kann erfolgreich sein, ich werde erfolgreich, ich entscheide mich für den Erfolg), und entscheiden uns im Zweifelsfall zu unseren eigenen Gunsten. In dieser Manier fordern wir beständig mehr Anerkennung ein, als uns zusteht, und beginnen langsam, aber sicher, selbst an unsere Meriten zu glauben – während die Opfer unserer Selbstsucht gleichzeitig vor Wut schäumen. Wenn Sie sich an Ihre Gefühlslage in der Opferrolle erinnern, sollten Sie eine gute Ahnung davon haben, welches Bild die Menschen, denen Sie dasselbe antun, von Ihnen entwickeln. Auf jeden Fall kein schönes, oder?

Es lässt sich kaum ermessen, was eine Gruppe alles erreichen könnte, wenn sich niemand darum sorgt, wer die Lorbeeren dafür erntet. Das wissen wir instinktiv, weil wir uns daran erinnern, wie sehr wir es in der Vergangenheit zu schätzen wussten, wenn uns unsere Kollegen die Anerkennung zuteilwerden ließen, die wir verdienten.

Warum revanchieren wir uns also nicht, wenn jemand anderem ein Verdienst gebührt?

Darauf kann ich Ihnen keine Antwort geben. Selbst wenn wir unseren Eltern, unserer Erziehung oder irgendeiner trivialen Kränkung die Schuld dafür geben können, dass wir anderen wie diebische Elstern die glänzende Anerkennung stehlen, trägt diese Erklärung nicht im Mindesten zur Lösung dieses Problems bei. Denn dadurch konzentrieren wir uns auf die Vergangenheit (die wir nicht ändern können), anstatt konkrete, umsetzbare Ideen für die Zukunft zu entwickeln.

Der beste Weg, nicht länger als Ruhmesräuber zu gelten, besteht darin, das genaue Gegenteil zu tun – teilen Sie Ihr Verdienstkapital mit anderen. Hier kommt eine einfache Übung, die Sie dazu bringt, nicht länger mit Lob zu geizen, sondern es wohltätig unter die Menschen zu bringen.

Achten Sie einen Tag lang (oder wenn möglich auch länger) darauf, wie oft Sie sich insgeheim selbst zu einer kleinen oder großen Leistung gratulieren und halten Sie diese Momente in wenigen Stichworten schriftlich fest. Wenn es Ihnen so geht wie mir, klopfen Sie sich häufiger auf die Schulter, als Sie womöglich zuvor gedacht hätten: Wenn Sie eine tolle Idee für einen Kunden haben, pünktlich zu einem Meeting erscheinen oder einem Kollegen eine smarte Info liefern.

»Ja«, denken wir in solchen Fällen gerne, während wir unser Werk betrachten, »das habe ich wirklich gut gemacht.«

An solchen privaten Gedanken ist nichts auszusetzen. Es ist unsere Freude an der eigenen Leistung, die uns fröhlich und motiviert durch einen langen, anstrengenden Tag begleitet. Es würde mich übrigens nicht überraschen, wenn jeder von uns an nur einem Tag auf zwei Dutzend Fälle käme, in denen wir uns selbst für etwas beglückwünschen konnten.

Sobald Sie Ihre Liste fertiggestellt haben, verfahren Sie nun bitte wie folgt: Prüfen Sie penibel jeden einzelnen Fall und fragen Sie sich, ob es *denkbar* ist, dass die Anerkennung für »Ihre« Leistung womöglich jemand anderem zusteht.

Sind Sie pünktlich zu einem Meeting am anderen Ende der Stadt erschienen, weil Sie heldenhaft pünktlich und rücksichtsvoll sind? Oder verdanken Sie diesen Erfolg eher Ihrem Assistenten, der Sie an diesem Morgen ständig an dieses Treffen erinnert und Sie sogar aus einem Telefonat geholt hat, um sicherzustellen, dass Sie sich rechtzeitig auf den Weg machen?

War die brillante Idee, die Sie bei einer Besprechung eingebracht haben, ein Produkt Ihres großen Einfallsreichtums? Oder verdanken Sie sie vielmehr der aufschlussreichen Bemerkung eines anwesenden Kollegen?

Wenn Sie auf diese Weise Ihre Liste durchgehen, sollten Sie sich stets die alles entscheidende Frage stellen: Würden Ihnen andere Menschen, die die jeweilige Situation miterlebt haben, genauso viel Anerkennung zollen, wie Sie für sich selbst in Anspruch nehmen? Oder würden sie das Verdienst jemand anderem zuschreiben – vielleicht sogar ihrer eigenen Person?

Natürlich ist es durchaus möglich, dass Sie nach der Durchsicht Ihrer Liste zu dem Schluss kommen, dass Ihnen die *gesamte* Anerkennung gebührt. Ich bezweifle jedoch, dass selbst die egoistischsten Vertreter unserer Gattung die Dinge derart kurzsichtig sehen würden. Wir neigen sehr stark dazu, Ereignisse rückwirkend so umzudeuten, dass wir selbst in einem möglichst günstigen Licht erscheinen. Die obige Übung entlarvt unsere Voreingenommenheit und lässt uns die Möglichkeit in Betracht ziehen, dass die Perspektive anderer Menschen unter Umständen näher an der Wahrheit liegen könnte.

Gewohnheit 12: Ausreden erfinden

Als Bill Clinton 2004 seine Memoiren veröffentlichte, wusste er, dass er darin auch auf den Skandal um Monica Lewinsky eingehen musste, der seine zweite Amtszeit überschattete. Das tat er, indem er die Affäre als persönliches Versagen darstellte, als ein Nachgeben gegenüber privaten Dämonen: »Mir wurde auch klar, dass ich, wenn ich erschöpft oder wütend war, mich isolierte oder allein fühlte, anfälliger für selbstsüchtige und selbstzerstörerische Fehler wurde, für die ich mich anschließend schämte. [...] Während der Stilllegung der Bundesbehörde hatte ich zwei titanische Kämpfe ausgefochten: einen öffentlichen Kampf mit dem republikanisch dominierten Kongress über die Zukunft des Landes und einen privaten Kampf gegen die Rückkehr der alten Dämonen. Den öffentlichen Kampf hatte ich gewonnen, den privaten hingegen verloren. [...] Es gab keine Entschuldigung für mein Verhalten, aber der Versuch, den Ursachen auf den Grund zu gehen, eröffnete mir zumindest die Chance, meine parallelen Lebenswelten miteinander in Einklang zu bringen.«

Bill Clinton hat den Unterschied erkannt – und zwar nicht nur deshalb, weil sein Verhalten unentschuldbar war. Es gibt schlicht keine Entschuldigung für Ausreden.

Wenn Sie sich dabei ertappen, wie Sie sagen: »Es tut mir leid, dass ich zu spät komme, aber der Verkehr war die Hölle«, dann können Sie auch gleich auf »Es tut mir leid« verzichten. Dem Verkehr die Schuld zu geben, ist nur eine faule Ausrede und entschuldigt nicht die Tatsache, dass Sie die Leute warten ließen. Sie hätten einfach früher losfahren sollen. Was hätte schlimmstenfalls passieren können? Dass Sie zu früh ankommen und noch ein paar Minuten im Foyer warten müssen? Wäre es wirklich so schwer gewesen zu sagen »Es tut mir leid, dass ich so früh dran war, aber ich bin zu früh losgefahren und der Verkehr war bei Weitem nicht so schlimm, wie ich erwartet hatte«?

Wenn die Welt so funktionieren würde, gäbe es keine Ausreden.

Ich teile Ausreden gerne in zwei Kategorien ein: in faule und in raffinierte Ausreden.

Faule Ausreden à la »Der Hund hat meine Hausaufgaben gefressen« klingen für gewöhnlich so: »Es tut mir leid, dass ich unsere Verabredung zum Mittagessen verpasst habe. Mein Assistent hatte den Termin falsch im Kalender eingetragen.«

(Die Message: Es ist nicht so, dass ich unser Treffen vergessen hätte oder dass ich Sie nicht für wichtig genug halte, um ein Mittagessen mit Ihnen als absoluten und unanfechtbaren Höhepunkt meines Tages zu betrachten. Es ist einfach so, dass mein Assistent völlig unfähig ist. Geben Sie ihm die Schuld, nicht mir.)

Das Problematische an dieser Art von Ausrede ist, dass wir nur selten damit durchkommen – und dass sie keine besonders effektive Führungsstrategie verkörpert. Durch die Auswertung Tausender 360-Grad-Feedback-Berichte habe ich ein Gespür dafür entwickelt, welche Eigenschaften Untergebene an ihren Führungskräften schätzen und welche nicht. In all meiner Zeit habe ich noch nie jemanden sagen hören: »Ich halte Sie für einen großartigen Leader, weil Ihre Ausreden einfach hervorragend sind« oder »Ich dachte, Sie hätten Mist gebaut, aber Ihre Ausrede hat mich eines Besseren belehrt«.

Mit raffinierten Ausreden haben wir es wiederum immer dann zu tun, wenn ein Verhaltensfehler mit einer erblichen Vorbelastung entschuldigt wird. In derartigen Fällen sprechen wir über uns selbst, als litten wir unter schweren und unveränderlichen genetischen Defiziten. Sicher haben Sie bereits viele dieser Vorwände gehört – oder sogar selbst ins Feld geführt, um sich dafür zu entschuldigen, dass Sie einfach sind, wie Sie sind:

»Ich bin von Natur aus ungeduldig.«

»Ich erledige immer erst alles auf den letzten Drücker.«

»Ich war schon immer ein Hitzkopf.«

»Mein Zeitmanagement ist von Haus aus furchtbar. Seit Jahren muss ich mir schon von meinen Mitarbeitern und meinem Partner anhören, dass ich zu viel Zeit mit sinnlosen Projekten und Diskussionen verschwende. Aber ich schätze, so bin ich nun mal.«

Es ist wirklich verblüffend, wie oft ansonsten brillante und erfolgreiche Köpfe sich mir gegenüber mit diesen und ähnlichen selbstironischen Bemerkungen abwerten. Dabei handelt es sich um einen raffinierten Schachzug, denn sie ordnen sich gewissermaßen bestimmten Stereotypen zu – ungeduldig, jähzornig oder unorganisiert –, nur um diese Klischees dann zu verwenden, um ein Verhalten zu entschuldigen, das eigentlich unentschuldbar ist.

Solche persönlichen Stereotype basieren bisweilen auf Geschichten, die seit Jahren wieder und wieder über uns erzählt werden – oft sogar schon seit unserer Kindheit. Sie mögen in manchen Fällen jeglicher Grundlage entbehren, aber sie prägen sich in unser Gehirn, senken die Erwartungen, die man an uns richtet, und entwickeln sich mit der Zeit zu selbst erfüllenden Prophezeiungen. Dann verhalten wir uns fortan so, als müssten wir beweisen, dass unsere negativen Erwartungen richtig waren.

Für diese These liefere ich selbst das beste Beispiel: Weil ich in Valley Station, Kentucky, aufgewachsen bin, wäre es naheliegend gewesen, dass ich mich für Autos, Werkzeuge und mechanische Geräte interessiere. Mein Vater besaß eine Tankstelle mit zwei Zapfsäulen und viele meiner Freunde schraubten gerne an ihren Autos herum und traten samstagabends in Rennen gegeneinander an.

Doch bereits als Kind stattete mich meine Mutter mit einem völlig anderen Erwartungsmuster aus. Fast von Geburt an sagte sie mir immer wieder: »Marshall, du bist unheimlich intelligent. Du bist der klügste kleine Junge in Valley Station.« Und sie sagte mir, dass ich nicht nur aufs College gehen würde, sondern sogar auf die Universität!

Außerdem betonte sie ein ums andere Mal: »Marshall, dir fehlt jedes technische Verständnis, und du wirst auch niemals mechanische Fähigkeiten entwickeln.« (Ich glaube, das war ihre Art, dafür zu sorgen, dass ich nicht mein Leben lang an der Tankstelle arbeiten und Reifen wechseln würde.)

Es ist interessant, wie sehr die Prägung und die Erwartungen meiner Mutter meine Entwicklung beeinflusst haben. Sie hat mich nie ermutigt, an Autos zu basteln oder Werkzeuge in die Hand zu nehmen. (Noch als Teenager in den 60er-Jahren dachte ich, ein Kreuzgelenk hätte etwas mit der menschlichen Anatomie zu tun.) Doch nicht nur meine Eltern attestierten mir eine mangelnde mechanische Begabung, sondern auch meine Freunde bestätigten diese Einschätzung. Mit achtzehn absolvierte ich den Eignungstest der U.S. Army im Bereich Mechanik und erreichte eine Punktzahl, die zu den schlechtesten zwei Prozent des gesamten Landes zählte. Also stimmte es, was alle über mich sagten.

Sechs Jahre später – inzwischen war ich Student an der UCLA – arbeitete ich an meiner Doktorarbeit. Einer meiner Professoren forderte mich auf, alle Dinge aufzuschreiben, die ich gut konnte, und auch alle, die ich nicht gut konnte. Auf der Haben-Seite führte ich »Forschung«, »Schreiben«, »Analyse« und »Reden« auf (eine wenig subtile Art, die Botschaft »Ich bin klug« zu übermitteln). Bei meinen Defiziten notierte ich hingegen: »Ich besitze keinerlei mechanische Begabung und werde diese Fähigkeit auch niemals entwickeln.«

Der Professor fragte mich, woher ich das so genau wüsste. Also erzählte ich ihm meine Lebensgeschichte, einschließlich meines miserablen Testergebnisses bei der Army.

»Wie steht es um Ihre mathematischen Fähigkeiten?«, fragte er daraufhin.

Ich erklärte stolz, dass ich beim Einstufungstest für die Universität im mathematischen Teil das bestmögliche Ergebnis erzielt hatte.

»Und wie kommt es nun, dass Sie komplexe mathematische Probleme lösen können, aber an einfachen mechanischen Problemen scheitern?«, wunderte sich mein Professor. »Wie sieht es mit Ihrer Auge-Hand-Koordination aus?«

Ich erwiderte, dass ich ein guter Flipper-Spieler sei und mich in meiner Collegezeit finanziell teils durch Pool-Billard über Wasser gehalten hatte, und dass sie daher vermutlich ganz gut sein dürfte.

Woraufhin mein Professor erneut nachhakte: »Und warum können Sie Billard spielen, aber keinen Nagel in die Wand schlagen?«

In diesem Moment wurde mir klar, dass ich überhaupt kein genetisches Defizit besaß. Ich lebte lediglich die Erwartungen aus, die ich inzwischen als gegeben betrachtete. Zu diesem Zeitpunkt war ich glücklicherweise bereits alt genug, um es besser zu wissen: Es waren nicht mehr nur meine Familie und meine Freunde, die mich in meinem Glauben an eine mangelnde mechanische Begabung bestärkten. Und es war auch nicht der Eignungstest. Vielmehr war ich selbst derjenige, der sich immer wieder sagte: »Du kannst das einfach nicht!« Mit einem Schlag begriff ich, dass diese Wahrheit bestehen bleiben würde, solange ich immer weiter daran festhielt.

Wenn Sie sich das nächste Mal selbst sagen hören: »Ich bin einfach nicht gut darin …«, dann fragen Sie sich bitte: »Warum ist das eigentlich so?«

Damit meine ich nicht nur Dinge wie mathematische oder handwerkliche Fähigkeiten, sondern auch Ihr und mein Verhalten. Wir entschuldigen unser Zuspätkommen damit, dass wir schon unser Leben lang immer getrödelt haben – und unsere Eltern und Freunde lassen uns damit durchkommen. Das Gleiche gilt auch für alle anderen lästigen Gewohnheiten, die ich in diesem Kapitel beschreibe. Ständiges Be- und Verurteilen, destruktive Kommentare abgeben, Informationen nicht weitergeben? Das sind keine genetischen Veranlagungen! Wir wurden nicht bereits so geboren, ganz egal, was andere uns einreden wollen.

Genau wie Sie sich also selbst hinterfragen können, können Sie auch Ihren Mitarbeitern auf den Zahn fühlen, wenn sie in Zukunft wieder einmal versuchen, sich mit einer raffinierten Ausrede à la »Ich bin einfach nicht gut darin ...« aus der Verantwortung zu stehlen: Fragen Sie sie einfach: »Warum ist das eigentlich so?«

Wenn wir es schaffen, uns nicht mehr dauernd zu entschuldigen, können wir unser Verhalten in fast allen Belangen zum Positiven verändern.

Gewohnheit 13: Die Vergangenheit vorschieben

Unter Psychologen und Verhaltenstherapeuten gibt es eine Denkschule, die die Ansicht vertritt, dass wir viel über unser fehlerhaftes Verhalten lernen können, wenn wir uns mit unserer Vergangenheit, insbesondere mit unserer familiären Dynamik, auseinandersetzen. Immer getreu dem Motto: »Hysterisches Verhalten ist historisches Verhalten.«

Wenn Sie ein Perfektionist sind oder ständig nach Bestätigung suchen, liegt es dieser Denkschule zufolge daran, dass Ihre Eltern Ihnen nie gesagt haben, dass Sie gut genug sind. Wenn Sie sich ständig über Regeln hinwegsetzen und glauben, Sie würden sich niemals irren, dann deshalb, weil Ihre Eltern Sie stets vergöttert und Ihre Bedeutung in den Himmel gehoben haben. Wenn Sie im Beisein von Autoritätspersonen förmlich vor Ehrfurcht erstarren, hatten Sie bestimmt eine äußerst dominante Mutter ... und so weiter und so fort.

Bei mir hat diese Denkschule lebenslanges Hausverbot.

Mir fehlt es an Toleranz für sogenannte »Therapien«, die sich allein an die Vergangenheit klammern. Bei rückwärtsgewandtem Denken geht es nicht um Veränderungen. Stattdessen dreht sich alles um Verstehen.

Einer meiner ersten Klienten wiederholte mir gegenüber einst stundenlang dasselbe: »Marshall, Sie verstehen das einfach nicht. Ich erkläre Ihnen einmal, warum ich diese Probleme habe. Dazu müssen Sie mehr über meine Mutter und meinen Vater erfahren.« Was folgte, war ein einziges, langes, unerträgliches Gejammer. Schließlich fischte ich in meiner Tasche nach einer Münze und sagte: »Hier haben Sie einen Vierteldollar. Rufen Sie jemanden an, den Ihr Sermon interessiert.«

Bitte verstehen Sie mich nicht falsch: Verständnis ist gut und schön. Um mit der Vergangenheit abzuschließen, hat das Bemühen, sie besser zu verstehen, durchaus seine Berechtigung. Doch wenn Sie ein Problem haben, das Sie *in Zukunft* ablegen wollen, wird Ihnen das nicht gelingen, indem Sie sich an Ihre Vergangenheit klammern. Aus Erfahrung weiß ich, dass es nur eine einzige wirksame Methode gibt. Man muss den Menschen fest in die Augen sehen und sagen: »Wenn Sie sich ändern wollen, dann tun Sie das.«

Klienten, die trotz dieser unmissverständlichen Botschaft weiterhin an ihrer Vergangenheit festhalten – die *verstehen* wollen, warum sie so sind, wie sie sind – sind meine schwierigsten Fälle. Es kostet mich regelmäßig sehr viel Zeit, bis ich sie davon überzeugen kann, dass sie das Geschehene nicht mehr ändern können. Sie können es nicht mehr beeinflussen, sie können es nicht neu schreiben und sich nicht mehr herausreden. Sie können es lediglich akzeptieren und dann weitermachen.

Doch aus irgendeinem Grund verharren viele Menschen gerne in der Vergangenheit, vor allem, wenn sie dort einen anderen finden, dem sie die Schuld für alles geben können, was in ihrem Leben schiefgelaufen ist. In diesem Fall wird das Festhalten an der Vergangenheit zu einem zwischenmenschlichen Problem, weil wir die Vergangenheit dann als Waffe gegen andere einsetzen.

Wir berufen uns auch immer dann gerne auf die Vergangenheit, wenn wir einen Kontrast zur Gegenwart herstellen möchten – in der Regel mit dem Ziel, etwas Positives über uns selbst auf Kosten eines anderen Menschen herauszustellen.

Ertappen Sie sich nicht auch manchmal dabei, dass Sie eine lange selbstverherrlichende Geschichte mit dem Satz »Als ich so alt war wie du …« einleiten?

Worum geht es uns dabei wirklich?

Wenn wir Ausreden erfinden, schieben wir die Schuld an unserem Versagen auf jemand anderen oder etwas anderes, auf den oder das wir keinen Einfluss haben. Auf jeden und alles, außer auf uns selbst. Manchmal geben wir anderen Menschen allerdings nicht die Schuld, um unser Versagen zu rechtfertigen, sondern um auf subtile Art und Weise unsere Erfolge hervorzuheben. Dieses Verhalten ist genauso unattraktiv wie das Erfinden von Ausreden. Und doch braucht es für gewöhnlich einen wirklich klugen und geliebten Menschen, der uns auf unser Fehlverhalten aufmerksam macht.

Ich für meinen Teil habe meine Lektion von meiner Tochter Kelly gelernt.

Damals war sie gerade sieben und wir wohnten in einem hübschen Haus in San Diego (wie ich es bis heute tue). Als ich eines Tages nach Hause kam, war ich in Gedanken immer noch bei einem beruflichen Rückschlag, der mich sehr verärgerte. Diesen Ärger ließ ich prompt an Kelly aus. Ich hielt ihr eine Standpauke, die in ihrer Armseligkeit und Erbärmlichkeit alle Moralpredigten, die ein Elternteil seinem Kind nur halten kann, in den Schatten stellte. Und natürlich begann ich sie mit den Worten »Als ich so alt war wie du …« Auf eine derartige Einleitung folgt unweigerlich ein selbstmitleidiger Vortrag, der darlegen soll, wie schwierig und unglücklich die eigene Kindheit im Vergleich zu der Zeit war, die die Eltern ihren Kindern heutzutage bieten.

Also begann ich darüber zu jammern, dass ich mit einer Tankstelle in Kentucky als Kinderstube hatte vorliebnehmen müssen, dass wir kein Geld hatten und ich deshalb hart arbeiten musste, um als Erster in meiner Familie einen Collegeabschluss zu schaffen. Und natürlich betonte ich unterdessen stets den enormen Kontrast zu all den wunderbaren Dingen, die Kelly von uns geboten kam.

Meine Tochter ließ mich instinktiv gewähren und hörte sich meine Schimpftirade geduldig bis zum Ende an. Als ich fertig war, sagte sie:

»Daddy, es ist aber doch nicht meine Schuld, dass du heute mehr Geld verdienst.«

Dieser Einwand nahm mir den Wind aus dem Segeln. Mir wurde klar: »Sie hat völlig recht.« Wie konnte ich von ihr erwarten, zu wissen, wie es ist, arm zu sein – zumal ich zudem ziemlich sicher war, dass sie es auch niemals sein würde? Es war meine Entscheidung gewesen, hart zu arbeiten und Geld zu verdienen, und nicht ihre. Im Grunde genommen hatte ich also nur damit geprahlt, wie schwer ich es früher hatte und wie clever ich offenkundig doch sein musste, dass ich derart große Widrigkeiten überwinden konnte – und meine Prahlerei gekonnt als Moralpredigt getarnt. Glücklicherweise hatte sie meinen Bluff sofort durchschaut.

Hören auch Sie damit auf, anderen die Schuld für Ihre persönlichen Entscheidungen zu geben – und das gilt, so möchte ich doppelt unterstreichen, besonders für die Entscheidungen, die Gutes hervorbrachten.

Gewohnheit 14: Bevorzugung

Weil mir schon häufig die Aufgabe zuteilwurde, die Leadership-Profile großer Unternehmen zu überarbeiten, habe ich im Lauf der Jahre mehr als Hundert davon begutachtet. Diese Dokumente setzen sich in der Regel aus Textbausteinen zusammen, die jedes Unternehmen zum gewünschten Führungsprofil kompiliert. Zu den Standards gehören Formulierungen wie »Vermittelt eine klare Vision«, »Hilft den Mitarbeitern, ihr Potenzial voll auszuschöpfen«, »Bemüht sich, den Wert unterschiedlicher Meinungen anzuerkennen« und »Vermeidet es, bestimmte Mitarbeiter zu bevorzugen«.

Kein einziges Profil enthielt hingegen jemals den Verhaltenswunsch »Schleimt sich effektiv beim Management ein«. Angesichts der Tatsache, dass Kriechen und Schöntun in den meisten Firmen mit Begeisterung praktiziert wird – und nur allzu oft auch belohnt wird –, sollte er aber womöglich einbezogen werden. Während fast jedes Unternehmen behauptet, es wünsche sich Mitarbeiter, die »das System in Frage stellen«, »es wagen, ihre Meinung zu äußern« und »sagen, was sie wirklich denken«, verfügen die meisten von ihnen über erstaunlich viele Mitarbeiter, die sich eigentlich nur einschmeicheln.

Dabei geben nicht nur die Unternehmen, sondern auch einzelne Führungskräfte an, solch ein absurd unterwürfiges Verhalten zu verabscheuen. Fast alle Leader, die ich getroffen habe, sagen, dass sie dieses Gebaren in ihren Unternehmen niemals fördern würden, und ich zweifle nicht an ihrer Aufrichtigkeit. Wir alle sind mehrheitlich genervt bis angewidert von diesen Schleimern. Deshalb stellt sich auch die folgende Frage: Wenn Führungskräfte behaupten, sie würden kein Kriechertum fördern, warum dominiert es dann trotzdem in der Arbeitswelt? Bedenken Sie, dass diese Führungskräfte in der Regel sehr scharfsinnige Menschenkenner sind. Sie sind praktisch lebenslang damit beschäftigt, Leute einzuschätzen, sich erste Eindrücke zu machen und diese immer wieder mit späteren Eindrücken abzugleichen. Und trotzdem fallen sie auf supergeschickte Schleimer herein und protegieren bestimmte Mitarbeiter.

Die Antwort ist einfach: Was wir bei anderen klar und deutlich erkennen können, entgeht uns bei uns selbst.

Sie mögen nun vielleicht denken: »Ich staune immer wieder über die subtilen Signale, die Führungskräfte aussenden, um ihre Untergebenen zu ermutigen, ihre Kritik zu dämpfen und den Mächtigen stattdessen wesentlich mehr Lob zu zollen. Und es überrascht mich, dass sie sich dessen überhaupt nicht bewusst sind. Auf mich trifft dieses Verhalten natürlich nicht zu.«

Vielleicht haben Sie recht. Aber was macht Sie so sicher, dass Sie nicht genauso sind wie alle anderen?

Um meinen Klienten zu demonstrieren, dass wir alle unbewusst das Schmeichlertum fördern, verwende ich einen unwiderlegbaren Test. Ich frage eine Gruppe von Führungskräften: »Wie viele von Ihnen besitzen einen Hund, den Sie lieben?« Daraufhin heben viele von ihnen die Hand und nennen mir lächelnd die Namen ihrer stets treuen vierbeinigen Gefährten. Als Nächstes initiiere ich einen kleinen Wettbewerb mit ihnen. Ich frage sie: »Wem schenken Sie zu Hause die größte uneingeschränkte

Zuneigung? (a) Ihrem Mann, Ihrer Frau oder Ihrem Partner, (b) Ihren Kindern oder (c) Ihrem Hund?« In mehr als 80 Prozent der Fälle ist der Hund der Gewinner.

Zu guter Letzt frage ich nun in die Runde, ob sie ihre Hunde mehr lieben als ihre Familie und bekomme als Antwort jedes Mal wie erwartet ein ausdrückliches Nein zu hören. Also bohre ich weiter: »Warum schenken Sie Ihrem Hund dann die meiste Aufmerksamkeit?«

Die Antworten sind stets dieselben: »Mein Hund freut sich immer, mich zu sehen.« »Der Hund gibt mir niemals Widerworte.« »Mein Hund liebt mich bedingungslos, egal was ich tue.« Mit anderen Worten: Der Hund ist ein Schleimer.

Ich kann nicht guten Gewissens behaupten, dass es bei mir anders wäre. Ich liebe meinen Hund Beau. Mindestens 180 Tage im Jahr bin ich unterwegs, und Beau dreht immer völlig durch, wenn ich von einer Reise nach Hause komme. Schon am Fuß der Einfahrt freue ich mich darauf, in wenigen Momenten die Haustür zu öffnen, zu Beau zu gehen und zu rufen: »Daddy ist wieder da!« Daraufhin springt Beau jedes Mal begeistert an mir hoch und ich umarme und streichle ihn und wir veranstalten gewissermaßen ein wildes Freudentänzchen. Eines Tages war meine Tochter Kelly vom College nach Hause gekommen und beobachtete das liebevolle Ritual zwischen Beau und mir. Daraufhin sah sie mich an, formte ihre Hände zu Pfoten und bellte: »Wuff, wuff!«

Touché.

Wenn wir nicht aufpassen, kann es passieren, dass wir auch unsere Kollegen wie Hunde behandeln und diejenigen belohnen, die uns unreflektierte, bedingungslose Bewunderung entgegenbringen. Und welches Verhalten fördern wir auf diese Weise? Richtig: ein Kriechertum, das schnell Nachahmer findet.

Das Ergebnis ist also glasklar: Wir fördern ein Verhalten, das zwar uns selbst zugutekommt, aber nicht unbedingt den Interessen unserer Firma dient. Wenn alle den Chef umschmeicheln, wer macht dann die Arbeit? Und schlimmer noch: Durch diese Praxis benachteiligen wir automatisch alle ehrlichen und prinzipientreuen Mitarbeiter, die unser Spiel nicht mitspielen wollen. Das sind gleich zwei schlechte Nachrichten auf einmal. Sie geben nicht nur bestimmten Leuten den Vorzug – es sind auch noch die falschen Leute!

Doch wie können Führungskräfte damit aufhören, schmeichlerisches Verhalten zu fördern? Indem sie sich als Allererstes eingestehen, dass wir alle dazu neigen, diejenigen zu bevorzugen, die uns bevorzugen, auch wenn wir das eigentlich gar nicht wollen.

Als Nächstes sollten wir unsere Untergebenen in drei Kategorien einordnen:

Erstens: Wie sehr mögen sie mich? (Es ist mir bewusst, dass Sie sich diesbezüglich nicht sicher sein können. Doch an dieser Stelle zählt, wie sehr *Sie* glauben, von Ihren Mitarbeitern gemocht zu werden. Effektive Schleimer sind gute Schauspieler. Denn letztlich ist das Katzbuckeln nichts anderes als reine Schauspielerei.)

Zweitens: Welchen Beitrag leisten sie für das Unternehmen und seine Kunden? (Mit anderen Worten: Spielen sie in der Bundesliga, der Regionalliga oder in einer noch niedrigeren Liga?)

Drittens: Wie viel persönliche Anerkennung gebe ich ihnen?

Mit dieser Übung wollen wir herausfinden, ob die Korrelation zwischen den Kategorien eins und drei stärker ausgeprägt ist als zwischen den Kategorien zwei und drei. Wenn wir völlig ehrlich zu uns selbst sind, hängt die Anerkennung, die wir anderen schenken, wahrscheinlich eher davon ab, wie sehr sie uns zu mögen scheinen, als von ihrer tatsächlichen Leistung. Und genau das ist die Definition von Bevorzugung.

Und wir sind selbst schuld daran. Wir ermutigen genau die Art von Verhalten, die wir bei anderen verachten. Ohne es zu wollen, sonnen wir uns in hohlem Lob – und werden dadurch zu hohlen Führungspersonen.

Natürlich kann diese schnelle Selbstanalyse dieses Problem nicht lösen. Aber sie identifiziert es wenigstens – und nur so kann ein Umdenken beginnen.

Gewohnheit 15: Sich weigern, Reue zu zeigen

Reue zu bekennen oder sich zu entschuldigen ist ein reinigendes Ritual, so ähnlich wie die Beichte in der Kirche. Sie sagen »Es tut mir leid« und fühlen sich sofort besser.

So lautet zumindest die Theorie. Doch wie so häufig ist die Theorie schön und gut, ihre Umsetzung in die Praxis jedoch ungleich schwerer.

Womöglich glauben wir, wir würden einen Wettkampf verlieren, wenn wir uns entschuldigen (und erfolgreiche Menschen haben ein geradezu irrationales Bedürfnis, immer und überall gewinnen zu wollen).

Womöglich schmerzt es uns, zuzugeben, dass wir uns geirrt haben (schließlich müssen wir uns nur selten dafür entschuldigen, dass wir recht hatten).

Womöglich empfinden wir das Bitten um Vergebung als Demütigung (weil es Unterwürfigkeit signalisiert).

Womöglich haben wir aber auch die Sorge, dass wir mit einer Entschuldigung gleichzeitig auch einen Teil unserer Macht oder Kontrolle abgeben (doch eigentlich ist das Gegenteil der Fall).

Was auch immer die Gründe sein mögen, eines steht jedoch fest: Die Weigerung, sich zu entschuldigen, verursacht am Arbeitsplatz (und zu Hause) genauso viel Unmut wie jede andere zwischenmenschliche Schwäche. Rufen Sie sich nur einmal in Erinnerung, wie verbittert Sie waren, als ein Freund sich nicht dafür entschuldigt hat, dass er Sie verletzt oder im Stich gelassen hat. Und wie lange diese Verbitterung anhielt.

Wenn Sie auf die zerrütteten Beziehungen in Ihrem Leben zurückblicken, werden Sie vermutlich feststellen, dass viele von ihnen genau in dem Moment zu bröckeln begannen, als einer von ihnen nicht die emotionale Intelligenz aufbringen konnte, um »Es tut mir leid« zu sagen.

Menschen, denen in der Arbeitswelt keine Entschuldigung über die Lippen kommt, könnten genauso gut mit einem T-Shirt herumlaufen, auf dem steht: »Sie sind mir egal!«

Das Ironische an der Sache ist natürlich, dass wir alle Ängste, die uns dazu bringen, uns nicht zu entschuldigen – die Angst zu verlieren, einen

Irrtum einzugestehen, unsere Kontrolle abzugeben –, mit einem Schlag auslöschen könnten, wenn wir uns einfach zu einer Entschuldigung durchringen würden. Mit einer Entschuldigung machen Sie Menschen zu Ihren Verbündeten oder sogar zu Ihren Partnern.

Auf dieses Paradoxon stieß ich, als ich mich an der Universität erstmals mit dem Buddhismus beschäftigte. Als Buddhist glaube ich, dass wir ernten, was wir säen. Wenn Sie anderen Menschen ein Lächeln schenken, werden sie es erwidern. Wenn Sie sie ignorieren, werden sie es Ihnen übelnehmen. Wenn Sie Ihr Schicksal in ihre Hände legen – und ihnen die Macht übertragen –, werden sie Sie dafür belohnen.

Richtig verstanden habe ich diese Lektion jedoch auch erst mit 28 Jahren. Damals war ich in New York und saß allein beim Abendessen in einem vornehmen französischen Restaurant an der East Side von Manhattan, dem »Le Perigord«. Zuvor hatte ich noch nie ein Restaurant wie dieses besucht – mit ausladenden Blumenarrangements, die einen eigenen Tisch erforderten, mit schwerem Besteck und Kellnern, die schwarze Fliegen trugen und mit französischem Akzent sprachen. Eingeschüchtert von dieser Opulenz gestand ich meinem Kellner nicht nur meine Verunsicherung, sondern auch, dass mir nur einhundert Dollar inklusive Trinkgeld für das Essen zur Verfügung standen und dass ich die Speisekarte, die von Hand geschrieben und auf Französisch war, nicht lesen konnte.

»Würden Sie mir bitte einfach das beste Hundert-Dollar-Essen bringen, das Sie haben?«, bat ich ihn.

Ich bin mir ganz sicher, dass das Essen, das mir an diesem Abend serviert wurde, mindestens 50 Prozent mehr gekostet hätte als nur einhundert Dollar – nicht zuletzt aufgrund der zusätzlichen Gänge, der Käseplatte, dem vielen Wein, der mir immer wieder nachgeschenkt wurde, sowie dem beinahe übertrieben zuvorkommenden Service. Ich hatte mich als Banause geoutet, und gerade deshalb hatte man mich wie den Sonnenkönig behandelt.

Diese Erfahrung ließ in mir die Überzeugung reifen, dass Sie von anderen besser behandelt werden, wenn Sie mit offenen anstatt mit verdeckten Karten spielen. Ich glaube, dass Benjamin Franklin dieselbe Überzeugung kundtat, als er sagte: »Um einen Freund zu gewinnen, musst du ihn dir einen Gefallen erweisen lassen.«

Genau dieses Prinzip kommt auch in der ersten Maßnahme zum Tragen, die ich allen erfolgreichen Menschen empfehle, um noch erfolgreicher zu werden. Ich bringe ihnen bei, sich zu entschuldigen – von Angesicht zu Angesicht –, und zwar bei jedem Mitarbeiter, der sich bereit erklärt hat, ihnen zu helfen, sich zu bessern.

Die Entschuldigung ist eine der mächtigsten und nachhaltigsten Gesten im menschlichen Verhaltensarsenal – und fast so mächtig wie eine Liebeserklärung. Sie ist gewissermaßen ein »Ich liebe dich«, das von der anderen Seite her gedacht wird. Wenn Liebe bedeutet »Du bist mir wichtig und das macht mich glücklich«, dann bedeutet eine Entschuldigung »Ich habe dich verletzt und es tut mir leid«. So oder so ist sie verführerisch und unwiderstehlich; sie verändert die Beziehung zwischen zwei Menschen unwiderruflich, indem sie sie dazu zwingt, sich auf etwas Neues und – womöglich – Wunderbares einzulassen.

Das Beste an einer Entschuldigung, das sage ich auch meinen Klienten, ist, dass sie jeden dazu zwingt, die Vergangenheit loszulassen. Denn sinnbildlich sagen Sie auf diese Weise: »Ich kann die Vergangenheit nicht ändern. Ich kann nur sagen, dass ich meinen Fehler bedaure. Es tut mir leid, dass ich dich damit verletzt habe. Es gibt dafür keine Entschuldigung, und ich werde versuchen, mich zu bessern. Ich würde mich freuen, wenn du mir Tipps geben könntest, was ich in Zukunft besser machen kann.«

Selbst den kaltherzigsten Menschen unter uns dürfte es schwerfallen, angesichts dieser Aussage, die gleichermaßen ein Schuldeingeständnis, eine Entschuldigung und eine Bitte um Hilfe ist – hart zu bleiben. Und wenn Sie diese Entschuldigung gegenüber Ihren Mitarbeitern aussprechen, kann sie die »Chemie« untereinander und mit Ihnen enorm verbessern.

Meine Klientin Beth war die ranghöchste Frau in einem Fortune-100-Unternehmen. Bei ihren Chefs und ihren Untergebenen genoss sie größte Beliebtheit. Im Gegensatz dazu konnten einige ihrer gleichrangigen Kollegen sie allerdings einfach nicht ausstehen. Im Gespräch mit ihren Mitarbeitern erfuhr ich, dass Beth besonders mit einem hartgesottenen Abteilungsleiter namens Harvey extreme Schwierigkeiten hatte. Beth war eine kluge, besserwisserische junge Karrierefrau, die vom CEO angeheuert worden war, um ein wenig Schwung in die Firma zu bringen. Harvey hielt sie jedoch für arrogant und er hatte den Eindruck, dass es ihr an Respekt für die Geschichte und die Traditionen des Unternehmens mangelte. Die beiden Streithähne fochten ständig Revierkämpfe aus, die regelmäßig Beths schlimmste Seiten zum Vorschein brachte: Sie konnte gemein und rachsüchtig werden. Wir waren uns einig, dass sie dieses Verhalten ändern müsse.

Als erste Maßnahme forderte ich Beth auf, sich bei Harvey zu entschuldigen. Schon allein mit meinem Vorschlag rief ich äußerste Empörung hervor. Also machte ich ihr klar: »Wenn Sie das nicht schaffen, wird es Ihnen nicht gelingen, ihr Verhalten zu ändern. Dann müssen wir hier abbrechen, denn dann kann ich Ihnen leider nicht helfen.« Der Gedanke, Harvey nachzugeben, war ihr derart zuwider, dass ich die Entschuldigung sogar schriftlich für sie ausarbeitete, weil ich vermeiden wollte, dass Beth die Entschuldigung durch ihr Missbehagen oder zögerliche Worte verwässern würde (was ihre Wirkung zunichtegemacht hätte). Zu Beths Ehrenrettung sei gesagt, dass sie sich voll und ganz an das Drehbuch hielt.

Sie sagte: »Wissen Sie, Harvey, ich habe eine Menge Feedback bekommen, und will als Allererstes sagen, dass ich vieles davon nachvollziehen kann. Zweitens möchte ich Ihnen sagen, dass es einige Dinge gibt, die ich in Zukunft besser machen will. Ich habe mich Ihnen, aber auch dem Unternehmen und seinen Traditionen gegenüber respektlos verhalten. Dafür möchte ich mich entschuldigen. Es gibt keine Rechtfertigung für mein Verhalten und …«

Noch bevor Beth ihre Entschuldigung beenden konnte, fiel Harvey ihr ins Wort. Sie starrte ihn alarmiert an und bereitete sich instinktiv auf einen weiteren Streit vor, bis sie plötzlich bemerkte, dass er Tränen in den Augen hatte. Das Erste, was er sagte, war: »Hören Sie, Beth, es liegt nicht nur an Ihnen. Ich war genauso dafür verantwortlich. Ich habe Sie wahrhaftig nicht wie ein Gentleman behandelt. Ich weiß, wie schwer es für Sie war, mir all diese Dinge zu sagen, aber nicht nur Sie machen Fehler, sondern ich auch. Wir können uns gemeinsam bessern.«

Und genau hier offenbart sich die Magie dieses Prozesses. Wenn Sie anderen zeigen, dass Sie von ihnen abhängig sind, werden sie sich in der Regel bereit erklären, Ihnen zu helfen. Und während sie sich in der Folge bemühen werden, Sie auf Ihrem Weg zu einem besseren Verhalten zu unterstützen, werden sie unweigerlich versuchen, ebenfalls ein besserer Mensch zu werden. So verändert sich jeder Einzelne von uns, so verbessern sich Teams, so wachsen ganze Abteilungen über sich hinaus, und so werden Unternehmen zu Weltmarktführern.

Nun da Sie wissen, *weshalb* Entschuldigungen funktionieren, werden wir uns in Kapitel 7 eingehender damit beschäftigen, wie Sie sich am besten entschuldigen.

Gewohnheit 16: Nicht zuhören

Zu den häufigsten Beschwerden, die ich in meinem Berufsleben höre, zählen Beschwerden über Menschen, die nie zuhören. Wir tolerieren alle möglichen unhöflichen Verhaltensweisen, aber die Unfähigkeit, auf das zu hören, was andere sagen, nimmt einen besonderen Platz ein – vielleicht, weil das Zuhören etwas ist, zudem wir alle mühelos in der Lage sein sollten. Denn was ist so schwer daran, die Ohren zu spitzen, die Augen auf die sprechende Person zu richten und einfach den Mund zu halten?

Wenn Sie nicht zuhören, senden Sie eine ganze Armada negativer Signale aus. Zum Beispiel:

- Du bist mir egal.
- Ich verstehe dich nicht.
- Du liegst falsch.
- Du bist dumm.
- Du vergeudest meine Zeit.
- Oder all diese Signale auf einmal.

In diesem Fall ist es ein Wunder, wenn überhaupt noch jemand mit Ihnen spricht.

Das Interessante an der Unfähigkeit zuzuhören ist jedenfalls, dass es sich größtenteils um eine stille, unsichtbare Aktivität handelt. Häufig fällt es Ihrem Gegenüber gar nicht auf. Vielleicht hören Sie nicht zu, weil Sie sich langweilen, abgelenkt sind oder sich überlegen, was Sie selbst gleich sagen möchten – und niemand wird Notiz davon nehmen.

Der einzige Moment, in dem andere bemerken, dass Sie ihnen nicht zuhören, tritt ein, wenn Sie extreme Ungeduld signalisieren, weil Sie wollen, dass Ihr Gegenüber sich beeilt und endlich zur Sache kommt. Solch ein Verhalten fällt auf und beeinflusst die Meinung, die andere von Ihnen haben, nur selten zu Ihren Gunsten. Sie könnten ihm genauso gut »Komm endlich zum Punkt!« ins Gesicht brüllen.

Genau dieses Verhalten erlebte ich in Aktion, als ich mit einer Gruppe von Führungskräften der höchsten Management-Riege einer der weltweit angesehensten Forschungs- und Entwicklungsorganisationen arbeitete. Ihr Problem lautete: Wie können wir junge Talente an unser Unternehmen binden? Ihre Schwäche: Sämtliche Spitzenmanager hatten die lästige Angewohnheit entwickelt, bei Präsentationen ständig auf die Uhr zu schauen, und dem wissenschaftlichen Nachwuchs energisch zu signalisieren, dass sie schneller machen sollten. Dazu riefen sie immer wieder ungeduldig: »Nächste Folie. Nächste Folie.« In diesem unangenehmen Verhalten manifestierte sich auch schon der Kern des Problems.

Haben Sie schon einmal versucht, eine Präsentation zu halten, während Ihr Vorgesetzter Sie andauernd anfauchte und immer wieder aufforderte, sich zu beeilen? Nun, genau so erging es den jungen Wissenschaftler in diesem Unternehmen.

Entsprechend bestand die Herausforderung für die oberste Führungsetage darin, Ihren jungen Kollegen geduldiger zuzuhören.

Natürlich ließ es sich gut nachvollziehen, weshalb die Chefs so ungeduldig waren. Sie alle waren brillante Köpfe. Sie alle hatten hervorragende Abschlüsse des MIT oder von Harvard vorzuweisen. Folglich fiel es ihnen schwer, still dazusitzen und anderen zuzuhören, die in der Hackordnung unter ihnen standen, weil sie (a) häufig glaubten, sie wüssten bereits, was sie zu hören bekommen würden, und (b) ihr Verstand so schnell arbeitete, dass sie alle Botschaften, die ein Vortrag enthielt, sehr schnell extrahieren konnten, indem sie die Lücken einfach selbst ausfüllten. Als ich diese Geschichte einmal dem Geschäftsführer eines anderen Unternehmens in derselben Branche erzählte, gab er reumütig zu: »Ich war sogar noch schlimmer. Statt »Nächste Folie!« rief ich immer »Letzte Folie! Letzte Folie!«

Die Führungskräfte, von denen soeben die Rede war, verstanden letzten Endes, dass sie sich ändern mussten, weil sich auch die Welt veränderte. Früher hatten Nachwuchswissenschaftler bei der Wahl ihres Arbeitgebers in der Regel nur wenige gute Optionen. Sie konnten lediglich zwischen verschiedenen großen Unternehmen wählen.

Doch die Zeiten hatten sich geändert, was auch den Spitzenmanagern langsam klar wurde, als sie zusehen mussten, wie ein junges Talent nach dem anderen ihren Konzern wieder verließ. Heute haben diese Nachwuchswissenschaftler auch die Option, in kleinen Start-ups zu arbeiten oder ihr eigenes Unternehmen zu gründen. Sie sind nicht mehr länger Geiseln eines Haufens alter Männer in weißen Hemden. Sie können in Jeans zur Arbeit kommen. Sie können freitags mit einem feuchtfröhlichen Umtrunk das Wochenende einläuten. Und in vielen Fällen können sie schon in jungen Jahren sehr reich werden.

In Wirklichkeit – das müssen auch Topmanager inzwischen einsehen – ist es doch so: *Vielleicht mussten sich kluge Menschen in der Vergangenheit noch mit respektlosem Verhalten abfinden. Doch in Zukunft werden sie einfach kündigen!*

Wenn Sie sich dabei ertappen, wie Sie gedanklich oder buchstäblich mit den Fingern trommeln, während ein anderer spricht, hören Sie sofort damit auf. Hören Sie auf, Ihrem Gegenüber Ungeduld zu signalisieren. Hören Sie auf »Nächste Folie!« zu sagen (oder auch nur zu denken). Das ist nicht nur unhöflich und ärgerlich, sondern zudem auch eine sichere Methode, um Ihre Mitarbeiter dazu zu bringen, sich schnellstens einen neuen Chef zu suchen.

Gewohnheit 17: Keine Dankbarkeit zum Ausdruck bringen

Dale Carnegie pflegte zu sagen, dass die zwei schönsten Wörter in der englischen Sprache der Vor- und Nachname eines Menschen seien. Er behauptete, ihre häufige Verwendung in Gesprächen sei der sicherste Weg, um eine Beziehung zu seinem Gegenüber aufzubauen und sie oder ihn zu entwaffnen. Denn wer hört nicht gerne seinen Namen aus dem Mund anderer Leute?

Ich bin nicht sicher, ob Dale recht hatte. Für mich lauten die zwei schönsten Worte der englischen Sprache »Thank you«. Sie sind nicht nur entwaffnend und angenehm zu hören, sondern helfen uns zudem auch, so manche Probleme zu vermeiden. Wie das Entschuldigen zählt auch ein »Danke« zu den magischsten Supergesten der zwischenmenschlichen Beziehungen. Es ist das, was Sie sagen, wenn Sie ansonsten nichts Nettes zu sagen haben – und es wird die Person, die es hört, niemals verärgern.

»Danke« zu sagen ist wirklich keine große Kunst. Sie müssen lediglich Ihre Lippen passend formen, Ihre Stimmbänder in Schwingung versetzen und das zweisilbige Wort aus Ihrem Mund in Richtung ihres dankbaren und anerkennenden Adressaten aussenden, der sich in Rufweite befinden sollte.

Doch selbst dieses einfache Manöver bereitet vielen Menschen große Probleme. Sie sind häufig damit überfordert, die passende Reaktion auf einen hilfreichen Vorschlag, einen unerwünschten Rat oder ein nettes Kompliment zu finden. Denn es gibt ja so viele Möglichkeiten. Sie können der Bemerkung widersprechen, sie infrage stellen, verbessern, verdeutlichen, kritisieren oder vertiefen. Sie tun praktisch alles, nur nicht das Richtige: Danke sagen.

Ist Ihnen das auch schon einmal passiert? Sie sind auf einer Party. Es spielt keine Rolle, ob Sie ein Mann oder eine Frau sind. Sie treffen auf Ihre Nachbarin, die ein atemberaubendes Kleid trägt. Also sagen sie ihr: »Du siehst großartig aus, Barbara. Das ist ein wunderschönes Kleid.«

Doch anstatt Ihnen zu danken, verwandelt sie sich in ein verlegenes Schulmädchen. »Ach, dieses alte Ding?«, erwidert sie. »Das hing schon ewig im Schrank rum.«

An dieser Stelle schalten Sie auch schon ab. Während Ihre Nachbarin weiter über das Kleid redet, schauen Sie sie verblüfft an. Sie haben ihr gerade ein nettes Kompliment gemacht, und sie fängt an, sich mit Ihnen darüber zu streiten? Denn was sie sagt, heißt nichts anderes als: »Du bist wohl nicht ganz bei Trost, wenn du denkst, dass das ein schönes Kleid ist. Im Vergleich zu den anderen wirklich schönen Kleidern in meinem Schrank ist das noch gar nichts. Wenn du ein wenig schlauer wärst, wüsstest du, dass dieser erbärmliche alte Lappen nun wirklich nicht als Beleg für meinen exquisiten Modegeschmack herangezogen werden kann.«

Natürlich war Barbaras Reaktion nicht derart unfreundlich gemeint. Trotzdem ist sie ein gutes Beispiel für den abschreckenden Effekt auf andere, wenn man sich nicht bedankt. Dadurch schaffen Sie ein Problem, wo eigentlich keines sein sollte.

Ich versuche, meinen Klienten immer Folgendes beizubringen: Wenn Sie nicht wissen, was Sie sagen sollen, dann sollte Ihre Standardantwort auf jede beliebige Anregung stets »Danke« lauten.

Einmal habe ich zugesehen, wie der Golfspieler Mark O'Meara im »Skins Game« gegen seinen Kumpel Tiger Woods antrat. Das »Skins Game« ist eine extra fürs Fernsehen durchgeführte Veranstaltung, bei der die Golfer Mikrofone tragen, sodass man alles hören kann, was sie sagen. Beim Golfen dreht sich bekanntermaßen alles um die Etikette. Die ganze Runde über kommentieren Golfer das Spiel ihrer Kontrahenten mit Komplimenten wie »Guter Schlag!« und Ähnlichem. Und jedes Mal, wenn jemand in dieser Manier zu O'Meara »Guter Schlag!« sagte, antwortete dieser: »Danke. Ich weiß das zu schätzen.« Das zog er ohne zu zögern bis zum Ende so durch. Im Verlauf des Spiels hat er sich bestimmt fünfzig Mal bedankt.

Eigentlich ist diese Reaktion gut nachvollziehbar Denn schließlich hatte O'Meara von seinen Mitspielern positives Feedback erhalten. Was hätte er also sonst sagen sollen? Doch selbst wenn er negatives Feedback erhalten hätte – »Pech gehabt, Mark!« – hätte ich ihm die gleiche Antwort empfohlen: »Danke. Ich werde versuchen, es nächstes Mal besser zu machen.«

Ich bin mir nicht sicher, wie viele Menschen es ihm gleichtun würden. Denn das würde nämlich bedeuten, dass wir unser überwältigendes Bedürfnis, zu gewinnen, recht zu haben, sich einzubringen und an der Spitze zu stehen, unterdrücken müssten.

Um die Bemerkungen anderer Leute annehmen zu können, müssen wir unsere Einstellung also ein wenig verändern. Mein Freund Chris Cappy, ein Experte auf dem Gebiet des Führungskräfte-Coachings, hat dafür einen Spruch, der mir die richtige Perspektive auf solche Situationen vermittelte. Egal, was man ihm sagt, er akzeptiert es, indem er sich stets vor Augen führt: »Ich lerne dadurch nicht weniger.« Oder anders gesagt: Wenn Ihnen jemand einen Vorschlag unterbreitet oder eine Idee vorträgt, werden Sie entweder *etwas dazulernen* oder *nichts lernen*. Aber Sie werden deshalb auf keinen Fall *weniger lernen*. Anderen zuzuhören, macht Sie niemals dümmer. Also danken Sie ihnen für ihren Versuch, Ihnen zu helfen.

Wenn Sie überlegen, welche Alternativen Sie haben, werden Sie feststellen, dass fast jede Antwort auf einen Vorschlag, die nicht »Danke« lautet, potenziell Ärger verursachen kann. Denn ob absichtlich oder nicht: Es wird unweigerlich so aussehen, als wollten Sie Ihren Gesprächspartner angreifen.

Es gibt eine Floskel, die mich stets aufhorchen lässt, weil sie in der Regel ein Problem ankündigt: »Das verwirrt mich.« Sie mag zunächst völlig harmlos wirken, ist aber in Wahrheit eine hinterlistige Falle. Ist es Ihnen auch schon einmal passiert, dass Sie Ihrem Chef einen ernstgemeinten Vorschlag machten? »Chef, haben Sie schon mal daran gedacht, Folgendes zu versuchen ...?« Woraufhin Ihr Chef sie anstarrte und dann erwiderte: »Das verwirrt mich jetzt, dass Sie das vorschlagen.«

Damit wollte er jedoch ganz und gar nicht sagen, dass er tatsächlich verwirrt war – sondern er unterstellte, dass *Sie es seien*. Diese Antwort war eine raffinierte Art, Ihnen zu signalisieren: »Sie irren sich.«

Was Ihr Chef stattdessen eigentlich hätte erwidern sollen, ist: »Danke. Daran hatte ich nicht gedacht.« Es spielt eigentlich gar keine Rolle, ob Ihr Chef im Weiteren über Ihre Idee nachgedacht hätte. Der entscheidende Punkt ist, dass ein »Danke« die Menschen veranlasst, auch in Zukunft auf Sie zuzukommen. Wenn Sie es versäumen, sich bei Ihren Mitmenschen zu bedanken, werden sie irgendwann einfach schweigen.

All das wissen wir eigentlich ganz instinktiv. Von Kindesbeinen an hat man uns eingeschärft, dass »Bitte« und »Danke« zu den Grundlagen guten Benehmens zählen. Umso mehr verwundert es, dass vielen Menschen scheinbar nicht bewusst ist, wie viel Macht in einem »Danke« steckt. Und ein noch größeres Rätsel ist für mich, warum wir unseren Dank oftmals hinauszögern. Wir glauben, wir müssten den perfekten Moment abpassen – als ob nur ein großes, theatralisches Dankeschön angemessen wäre. Das Problem bei der Sache ist, dass wir nur selten wissen, wann dieser perfekte Moment kommen wird. Entsprechend macht es keinen Sinn, darauf zu warten.

Einmal unterhielt ich mich mit einem Klienten über die vergessene Kunst des Dankens.

Er behauptete, diese Fähigkeit zähle zu seinen Stärken.

Zum Beweis erzählte er mir eine Geschichte über seine Frau. Schon immer hatte er sich zu Hause ein eigenes Arbeitszimmer mit angeschlossener Bibliothek gewünscht. Er sprach schon seit Jahren davon, hatte aber nie die Zeit oder die Energie aufgebracht, die ein derart großes Umbauprojekt erfordert. Seine Frau hingegen schon.

Sie fand einen Architekten, der den Anbau entwarf, verpflichtete einen Bauunternehmer, kümmerte sich um den nötigen Bankkredit, quälte sich durch langwierige Genehmigungsverfahren der örtlichen Baubehörde und überwachte dann die gesamten Bauarbeiten, das Einreißen der Wände, das Legen des Fundaments und den Anbau.

»Warum erzählen Sie mir das alles?«, fragte ich ihn schließlich.

»Weil das Zimmer fast fertig ist und ich mich noch nicht bei ihr bedankt habe. Ich habe vor, ihr zum Dank ein großes Geschenk zu machen, wenn die Arbeiten abgeschlossen sind.«

»Aber warum bedanken Sie sich nicht gleich bei ihr?«, hakte ich nach.

»Weil ich warten will. Es wird wesentlich mehr Eindruck machen, wenn alles erledigt ist.«

»Mag schon sein«, sagte ich. »Aber glauben Sie, dass Ihre Frau etwas dagegen hätte, wenn Sie ihr schon jetzt danken und Ihren Dank dann später noch mal mit einer größeren Geste unterstreichen würden, wenn Ihr neuer Raum fertig ist? Glauben Sie wirklich, Sie hätte etwas dagegen, dass Sie sich zweimal bei ihr bedanken?«

Dankbarkeit ist eine Fähigkeit, die wir gar nicht oft genug zur Schau stellen können. Und doch setzen wir sie aus irgendeinem Grund geizig und sparsam ein – wie einen seltenen Bordeaux, den wir nur zu besonderen Anlässen servieren. Doch Dankbarkeit ist keine begrenzte Ressource, und sie kostet uns auch nicht viel. Sie ist so reichlich vorhanden wie Luft. Wir saugen sie ein, vergessen aber, sie wieder auszuatmen.

Von allen Verhaltensänderungen, mit denen wir uns in diesem Buch beschäftigen, sollte diese eigentlich am leichtesten zu bewältigen sein. Suchen Sie sich eine Sache, für die Sie dankbar sind. Identifizieren Sie Ihren Wohltäter. Sagen Sie ihm oder ihr: »Danke.« Tun Sie es sofort!

Alles Weitere, das Sie über das Ausdrücken von Dankbarkeit wissen müssen, lernen Sie in Kapitel 10.

Gewohnheit 18: Den Überbringer schlechter Nachrichten bestrafen

Den Überbringer schlechter Nachrichten zu bestrafen ist so, als mischte man die schlimmsten Elemente anderer schlechter Gewohnheiten zusammen – keine Anerkennung zollen, Erfolge anderer für sich beanspruchen, anderen die Schuld geben, destruktive Bemerkungen machen, nicht Danke sagen und nicht zuhören –, und rundete dieses Gebräu dann noch mit einer Prise Wut ab.

Diese Praxis lässt sich ständig beobachten, im Kleinen ebenso wie im Großen.

Sie offenbart sich nicht nur in den ungerechten Vergeltungsmaßnahmen, die wir gegen einen Informanten ergreifen, oder in der Standpauke, die wir einem Mitarbeiter halten, der uns etwas erzählt hat, was wir nicht gerne hören.

Sie äußert sich auch in den kleinen, alltäglichen Reaktionen, die wir im Laufe des Tages nach außen tragen, zum Beispiel, wenn uns etwas lästig ist oder wir enttäuscht sind. Solange uns niemand darauf hinweist, merken wir meist nicht einmal, dass wir unseren Frust den ganzen Tag hindurch immer wieder an den Überbringern der schlechten Nachrichten auslassen.

Dazu zählt das kurze, empörte Schnauben, das Ihnen entfährt, wenn Ihre Assistentin rückmeldet, dass der Chef zu beschäftigt ist, um Sie zu empfangen. Es ist es nicht ihre Schuld, dass der Chef Ihnen aus dem Weg geht. Aber sie wird Ihre Reaktion als Vorwurf gegen ihre eigene Person interpretieren.

Dazu gehört auch der Kraftausdruck, den Sie sich nicht verkneifen können, wenn ein Untergebener in einem Meeting mitteilt, dass ein Geschäft geplatzt ist. Hätten Sie ruhig gefragt »Was ist schiefgelaufen?«, wäre kein Schaden entstanden. Der Mitarbeiter hätte berichtet, wie es dazu kam, und alle Anwesenden hätten etwas daraus gelernt. Doch Ihr kleiner Wutausbruch sendet eine andere Botschaft. Er signalisiert: »Wenn du deinen Chef verärgern willst, überrasche ihn mit schlechten Nachrichten.«

Doch wir bestrafen nicht nur die Überbringer schlechter Nachrichten. Wir stoßen auch vielfach Menschen vor den Kopf, die uns eigentlich nur eine hilfreiche Warnung zukommen lassen wollten – dass die Ampel auf Rot gesprungen ist, dass wir im Begriff sind, mit zwei unterschiedlichen Socken aus dem Haus zu gehen, was auch immer. Wir reißen ihnen den Kopf ab oder streiten uns mit ihnen, obwohl sie uns nur helfen wollten.

Wenn es Ihr erklärtes Ziel ist, die Menschen davon abzuhalten, Ihnen Informationen – jeglicher Art – zukommen zu lassen, dann arbeiten Sie ruhig weiter fleißig an Ihrem Ruf, die Überbringer von schlechten Nachrichten zu bestrafen.

Wenn Sie diese negative Verhaltensweise hingegen ablegen möchten, müssen Sie nur eins tun: »Danke« sagen.

Ich selbst bin fast jede Woche des Jahres auf Reisen, aber ich achte peinlich genau darauf, an den Wochenenden zu Hause zu sein. Deshalb sitze ich fast immer am Sonntagnachmittag oder Montagmorgen im Auto auf dem Weg zum Flughafen. Inzwischen habe ich eine große Routine darin entwickelt, meine Abfahrt in Richtung Flughafen bis zur letzten Minute hinauszuzögern. Und natürlich wird es Sie daher nicht überraschen, wenn ich Ihnen erzähle, dass ich es dann meistens sehr eilig habe, dorthin zu gelangen. Einmal begleitete mich meine Familie zum Flughafen. Meine Frau Lyda saß auf dem Beifahrersitz und meine beiden Kinder, Kelly und Bryan, saßen hinten. Wie immer war ich zu spät dran, fuhr viel zu schnell und war unaufmerksam. Plötzlich sagte Lyda (die zu allem Überfluss auch noch einen Doktortitel in klinischer Psychologie hat): »Pass auf! Da vorne ist eine rote Ampel!«

Die Tatsache, dass ich ausgebildeter Verhaltenswissenschaftler bin und *anderen* beibringe, dass es wichtig ist, empfänglich für Informationen zu sein und ihre Mitmenschen dazu zu ermutigen, ihnen Feedback zu geben, war in diesem Moment völlig irrelevant. Natürlich schrie ich meine Frau an: »Ich weiß, dass die Ampel rot ist! Glaubst du, ich bin blind? Du bist hier nicht die Einzige, die gut Auto fahren kann!«

Am Flughafen angekommen, verzichtete Lyda aus irgendeinem Grund auf ihr übliches Abschiedsritual. Sie gab mir keinen Kuss und sagte kein Wort. Sie ging einfach nur um den Wagen herum, setzte sich hinter das Steuer und fuhr davon.

Hm, dachte ich. Sie wird doch nicht wütend auf mich sein?

Während des sechsstündigen Fluges nach New York führte ich eine Kosten-Nutzen-Analyse durch. Ich fragte mich: »Was hat es mich gekostet, dass Lyda mir sagte: ›Da vorne ist eine rote Ampel.‹?« Nichts. »Und wie hoch war der potenzielle Nutzen? Welche Ersparnis hätte ich daraus ziehen können?« Auf einen Schlag kamen mir alle möglichen Vorteile in den Sinn: Die Ersparnis des Verlustes meines Lebens, ihres Lebens, der Leben unserer Kinder und der Leben weiterer unschuldiger Menschen.

Wenn uns jemand etwas anbietet, das einen enormen potenziellen Nutzen hat und uns absolut nichts kostet, gibt es nur eine passende Erwiderung: »Danke!«

Geplagt von Schuld- und Schamgefühlen landete ich in New York, rief sofort bei Lyda an und erzählte ihr von meiner Kosten-Nutzen-Analyse. »Wenn du mir das nächste Mal beim Fahren hilfst, werde ich einfach Danke sagen«, versicherte ich ihr.

»Aber natürlich wirst du das tun!«, entgegnete sie (den Sarkasmus in ihrer Stimme gab es gratis zu ihrer Antwort dazu).

»Warte nur ab. Ich werde mich bessern!«

Nachdem ein paar Monate vergangen waren und ich diesen Vorfall schon längst vergessen hatte, war ich wieder einmal in Höchstgeschwindigkeit und geistesabwesend unterwegs zum Flughafen, als Lyda erneut ausrief: »Pass auf, da kommt eine rote Ampel!« Ich lief zornesrot an, begann schwer zu atmen, verzog mein Gesicht zu einer Grimasse – und brüllte: »Danke!«

Ich bin weit davon entfernt, perfekt zu sein. Aber ich bin auf einem guten Weg!

Wenn Ihnen das nächste Mal jemand einen Ratschlag gibt oder Ihnen bei etwas so Wichtigem wie dem Autofahren »hilft«, dann bestrafen Sie ihn bitte nicht. Sagen Sie einfach nichts. Beißen Sie sich auf die Zunge – es sei denn, sie wollen »Danke« sagen.

Gewohnheit 19: Anderen die Schuld geben

Andere zum Sündenbock zu machen ist auch eine dieser »hybriden« Schwächen, die mehrere negative Verhaltensweisen in sich vereint. Man nehme eine gesunde Portion der beiden Bedürfnisse, stets gewinnen zu wollen und Ausreden zu erfinden, und vermische sie mit der Weigerung, sich zu entschuldigen und die gebührende Anerkennung zu zollen. Man gebe noch eine Prise der Neigung hinzu, die Überbringer schlechter Nachrichten zu bestrafen und ein wenig Wut ... und heraus kommt die Gewohnheit, immer anderen die Schuld zu geben. Wir geben anderen die Schuld für unsere eigenen Fehler.

Dies ist eine Verhaltensschwäche, nach der wir unsere Vorgesetzten beurteilen – eine negative Eigenschaft, die genauso schwer wiegt wie positive Attribute, zum Beispiel Intelligenz, Mut und Einfallsreichtum. Einem Anführer, der nicht in der Lage ist, die Schuld auf sich zu nehmen, werden wir nicht blind in eine Schlacht folgen. Denn in diesem Fall stellen wir instinktiv seinen Charakter, seine Verlässlichkeit und seine Loyalität infrage. Und wir werden uns davor hüten, ihm unsere eigene Loyalität zu schenken.

Im Gegensatz zu den meisten anderen hier thematisierten Fehlern, die häufig recht subtil daherkommen und sich durch geschickte Rhetorik kaschieren lassen, zählt das Abwälzen der Verantwortung zu der Kategorie von Charakterschwächen, die unser Umfeld sofort aufhorchen lassen – es ist so schwer zu tarnen wie lautes Rülpsen in der Öffentlichkeit. Alle merken es, wenn wir versuchen, die Schuld auf andere zu schieben – und der Eindruck, den wir dadurch hinterlassen, ist gewiss kein guter. Oder hat Ihnen schon einmal jemand gesagt: »Wir halten Sie für eine großartige Führungspersönlichkeit, weil Sie außerordentlich geschickt darin sind, die Verantwortung von sich auf andere abzuwälzen.«? Oder: »Ich fand immer, dass Sie jede Menge dumme Fehler machen, aber ich habe meine Meinung über Sie revidiert, als Sie die Verantwortung von sich gewiesen und gezeigt haben, dass ein anderer schuld war.«

Jede Schuld von sich zu weisen ist die dunkle Kehrseite der Neigung, Anerkennung einzufordern, die eigentlich andere verdient haben. Während wir im letzteren Fall andere um ihren rechtmäßig erarbeiteten Ruhm bringen, bürden wir ihnen durch das Abwälzen unserer Schuld zu Unrecht die Schande unseres Versagens auf.

Das Bemerkenswerte dabei ist, dass wir, anders als bei den übrigen hier besprochenen – und oft unbewussten – Schwächen, niemanden brauchen, der uns vor Augen führt, dass wir anderen die Schuld in die Schuhe geschoben haben. Denn wir haben es in vollem Bewusstsein getan. Wir wissen, dass wir die Schuld für einen Misserfolg auf uns nehmen sollten, aber wir können uns nicht dazu durchringen, es auch tatsächlich zu tun. Also suchen wir uns einen Sündenbock.

Mit anderen Worten: Wir wissen, dass wir uns eines zwischenmenschlichen »Verbrechens« schuldig machen, aber wir tun es trotzdem.

Mit dieser Verhaltensschwäche bekam ich es zu tun, als ich einst einen Medienmanager namens Sam coachte. Sam war ein Erfolgsmensch und im Begriff, die Karriereleiter innerhalb seines Unternehmens immer weiter nach oben zu klettern. Doch der CEO, der mich angeheuert hatte, war der Meinung, es mangle ihm an Führungsqualitäten. Ich sollte nun herauszufinden, warum die Kollegen nicht gerne unter Sams Führung arbeiteten.

Nachdem ich die betroffenen Mitarbeiter befragt hatte, lag der Grund schnell auf der Hand. Sam hatte eine hervorragende Nase für junge Talente und eine hohe Sozialkompetenz, was ihm im Umgang mit anspruchsvollen Produzenten und Autoren sehr zugute kam. Außerdem hatte er ein goldenes Händchen bei der Auswahl der richtigen, ertragreichsten Projekte. Es schien, als könne er nichts falsch machen, und er ging auch selbst nur allzu gerne mit diesem Nimbus der Unfehlbarkeit hausieren. Dieses Image der Unverwundbarkeit erklärte zudem nachvollziehbar, weshalb er nahezu kometenhaft schnell in eine leitende Position aufgestiegen war. Er galt als Siegertyp, als jemand, der es noch weit bringen würde.

Doch genau dieser Anschein der Unfehlbarkeit war gleichzeitig auch Sams Achillesferse. Ein Mensch, der glaubt, nichts falsch machen zu können, wird es in der Regel nicht gerne zugeben, wenn er sich doch einmal geirrt hat. Und so ergab das Feedback über Sam auch, dass er just immer dann nicht zur Stelle war, wenn eines seiner Projekte in Schieflage geriet oder eine Idee nicht funktionierte. Seine Gabe, absolute Gewinnerprojekte auszuwählen, wurde nur noch übertroffen von seinem Talent, die Schuld auf andere zu schieben, wenn eines von ihnen doch einmal floppte.

Das war seine Art, die Verantwortung auf andere abzuwälzen. Natürlich machte er sich mit diesem Verhalten keine Freunde und qualifizierte sich in den Augen seiner Kollegen auch nicht gerade für noch höhere Führungspositionen.

Als ich mich mit ihm zusammensetzte, um dieses Feedback zu besprechen, sagte er sofort: »Sie müssen mir das Ergebnis nicht mitteilen. Ich weiß schon, was man Ihnen erzählt hat. Die Leute sagen, dass ich nicht gerne Verantwortung übernehme.«

»Das stimmt«, entgegnete ich. »Die Leute denken, dass Sie gerne anderen die Schuld in die Schuhe schieben. Deshalb verlieren Sie die Achtung vor Ihnen. Mit diesem Verhalten werden Sie es weder hier noch in einem anderen Unternehmen bis an die Spitze schaffen. Wie kommt es, dass Sie Bescheid wissen und trotzdem nichts ändern?«

Auf meine Frage gab Sam keine Antwort. Selbst jetzt, da das Feedback offen auf dem Tisch lag, fiel es ihm schwer, seine Schuld zu bekennen. Aber da nur er und ich uns im Raum befanden, hatte er niemanden, den er zum Sündenbock erklären konnte.

Ich blickte mich in seinem Büro um und entdeckte überall Baseball-Souvenirs. Also beschloss ich, ihn durch ein Gespräch über Baseball aus der Reserve zu locken.

»Niemand ist perfekt«, setzte ich an, indem ich eine plumpe Wahrheit zitierte. »Keiner von uns hat immer recht. In der Major League wurden schon mehr als eine Million Spiele ausgetragen, und nicht einmal dreißig davon könnte man als ›perfekte‹ Spiele bezeichnen. Mal waren die Schläge schlecht, mal brachte keiner einen Walk zustande, mal schaffte es niemand auch nur bis auf die erste Base. Selbst die größten Schlagmänner aller Zeiten, wie Ty Cobb oder Ted Williams, kassierten in ihren besten Jahren in 60 Prozent aller Fälle ein ›Out‹. Warum glauben Sie, dass Sie besser sein müssen als Ted Williams?«

»Ich schätze, ich muss einfach immer perfekt sein«, antwortete Sam. »Also wälze ich jede Unvollkommenheit lieber auf andere ab.«

Die nächste Stunde verbrachten wir damit, das Paradox zu besprechen, dass Sams Gefühl der Unfehlbarkeit ihn in den Augen seiner Kollegen nur umso fehlbarer erscheinen ließ. Während Sam glaubte, durch sein Verhalten würde er seinen Ruf als guter Entscheidungsträger wahren, dachten alle anderen, er wolle sich nur aus der Verantwortung stehlen. Diese Eigenschaft war derart unattraktiv, dass sie alle positiven Eigenschaften von Sam verblassen ließ.

Das Ironische an der Sache ist, dass Unfehlbarkeit nichts als ein Mythos ist. Niemand erwartet von uns, dass wir immer recht behalten. Aber wenn wir uns einmal irren, wird natürlich von uns erwartet, dass wir auch dazu stehen. Insofern bietet uns ein Irrtum sogar eine Chance – die Chance zu zeigen, was für eine Art von Mensch und Führungskraft wir sind. Die Verbraucher beurteilen Dienstleister weniger danach, ob sie ihre Sache gut machen (denn das setzen sie ohnehin voraus), sondern vielmehr danach, wie sie sich verhalten, wenn sie einen Fehler gemacht haben. In der Arbeitswelt ist es genauso. Wie Sie zu Ihren Fehlern stehen, hinterlässt bei Ihren Kollegen einen größeren Eindruck als die Art und Weise, in der Sie Ihre Erfolge zelebrieren.

Als Sam erkannt hatte, dass er seine Karriere gefährdete, indem er ständig die Schuld auf andere schob, konnte er einen Prozess der Veränderung einleiten. Es war kein schwieriger Prozess, aber er dauerte seine Zeit. Als Erstes musste sich Sam bei allen Mitarbeitern für sein Verhalten in der Vergangenheit entschuldigen. Er versprach ihnen, es in Zukunft besser zu machen, und bat sie, ihm dabei zu helfen, sich zu ändern, und ihm Tipps zu geben, wie er zu einem besseren Vorgesetzten werden könnte. Außerdem forderte er sie noch auf, ihn darauf hinzuweisen, wenn er wieder einmal versuchen sollte, die Verantwortung an sie abzuwälzen. Dann wollte er ihnen dafür danken, selbst wenn er sich nicht sicher war, ob sie recht hatten. In dieser Weise musste er ab sofort konstant verfahren, denn jeder Rückfall in alte Muster würde seine ganzen Bemühungen um Veränderung zunichtemachen. Sam hielt sich gewissenhaft an unseren Plan – mit Erfolg: Im Laufe der Zeit löste sich sein Ruf, immer anderen die Schuld zu geben, in Luft auf. Achtzehn Monate später, bei meiner finalen Umfrage unter seinen Kollegen, erzielte Sam bei Thema »Übernahme von Verantwortung« nahezu einhundert Prozent.

Wenn auch Sie dazu neigen, immer andere zum Sündenbock zu machen, sind Sie sich dessen wahrscheinlich längst bewusst. Mein Ziel ist es, Ihnen klarzumachen, dass Sie, vielleicht mit Ausnahme von sich selbst, niemandem etwas vormachen können – und dass Sie, auch wenn Sie noch so sehr davon überzeugt sind, Sie würden durch dieses Verhalten nur Ihren Ruf wahren, in Wirklichkeit dabei sind, ihn dadurch immer weiter zu zerstören.

Gewohnheit 20: Übertriebene Selbstbezogenheit

Wir alle haben jede Menge Verhaltensweisen, die unser »Ich« definieren. Dabei handelt es sich um chronische Gewohnheiten – positive wie negative –, die wir für einen unveränderlichen Teil unseres Wesens halten.

Wenn wir zu den Menschen gehören, die nie zurückrufen, nachdem sie zuvor nicht erreichbar waren, erteilen wir uns quasi jedes Mal eigenmächtig die Absolution, dass dieses Verhalten völlig in Ordnung ist. Vielleicht sind wir überlastet, schlicht unhöflich, oder wir gehen davon aus, dass die Leute im Zweifelsfall sicher noch mehrmals anrufen werden, wenn es wirklich wichtig ist. Wir denken für uns: »Hey, so bin ich nun mal. Finde dich damit ab.« Diese Gewohnheit zu ändern, würde unserem Wesen völlig zuwiderlaufen. Dann wären wir nicht mehr »authentisch«.

Wenn wir unverbesserliche Aufschieber sind und regelmäßig die Zeitpläne anderer Leute ruinieren, dann tun wir das nur, weil wir »uns selbst« eben treu bleiben.

Wenn wir immer unsere Meinung kundtun, egal wie verletzend oder trivial sie auch sein mag, nehmen wir uns lediglich das Recht heraus, »ganz wir selbst« zu sein.

Sicher können Sie sich vorstellen, wie leicht es uns irgendwann fallen würde, eine letzte Grenze zu überschreiten und aus unseren Fehlern eine Tugend zu machen – weil diese Fehler eben vorgeblich ausmachen, wer wir wirklich sind. Diese fehlgeleitete Loyalität gegenüber unserem wahren Ich – diese übertriebene Selbstbezogenheit – ist eine der größten Hürden, die es zu überwinden gilt, wenn wir unser Verhalten langfristig zum Positiven verändern möchten. Doch es muss gar nicht so schwer sein.

Vor einigen Jahren arbeitete ich mit einem Spitzenmanager zusammen, dessen größtes Problem nachweislich darin bestand, dass er nicht imstande war, die Leistungen seiner Mitarbeiter positiv zu würdigen.

Als ich mit ihm seine Feedback-Ergebnisse durchging, sagte ich: »Das ist wirklich bemerkenswert. In sieben Schlüsselkategorien haben Sie die höchsten Werte, die ich je gesehen habe. Und dann gibt es da noch diese eine Kategorie – die Leistungen anderer zu würdigen –, bei der kein einziger Mitarbeiter Ihnen ein gutes Zeugnis ausstellt.«

»Und was soll ich dagegen tun? Soll ich anfangen Leute zu loben, die es gar nicht verdient haben?«, erwiderte er. »Ich will nicht wie ein Schleimer wirken.«

»Ist das Ihre Ausrede? Sie wollen nicht wie ein Heuchler wirken?« fragte ich zurück.

»So ist es, das will ich auf keinen Fall.«

So ging es noch eine Weile hin und her. Mein Klient versuchte geradezu verbissen, sein schlechtes Abschneiden beim Thema Anerkennung zu rechtfertigen. Er habe nun einmal hohe Ansprüche, denen die Menschen nicht immer gerecht wurden. Er wolle Lob nicht nach dem Gießkannenprinzip verteilen, weil das den Wert des wirklich verdienten Lobes schmälern würde. Er sei überzeugt, dass die positive Erwähnung einzelner Mitarbeiter das Team schwächen könne. In dieser Manier machte er immer weiter und hielt ein flammendes Plädoyer voller Spitzfindigkeiten und kleinlicher Begründungen.

Schließlich unterbrach ich ihn mir den Worten: »Egal, was Sie sagen, ich glaube nicht, dass Sie ein Problem damit haben, andere zu loben. Und es hat auch nichts damit zu tun, dass Sie fürchten, wie ein Schleimer dazustehen, wenn Sie es tun. Das eigentliche Problem ist Ihr limitiertes Selbstbild. Für Sie ist ein Schleimer der Inbegriff all dessen, was … *Sie* nicht sind! Und auch wenn Sie andere loben, denken Sie: »Das bin nicht ich.«

Also machten wir uns gemeinsam daran, eine Antwort auf die Frage »Warum bin das nicht ich?« zu finden.

Das Feedback meines Klienten bewies, dass er viele Eigenschaften besaß, die ein positives Bild seiner Person zeichneten – und die er auch akzeptierte. Um ihm dabei zu helfen, sich zu ändern, bestand meine Aufgabe nun darin, ihm die Angst davor zu nehmen, sein Selbstbild um ein weiteres definierendes Merkmal zu ergänzen. Ich musste ihn dazu bringen, sich in Zukunft auch als Chef zu definieren, der gut darin ist, anderen seine Anerkennung zu zeigen.

Also fragte ich ihn: »Warum kann das nicht auch ein Teil Ihres Wesens sein? Wäre das etwa unmoralisch, illegal oder unethisch?«

»Nein«

»Würden sich Ihre Mitarbeiter dadurch besser fühlen?«

»Ja.«

»Würden Sie noch bessere Leistungen erbringen, wenn Sie sie positiv bestärken würden?«

»Wahrscheinlich schon.«

»Würde das Ihrer Karriere nutzen?«

»Möglicherweise.«

»Und warum fangen Sie dann nicht endlich damit an?«

Er lachte: »Weil das nicht ich wäre.«

Das war der Moment, in dem aus der Veränderung eine Chance wurde – als mein Klient erkannte, dass das strenge Festhalten an seinem Selbstverständnis nichts als sinnlose Eitelkeit war. Wenn er seine »übertriebene Selbstbezogenheit« ablegen könnte, würde er sich nicht mehr wie ein Heuchler fühlen. Er könnte aufhören, nur *an sich selbst* zu denken, und damit beginnen, sich so zu verhalten, dass es auch *anderen* nützen würde.

Und wirklich: Als er aufhörte, sich krampfhaft an sein altes Selbstbild zu klammern, nahm er auch von den kleinlichen Begründungen Abstand, mit denen er sein Verhalten bis dato verteidigt hatte. Er erkannte allmählich, dass seine Mitarbeiter talentierte, hart arbeitende Menschen waren, die seine Anerkennung tatsächlich verdient hatten. Er erkannte, dass es seinem Ruf als anspruchsvoller Vorgesetzter nicht schadete, wenn er ihnen gratulierte, auf die Schulter klopfte, ihre Ideen in Meetings lobend hervorhob oder einen ihrer Berichte durch eine handgeschriebene Wertschätzung wie »Gute Arbeit!« adelte – auch wenn die Leistung nicht 100-prozentig perfekt war. Der Lohn seiner Mühen – eine verbesserte Arbeitsmoral und Leistung – war enorm. Innerhalb eines Jahres stieg seine Bewertung in der Kategorie »Positive Bestärkung« auf dasselbe hohe Niveau wie in den anderen Kategorien – und das alles nur, weil es ihm endlich gelungen war, seine übertriebene Selbstbezogenheit abzulegen.

Die Ironie dieser Entwicklung entging ihm dabei natürlich keineswegs. Je weniger er auf sich konzentriert war und je mehr er auf die Gefühle seiner Mitarbeiter achtete, desto mehr profitierte er selbst davon. Sein Ruf als Manager schoss steil nach oben. Seine Karriere ebenfalls.

Das ergibt eine interessante Gleichung: Weniger ich + mehr sie = Erfolg. Rufen Sie sich diese Formel ins Gedächtnis, wenn Sie wieder einmal feststellen, dass Sie sich gegen Veränderungen sträuben, weil Sie sich an ein falsches – oder nutzloses – Selbstbild klammern. Es geht nicht um Sie. Es geht darum, was andere Leute von Ihnen halten.

KAPITEL 5

Die 21. Gewohnheit: Zielbesessenheit

Es hat seinen Grund, warum ich der Zielbesessenheit in diesem Abschnitt über unsere zwischenmenschlichen Herausforderungen einen besonderen Platz einräume. An und für sich ist es keine Schwäche, von einem Ziel besessen zu sein. Im Gegensatz zu übermäßigem Einmischen oder der Bestrafung des Überbringers schlechter Nachrichten – oder einer der anderen 20 lästigen Gewohnheiten, die ich im vergangenen Kapitel vorgestellt habe – ist die Zielbesessenheit keine Transaktion; sie ist nichts, was Sie anderen Menschen antun. Allerdings ist sie jedoch häufig die Wurzel allen Übels und der Grund negativen Verhaltens.

Zielbesessenheit verwandelt uns in einen Menschen, der wir gar nicht sein sollten. Die Zielbesessenheit ist eine dieser paradoxen Eigenschaften, die wir als Motor für unseren Erfolg verstehen. Sie ist die Kraft, die uns motiviert, trotz aller Widrigkeiten unseren Job zu erledigen – und zwar perfekt.

Das ist meistens eine ziemlich wertvolle Eigenschaft und es ist schwer, Menschen dafür zu kritisieren, dass sie alles zu 100 Prozent richtig machen wollen (vor allem, wenn man bedenkt, dass die Alternative ein schludriges Ergebnis wäre). Doch wenn wir es mit unserer

Zielbesessenheit übertreiben, kann sie zu einer eklatanten Ursache für Misserfolge werden.

Ganz allgemein ausgedrückt ist Zielbesessenheit immer dann im Spiel, wenn wir so sehr in das Erreichen unseres Ziels vertieft sind, dass wir dabei eine größere Mission aus den Augen verlieren.

Der Grund für unsere fehlgeleitete Besessenheit ist häufig der, dass wir nicht wissen, *was wir in Wirklichkeit in unserem Leben erreichen wollen.* Wir glauben, wir wären endlich glücklich (oder zumindest glücklicher), wenn wir mehr Geld verdienen, zehn Kilo abnehmen oder das schöne Eckbüro bekommen würden. Also verfolgen wir diese Ziele unerbittlich. Was uns in der Regel jedoch erst wesentlich später bewusst wird, ist, dass wir in unserem fanatischen Bestreben, mehr Geld zu verdienen, womöglich genau die geliebten Menschen – zum Beispiel unsere Familie – vernachlässigen, für die wir dieses Geld eigentlich verdienen wollen. Dass wir unseren Körper durch den manischen Versuch, unser Gewicht mittels extremer Diäten zu reduzieren, eventuell kränker als gesünder machen. Dass wir bei unserem verbissenen Kampf um das Eckbüro unter Umständen genau diejenigen Arbeitskollegen vor den Kopf stoßen, deren Unterstützung und Loyalität wir später noch brauchen werden, um in diesem Eckbüro bleiben oder noch weiter aufsteigen und noch repräsentativere Räumlichkeiten ergattern zu können. Wir richten uns also quasi nach einer Straßenkarte, die in die vermeintlich richtige Richtung führt, landen aber in der falschen Stadt.

Ein weiterer Grund für unsere Zielbesessenheit beruht auf einem Missverständnis darüber, *was andere von uns erwarten.* Wenn unser Chef fordert, dass der Umsatz unseres Unternehmens in diesem Jahr um zehn Prozent steigen muss, zwingt unsere Zielbesessenheit uns im Fall der Fälle – wenn alles danach aussieht, als würden wir dieses Ziel verfehlen – bisweilen dazu, zu fragwürdigen, unlauteren Methoden zu greifen, um das Ziel doch noch zu erreichen. Mit anderen Worten: Das ehrenhafte Streben in Richtung eines schwierigen Ziels, das ein anderer uns gesetzt hat, macht uns zu Betrügern. Und sofern wir unser Tun einmal kritisch hinterfragen, werden wir feststellen, dass wir weniger davon besessen sind, die Zehn-Prozent-Marke zu knacken, sondern dass es uns in Wahrheit vielmehr darum geht, unseren Chef zufriedenzustellen. Das Problem ist nur, dass wir das entweder nicht sehen oder es uns nicht eingestehen wollen. Wundert es da noch, dass wir falschen Werten nacheifern? Zielbesessenheit verzerrt unseren Sinn für Recht und Unrecht.

Die Folge? Während wir verbissen unseren Zielen hinterherrennen, werfen wir all unsere Manieren über Bord. Zu anderen sind wir nur dann nett, wenn sie uns helfen können, unsere Zielsetzung zu erreichen. Wer uns nichts nützt, wird einfach zur Seite gestoßen. Ohne es zu wollen, können wir auf diese Weise selbstverliebte Intriganten werden, die nur ihr eigenes Wohl im Kopf haben.

Einmal arbeitete ich mit einer Marketingleiterin namens Candace zusammen. Auf den ersten Blick schien Candace das Paradebeispiel einer Frau, die einfach alles erreicht hatte: 38 Jahre alt, glücklich verheiratet, zwei gesunde und muntere Kinder. Mit ihrer dynamischen Art und ihrer großen Kompetenz hatte sie es auch beruflich weit gebracht, weshalb ihr Arbeitgeber ihr gleich zwei persönliche Assistenten zur Seite stellte. Ihre Mitarbeiter bewunderten sie für ihre Kreativität, ihr souveränes Auftreten – und nicht zuletzt auch für die bahnbrechenden Ergebnisse, die sie erzielte. Sie übertraf sämtliche Erwartungen regelmäßig bei Weitem und die Wände ihres Büros waren mit zahlreichen Plaketten und Urkunden gepflastert, weil Branchenmagazine sie unter anderem schon wiederholt zur »Marketingmanagerin des Jahres« gekürt hatten. Bei ihrem CEO galt sie als Wunschkandidatin für seine Nachfolge.

Sie fragen sich, wo nun der Fehler in diesem Bild war? Candace hatte ein Problem: Es gelang ihr nicht, ihre talentierten Mitarbeiter zu halten. Viele von ihnen ließen sich in andere Abteilungen versetzen oder verließen das Unternehmen gleich ganz. Ich sollte nun herausfinden, warum die Leute nicht für so eine Powerfrau arbeiten wollten.

Im Gespräch mit Candace' Kollegen wollte niemand ihren ausgeprägten Ehrgeiz kritisieren. Man lobte sie dafür, dass sie sich äußerst scharf umrissene Ziele setzte: Sie wollte ein »Superstar« auf ihrem Gebiet werden – und sie war auf dem besten Weg dorthin. Bedauerlicherweise hatte Candace durch diese Zielbesessenheit etwas von ihrer

Wärme und ihrem ansonsten so sonnigen und optimistischen Naturell eingebüßt. Ihren Untergebenen erschien sie zunehmend härter und kälter. Einer von ihnen beschrieb diese Veränderung sogar so: »Mit ihrem Herzen könnte man einen Sechserpack Bier kühlen.«

Als ich noch ein wenig tiefer bohrte, beschwerte man sich außerdem einhellig darüber, dass Candace bei jedem Erfolg immer im Mittelpunkt stehen wollte. Sie war süchtig nach Ruhm. Zwar verweigerte sie niemandem die gebührende Anerkennung – Mitarbeiter, die eine großartige Kampagne ablieferten, wurden von Candace regelmäßig mit Lob nur so überschüttet –, doch wenn sie anschließend ihre Vorgesetzten über diesen Erfolg informierte, drängte sie sich stets in den Vordergrund.

Das war also ihre Schwäche. Ihre Zielbesessenheit hatte aus Candace eine Person gemacht, die ohne Ausnahme alle Anerkennung für sich beanspruchte, auch dann, wenn sie eigentlich andere verdient hatten.

Wenn ich ihr klarmachen könnte, dass ihr Ziel, ein »Superstar« zu sein (und nicht nur eine effektive Führungspersönlichkeit) ein Irrtum war, würde sich alles andere von selbst ergeben. Dann würde sie nicht mehr so verzweifelt versuchen, ihren Kollegen und Mitarbeitern die Anerkennung zu rauben. Stattdessen würde ihr womöglich klarwerden, dass Teamerfolge ihre Führungsqualitäten in ein deutlich positiveres Licht rücken würden.

Vielleicht verstehen Sie jetzt, weshalb ich der Zielbesessenheit ein eigenes Kapitel widme. Sie ist kein Verhaltensfehler, aber sie führt zu Verhaltensfehlern. Sie ist die Kraft, die unsere ansonsten beispielhaften Talente und unsere guten Absichten missbraucht und in etwas verwandelt, das nicht länger Anlass für Bewunderung bietet.

Es ist in Ordnung, wenn Sie Ihren Träumen nachjagen– aber Sie dürfen sie dabei nicht in Albträume verwandeln.

Denken Sie nur Nicholson, die Hauptfigur des Films *Die Brücke am Kwai*, für deren Verkörperung Alec Guinness den Oscar als bester Hauptdarsteller erhielt. In diesem Film spielt Guinness einen Kriegsgefangenen im ehemaligen Burma, der gezwungen wird, seine Mitgefangenen beim Bau einer Brücke für ihre japanischen Feinde anzuleiten. Nicholson ist äußerst integer, stets um Perfektion bemüht und ein großartiger Anführer – und damit bestens qualifiziert, um die ihm übertragene Aufgabe zu erfüllen. Also baut er nicht nur irgendeine Brücke, sondern er baut eine wunderschöne Brücke. Am Ende des Films muss er sie gegen seine Offizierskollegen verteidigen, die sie sprengen wollen, um zu verhindern, dass japanische Züge sie überqueren können. Kurz bevor Nicholson die Sprengung der Brücke letztlich selbst auslöst, werden wir Zeuge seiner erschreckenden Erkenntnis, als er den berühmten Satz sagt: »Was habe ich getan?« Er hatte sich so sehr auf sein Ziel – den Bau der Brücke – fixiert, dass er darüber völlig vergessen hatte, dass die eigentliche, größere Mission eine andere war: den Krieg zu gewinnen. So sieht Zielbesessenheit aus. Unser Streben nach einem erfolgreichen Ergebnis kann unter Umständen dazu führen, dass wir unserem Unternehmen, unserer Familie und uns selbst letztendlich mehr schaden als nützen.

Die Häuserschluchten der Wall Street sind übersät mit den Opfern ihrer eigenen Zielbesessenheit. Einmal fragte ich einen hart arbeitenden Finanzhai: »Mike, warum arbeitest du eigentlich immer?« Er antwortete mir: »Warum wohl? Glaubst du etwa, ich bin gerne hier? Ich arbeite so hart, weil ich eine Menge Geld verdienen will!«

Ich ließ nicht locker: »Brauchst du denn wirklich so viel Geld?«

»Inzwischen schon«, sagte Mike, während er eine Grimasse schnitt. »Ich habe mich gerade zum dritten Mal scheiden lassen. Dank der drei Unterhaltsschecks, die ich jeden Monat ausstellen muss, bin ich so gut wie pleite.«

»Aber warum lässt du dich denn auch immer wieder scheiden?«, fragte ich weiter.

Die Antwort klang wie ein trauriger Seufzer. »Alle meine drei Frauen haben sich ständig darüber beschwert, dass ich so viel arbeite. Die haben ja keine Ahnung, wie schwer es ist, so viel Geld zu verdienen!«

Man könnte schon fast über diese Art klassischer Zielbesessenheit schmunzeln – wäre die Ironie dieser Geschichte (oder besser gesagt, die Unfähigkeit, die Ironie zu erkennen) nicht so schmerzhaft.

Eines der ironischsten Beispiele für Zielbesessenheit ist das »Barmherziger Samariter«-Experiment, das 1973 von den Sozialpsychologen John Darley und Daniel Batson in Princeton durchgeführt wurde. In dieser viel beachteten Studie wurde eine Gruppe von Theologiestudenten gebeten, in einer Kapelle auf der anderen Seite des Campus eine Predigt über das Gleichnis des barmherzigen Samariters zu halten. Dabei teilte man gezielt einem Drittel von ihnen mit, sie seien bereits spät dran und müssten sich beeilen, weil sie schon erwartet würden. Weiterhin hatten Darley und Batson einen Schauspieler engagiert, dem die Testpersonen auf ihrem Weg über den Campus unweigerlich begegnen mussten und der die Rolle eines »Opfers« spielte, das hustete und dem es sichtlich schlecht ging. Neunzig Prozent der verspäteten ignorierten den Leidenden in ihrem Bestreben, schnell ans andere Ende des Campus zu gelangen. Dazu heißt es in der Studie sinngemäß: »Tatsächlich kam es gleich mehrfach vor, dass ein Seminarstudent auf dem Weg zu seinem Vortrag über das Gleichnis vom barmherzigen Samariter in seiner Eile buchstäblich über das Opfer hinwegstieg!«

Ich vermute, dass nur wenige bis gar keine dieser Theologiestudenten »schlechte Menschen« waren. Genau wie Colonel Nicholson waren auch sie sehr wahrscheinlich moralische, wohlmeinende Menschen, die fest an den Wert der Hilfe für andere glaubten. Doch ihre Zielbesessenheit trübte ihr Urteilsvermögen.

Sie fragen sich, warum Candace, Colonel Nicholson, Mike und die Theologiestudenten sich so verhielten?

Sie wollten ins Rampenlicht. Sie standen unter Druck! Sie waren in Eile! Sie hatten Fristen! Sie wollten etwas tun, das sie für wirklich wichtig hielten! Andere Menschen waren von ihnen abhängig!

Das sind die klassischen Voraussetzungen, die Zielbesessenheit begünstigen können. Großartiges Engagement. Hervorragende Disziplin. Beeindruckende Zielbesessenheit. Kurzsichtige Zielsetzung: das Rezept für eine Katastrophe.

Candace war auf dem Weg an die Spitze, doch um dorthin zu gelangen, trampelte sie auf ihren Unterstützern herum. Colonel Nicholson baute eine Brücke, aber er gewann keinen Krieg. Mike verdiente zwar Geld, verlor aber jede seiner Frauen. Die Theologiestudenten schafften es noch pünktlich auf die Kanzel, aber sie praktizierten nicht selbst, was sie anderen predigten.

Die Lösung ist einfach, aber niemals leicht. Sie müssen einen Schritt zurücktreten, durchatmen und das Gesamtbild betrachten. Prüfen Sie, welche Bedingungen Sie dazu bringen, sich auf die falschen Ziele zu versteifen.

Fragen Sie sich: Wann stehe ich unter Zeitdruck? Wann bin ich in Eile? Wann tue ich etwas, von dem man mir sagte, es sei wichtig? Wann sind andere Menschen von mir abhängig?

Wahrscheinlich lautet Ihre Antwort: Immer. Dies sind die klassischen Umstände der Zielbesessenen. Wir werden täglich und minütlich mit ihnen konfrontiert – und sie verschwinden nicht einfach. Umso wichtiger ist es, dass wir über unsere Arbeit nachdenken und sie mit dem Leben vergleichen, das wir eigentlich führen wollen. Und wir müssen uns überlegen: »Was tue ich?« und »Warum tue ich es?«

Fragen Sie sich selbst: »Erfülle ich hier einfach nur eine Zielsetzung – und vergesse dabei die eigentliche Mission meines Unternehmens?«

Verdienen Sie Geld, um Ihre Familie zu ernähren – und vergessen Sie dabei aber womöglich genau die Familie, für die Sie das alles tun? Treffen Sie pünktlich ein, um Ihren Mitarbeitern eine Predigt zu halten – und vergessen Sie dabei aber vielleicht, auch selbst das zu praktizieren, was Sie ihnen predigen?

Denn nachdem Sie sich so sehr bemüht haben, Ihre berufliche Kompetenz unter Beweis zu stellen, wollen Sie sich ja sicher nicht eines Tages in einer Sackgasse wiederfinden und sich fragen: »Was habe ich getan?«

DRITTER TEIL

Wie wir unser Verhalten zum Besseren verändern können

Lernen Sie eine Sieben-Schritte-Methode kennen, mit der Sie Ihre zwischenmenschlichen Beziehungen zum Positiven verändern und diese Veränderungen dauerhaft beibehalten können

Atmen Sie einmal tief durch.

Habe ich Ihnen im vorangegangenen Teil des Buchs einen Schrecken eingejagt? Habe ich Ihnen eine Arbeitswelt vor Augen geführt, in der es vor gespaltenen Persönlichkeiten nur so wimmelt, sodass Sie sich inzwischen fragen, ob Sie morgen überhaupt wieder zur Arbeit gehen sollen?

Keine Sorge, ganz so schlimm ist es nun auch nicht.

Wenn Sie einen Schritt zurücktreten und die zwischenmenschlichen Verhaltensfehler aus einer gesunden Distanz betrachten, werden Sie feststellen, dass bei den meisten von ihnen vor allem zwei bekannte Faktoren eine Rolle spielen: Informationen und Emotionen.

Der Journalist und Autor Tom Wolfe hat eine Theorie, die er als »Informationszwang« bezeichnet. Er ist davon überzeugt, dass Menschen ein überwältigendes Bedürfnis haben, anderen etwas mitzuteilen, das sie noch nicht wussten. Selbst dann, wenn es eigentlich nicht in ihrem eigenen Interesse ist. Tatsächlich fiele Journalisten ihr Job wahrscheinlich wesentlich schwerer, wenn es nicht dieses zwanghafte Mitteilungsbedürfnis gäbe. Dann würde niemand bei ihnen anrufen, um ihnen Tipps für eine gute Story zu geben, oder einem Interview zustimmen, oder Unternehmensgeheimnisse ausplaudern, oder ihnen wunderbare Zitate liefern.

Auch im Alltag entfaltet der Informationszwang regelmäßig seine volle Blüte. Er ist der Grund, weshalb wir unsere Freunde bei gemeinsamen Abendessen gerne mit esoterischen Fakten langweilen (obwohl wir ahnen, dass wir ihre Gastfreundschaft vielleicht gerade überstrapazieren), oder weshalb Kollegen so gerne in der Kaffeeküche tratschen (auch wenn ihnen bewusst ist, dass ihre Klatschgeschichten womöglich an die Leute, über die sie lästern, weitergetragen werden), oder warum uns Freunde viel zu viele Details über ihre Gesundheit oder ihr Liebesleben erzählen (auch wenn sie selbst lieber weghören, wenn wir den Spieß einmal umdrehen). Und er ist auch der Grund, weshalb die Phrase »Zu viele Informationen« in den alltäglichen Sprachgebrauch Einzug gehalten hat. Uns alle eint das überwältigende Bedürfnis, unser Wissen zu präsentieren und mit anderen zu teilen. Und das tun wir quasi exzessiv.

Lassen Sie Ihren Blick noch einmal über die 20 lästigen Gewohnheiten hinweggleiten, und Sie werden feststellen, dass mindestens die Hälfte von ihnen auf unserem Informationszwang beruht. Egal ob wir uns übermäßig einmischen, andere be- oder verurteilen, destruktive Kommentare abgeben, verkünden, dass wir etwas »längst wussten« oder anderen erklären, »warum das nicht funktionieren wird« – immer geben wir in diesen Fällen unserem zwanghaften Mitteilungsbedürfnis nach. Wir erzählen den Leuten etwas, das sie nicht wissen, und sind überzeugt, dass wir sie dadurch klüger machen oder sie zu besseren Leistungen inspirieren, obwohl wir eher das genaue Gegenteil bewirken. Wenn wir hingegen jemandem die gebührende Anerkennung verweigern, Lorbeeren ernten, die uns nicht zustehen, uns weigern, uns zu entschuldigen, oder unsere Dankbarkeit nicht zum Ausdruck bringen, enthalten wir anderen Informationen vor.

Wissen teilen oder es anderen vorenthalten. Das sind die beiden Seiten ein und derselben eingetrübten Medaille.

Die anderen Gewohnheiten wurzeln in einer anderen Art von Zwang, der auf Emotionen beruht. Wenn wir wütend werden, jemanden bevorzugen oder den Überbringer schlechter Nachrichten bestrafen, geben wir uns unseren Gefühlen hin – und stellen sie vor aller Welt zur Schau.

Informationen und Emotionen: Entweder wir teilen sie oder wir halten sie zurück.

Im Grunde genommen ist das auch in Ordnung so. Die Welt wäre ein deutlich gefährlicherer und wesentlich weniger interessanter Ort, wenn wir nicht wüssten, wie wir Informationen weitergeben oder zurückhalten. Informationen weiterzugeben, die anderen helfen, ist etwas Gutes. Und es ist ebenso gut, etwas zu verschweigen, wenn es Menschen schadet oder verletzt (der Grund, weshalb viele Geheimnisse gewahrt werden sollten). Dasselbe gilt auch für Emotionen. Manchmal lohnt es sich, sie mit anderen zu teilen. In anderen Situationen sind sie völlig unangebracht.

Auch auf die Gefahr hin, Sie mit zu vielen Informationen zu überfrachten, möchte ich an dieser Stelle noch eine weitere Dimension eröffnen. Wenn wir uns mit Informationen oder Emotionen befassen, müssen wir stets überlegen, ob das, was wir mitteilen, *angemessen* ist.

Angemessene Informationen sind alle Informationen, die ihrem Adressaten eindeutig helfen. Doch wenn wir zu weit gehen oder riskieren, jemanden damit zu verletzen, kommen wir schnell in den Bereich unpassender Informationen. Den Erfolg eines Konkurrenzunternehmens als reines Glück zu deklarieren, kann in Ordnung sein, wenn diese Aussage Ihre Mitarbeiter zu noch härterer Arbeit motiviert. Aber wenn eine derartige Information den Ruf anderer Menschen schädigt, ist es unangemessen, sie zu äußern. Instruktionen zählen in der Regel bis zu einem gewissen Grad zu den angemessenen Informationen. Doch es ist ein deutlicher Unterschied, ob Ihnen jemand einfach den Weg zu seinem Haus beschreibt oder Ihnen genau sagt, wo Sie unterwegs überall falsch abbiegen könnten. Letzteres ist unangebracht. Durch zu viele Details und Warnungen werden Sie sich irgendwann verirren, verwirrt stehenbleiben oder sich gar nicht erst auf den Weg machen wollen.

Ähnliches gilt auch für Emotionen. Liebe ist oft ein angemessenes Gefühl. Wut ist hingegen meist fehl am Platz. Aber selbst ein »Ich liebe dich« kann unangemessen sein, wenn wir es zu häufig oder in unpassenden Momenten aussprechen. Umgekehrt kann Wut mitunter ein nützliches Instrument sein, wenn wir sie sparsam und zum richtigen Zeitpunkt ausdrücken.

Bevor wir andere an unseren Informationen oder Emotionen teilhaben lassen, müssen wir uns deshalb immer fragen, *ob sie angemessen sind* und *wie viel davon wir preisgeben möchten.*

Mir ist klar, dass das grobe Verallgemeinerungen sind, obendrein bei einer delikaten Materie. Aber sie sollen Ihnen etwas Kontext liefern und als Bezugsrahmen dienen, um besser zu verstehen, welchen zwischenmenschlichen Herausforderungen wir uns stellen müssen. Wir wollen hier keine tiefsitzenden psychologischen »Tumore« sezieren, sondern lediglich unverblümte Fragen zu grundlegenden Verhaltensweisen stellen.

Verhalte ich mich angemessen?
Wie viel sollte ich preisgeben?

Während Sie den Empfehlungen in den folgenden sieben Kapiteln folgen, ist es durchaus ratsam, zwischendurch immer wieder einmal innezuhalten und diese Fragen als Leitfaden für alles, was Sie tun oder sagen, heranzuziehen. Ich werde Ihnen erklären, wie Sie Ihre individuellen Schwächen mithilfe von »Feedback« und »Feedforward« identifizieren können, wie Sie feststellen können, ob diese Schwächen Ihnen Steine in den Weg legen, und wie Sie lästige Verhaltensweisen ablegen können, um den Weg für Ihren persönlichen Erfolg freizumachen – und wie Sie erreichen, dass Ihre Kollegen auch Notiz von Ihrem veränderten Verhalten nehmen (was sehr wichtig ist).

KAPITEL 6
Feedback

Eine kurze Geschichte des Feedbacks

Feedback hat es schon immer gegeben, seit der erste Mensch an einer Wasserstelle kniete, um zu trinken, und dabei sein Spiegelbild im Wasser erblickte. Formelles Feedback von Untergebenen als Hilfestellung für ihre Vorgesetzten tauchte erst Mitte des letzten Jahrhunderts auf – in Form des bekannten Briefkastens für Verbesserungsvorschläge. Das Feedback, das auch ich für meine Arbeit nutze, ist wiederum eine noch aktuellere Entwicklung der vergangenen 30 Jahre. Es wird üblicherweise als 360-Grad-Feedback bezeichnet, weil es von allen Mitarbeitern auf sämtlichen Unternehmensebenen eingeholt wird. Bis etwas noch Effektiveres entwickelt wird, ist vertrauliches 360-Grad-Feedback für erfolgreiche Menschen die beste Methode, um herauszufinden, was sie in ihren Interaktionen am Arbeitsplatz verbessern müssen.

Es gibt da nur zwei Probleme, die erfolgreiche Menschen mit negativem Feedback haben – und das sind große Probleme: (a) sie wollen es nicht von uns hören und (b) wir wollen es ihnen nicht geben.

Dass Menschen nicht gerne negatives Feedback hören wollen, ist nicht schwer zu verstehen. Erfolgreiche Menschen geben sich in Bezug auf ihre Leistungen gerne unglaublichen Selbsttäuschungen hin. Über 95 Prozent der Mitglieder sehr erfolgreicher Personengruppen sind fest davon überzeugt, dass sie zur besseren Hälfte ihrer Gruppe zählen. Statistisch gesehen ist das natürlich lächerlich, aber psychologisch gesehen ist es real. Jemandem ein negatives Feedback zu geben, bedeutet, zu »beweisen«, dass er im Unrecht ist. Und erfolgreichen Menschen zu beweisen, dass sie im Unrecht sind, funktioniert ähnlich gut, wie sie dazu zu bewegen, sich zu ändern. Nämlich gar nicht.

Feedback dringt in der Regel nicht zu erfolgreichen Menschen durch, selbst wenn wir den vernünftigen Leitsatz befolgen und das Feedback entpersonalisieren, oder anders gesagt: Wir sprechen über die Aufgabe, nicht über die Person. In der Theorie ist das ganz einfach. Allerdings identifizieren sich erfolgreiche Menschen oft so stark mit ihrer Leistung, dass es naiv wäre anzunehmen, sie würden sich nicht persönlich angegriffen fühlen, wenn wir ihnen negatives Feedback über die wichtigste Aktivität in ihrem Leben geben.

Grundsätzlich akzeptieren wir Feedback immer dann, wenn es mit unserem Selbstbild übereinstimmt, und wir lehnen es ab, wenn es nicht der Person entspricht, für die wir uns halten.

Dass Menschen nicht gerne negatives Feedback geben, ist ebenfalls nicht schwer zu verstehen. In großen Unternehmen haben erfolgreiche Menschen Macht über uns – sie entscheiden über unser Gehalt, unsere Aufstiegschancen und unsere Arbeitsplatzsicherheit. Und je erfolgreicher diese Menschen sind, desto mehr Macht haben sie. Kombinieren Sie diese Macht nun mit der ziemlich vorhersehbaren Reaktion, die negatives Feedback bei mächtigen Menschen auslöst (»Bestrafe den Überbringer schlechter Nachrichten«), wird schnell klar, warum der Kaiser auch ohne Kleider weiterregieren kann. (Kurzes Quiz: Hat es sich schon jemals positiv auf Ihre Karriere ausgewirkt, dass Sie Ihrem Chef einen Fehler nachgewiesen haben?)

Es gibt noch weitere Aspekte des traditionellen negativen Feedbacks von Angesicht zu Angesicht, die ich für problematisch halte, und fast alle lassen sich darauf reduzieren, dass sich das Feedback stets auf die Vergangenheit konzentriert (und zwar auf eine »misslungene« Vergangenheit) – und nicht auf eine positive Zukunft. Denn die Vergangenheit können wir nicht ändern, die Zukunft hingegen schon. Negative Rückmeldungen dienen lediglich dazu, uns unsere Irrtümer vor Augen zu führen (zumindest empfinden das viele von uns so). Es kann von anderen genutzt werden, um uns in unserem Gefühl des Versagens zu bestärken oder uns zumindest daran zu erinnern – worauf wir selten positiv reagieren. (Kurzes Quiz: Wie reagieren Sie, wenn Ihr Ehepartner oder ein Lebensgefährte vergangene Ereignisse heraufbeschwört, um Ihnen all Ihre Unzulänglichkeiten ins Bewusstsein zu rufen?)

Negative Rückmeldungen tun vor allem eins: Sie bringen uns zum Schweigen. Wir sondern uns ab, ziehen uns in unser Schneckenhaus zurück und schließen den Rest der Welt aus. Unter diesen Bedingungen ist jegliche Veränderung ausgeschlossen.

Doch genug davon, weshalb Feedback problematisch sein kann. Ich versuche hier nicht zu beweisen, dass negatives Feedback zu Dysfunktionen führt. Feedback ist sehr nützlich, weil es uns verrät, »wo wir stehen«. Ohne Feedback könnte ich gar nicht erst mit meinen Klienten arbeiten, denn ich wüsste nicht, was mein Klient nach Meinung seines Umfelds ändern müsste. Und ohne Feedback würden wir keine Ergebnisse sehen. Wir könnten keine Entwicklungen verfolgen und wüssten nicht, ob wir uns gut oder schlecht schlagen. Genauso wie Verkäufer Feedback darüber benötigen, was sich gut verkauft, und Führungskräfte in Erfahrung bringen müssen, wie sie von ihren Untergebenen wahrgenommen werden, braucht auch der Rest von uns Feedback, um zu sehen, wo wir stehen, wo wir hinmüssen, und um auf dem Weg dorthin unsere Fortschritte zu messen.

Wir brauchen ehrliches, hilfreiches Feedback. Diese Form des Feedbacks zu finden, ist leider schwer – aber ich habe eine narrensichere Methode entwickelt, mit der es garantiert gelingt.

Die vier Selbstverpflichtungen

Wenn ich mit einem Coaching-Klienten arbeite, hole ich zum Auftakt immer vertrauliches Feedback von vielen seiner Mitarbeiter ein – meistens sind es pro Klient, männlich wie weiblich, 8 bis 31 Personen, wobei mein Durchschnitt bei etwa 15 Befragten liegt. Die Anzahl hängt immer auch von der Größe des Unternehmens und der Funktion der jeweiligen

Führungskraft ab. Bevor ich mit diesen Gesprächen beginne, beziehe ich meinen Klienten stets in die Entscheidung, wer befragt werden soll, mit ein. Jedes Interview dauert etwa eine Stunde und konzentriert sich auf die Grundlagen: Was macht mein Klient richtig? Was muss er ändern? Wie kann mein (bereits erfolgreicher) Klient noch erfolgreicher werden?

Inzwischen sind alle Klienten, mit denen ich Einzelcoachings mache, entweder CEOs oder Führungskräfte, die das Potenzial haben, CEOs in großen Unternehmen zu werden. Sofern mein jeweiliger Klient bereits CEO ist, frage ich sie oder ihn, wen ich befragen sollte. Handelt es sich nicht um einen CEO, muss auch der amtierende CEO die Liste der vorgesehenen Interviewpartner genehmigen. (Ich möchte vermeiden, dass ich Leute, deren Ansichten er für wichtig hält, unberücksichtigt lasse.) Denn ein Grund, weshalb so viele Menschen die Stichhaltigkeit von Feedback anzweifeln, ist, dass sie glauben, das Feedback sei von den »falschen Leuten« eingeholt worden. Doch da meine Klienten ihre »Gutachter« selbst auswählen, können Sie sich nur schwerlich auf diesen Punkt berufen, wenn Ihnen das Ergebnis nicht gefällt.

Ich werde immer wieder gefragt, ob meine Klienten manchmal einfach »ihre Freunde auswählen« und auf diese Weise wertvolles Feedback von Menschen ignorieren, die sich womöglich kritischer äußern würden. Theoretisch könnte das natürlich vorkommen, aber diese Erfahrung habe ich bislang noch nie gemacht.

Im Rahmen meiner Feedback-Interviews bitte ich alle Mitarbeiter meines Klienten um Mithilfe. Ich möchte, dass sie seinen Veränderungsprozess unterstützen und nicht sabotieren. Ich binde sie in den Prozess ein, indem ich Ihnen meine Vorgehensweise schildere: »Ich werde nun etwa ein Jahr lang mit meinem Klienten arbeiten. Wenn er sich nicht zum Besseren verändert, erhalte ich kein Honorar. Was »besser« heißt, entscheiden allerdings weder ich selbst noch mein Klient. Sie und die anderen an diesem Prozess beteiligten Kollegen sind es, die das entscheiden.«

Das kommt in der Regel gut an. Die Menschen hören gerne, dass sie als Kunde König sind und dass sie die Macht haben, über meine

Bezahlung zu entscheiden. Denn wenn die Veränderung dann eintritt, sind schließlich sie es, die den Sieg auskosten können – in Form eines dramatisch verbesserten Arbeitsumfelds und eines positiv veränderten Chefs.

An diese Mitarbeiter richte ich dann außerdem vier Bitten, die ich die »vier Selbstverpflichtungen« nenne. Sie sollen sich zu folgenden Punkten verpflichten:

1. Die Vergangenheit ruhen lassen.
2. Die Wahrheit sagen.
3. Unterstützen und helfen – nicht zynisch oder negativ sein.
4. Auch eine persönliche Schwäche wählen, die man ändern kann – um sich mehr auf das »Verbessern« zu konzentrieren als auf das »Beurteilen«.

Für gewöhnlich stimmen fast alle diesen Bitten zu, auch wenn es schon einige wenige Fälle gab, in denen die Mitarbeiter eines Klienten schlicht »Nein« sagten, weil sie der Ansicht waren, dass sie die Vergangenheit nicht »ruhen lassen« und der Führungskraft nicht helfen könnten, sich zu bessern. Diese Menschen hatten meinen Mandanten gedanklich bereits »abgeschrieben«. Da alle Feedback-Interviews streng vertraulich sind, erzähle ich meinem Klienten nichts davon. Ich bitte die betroffenen Mitarbeiter lediglich darum, sich nicht am abschließenden Feedback-Bericht zu beteiligen. Denn warum sollten sie ihren Kollegen beurteilen dürfen, wenn sie ihm nicht helfen möchten?

Wenn Sie darüber nachdenken, Ihr Verhalten in Eigenregie zu ändern – ohne meine direkte Unterstützung –, dann müssen Sie dasselbe mit Ihren Kollegen tun. Ich verrate Ihnen im Folgenden, wie Sie Ihr Umfeld dazu bewegen können, sich dazu zu verpflichten, Ihnen zu helfen.

Erste Selbstverpflichtung: Kann Ihr Umfeld die Vergangenheit hinter sich lassen? Welche echten oder eingebildeten Sünden Sie auch immer in der Vergangenheit gegenüber anderen Menschen begangen haben sollten: Sie lassen sich nicht mehr korrigieren. Sie können nichts tun, um sie ungeschehen zu machen. Also müssen Sie die Menschen bitten, die Vergangenheit ruhen zu lassen. Das ist einfach, aber es ist nicht leicht. Die meisten von uns können ihren Müttern und Vätern niemals verzeihen, dass sie keine perfekten Eltern waren. Gleichfalls können wir auch unseren Kindern nicht verzeihen, dass sie nicht die idealen Kinder sind. Wir verzeihen unserem Ehepartner nicht, dass er nicht der perfekte Partner ist. Oft können wir auch uns selbst nicht verzeihen, dass wir nicht perfekt sind. Doch trotzdem müssen Sie diese erste Selbstverpflichtung von Ihrem Umfeld einholen. Ohne sie können Sie die Einstellung dieser Menschen nicht so verändern, dass aus Kritikern Unterstützer werden. Oder wie ein Freund einst weise bemerkte: »Vergeben heißt, die Hoffnung auf eine bessere Vergangenheit aufzugeben!«

Zweite Selbstverpflichtung: Werden sie schwören, Ihnen die reine Wahrheit zu sagen? Schließlich wollen Sie sich nicht ein Jahr lang den Hintern aufreißen und versuchen, das Fehlverhalten, das Ihnen von anderen attestiert wurde, zu bessern, nur um dann feststellen, dass Ihr Umfeld nicht ehrlich zu Ihnen war. Dass sie Sie verschaukelt und Ihnen nur gesagt haben, was Sie ihrer Meinung nach hören wollten. Das wäre reine Zeitverschwendung. Ich bin nicht naiv. Ich weiß, dass Menschen manchmal nicht die Wahrheit sagen. Doch wenn Sie Ihr Umfeld bitten – nein, auffordern –, ehrlich mit Ihnen zu sein, dann können Sie sicher sein, dass Sie in die richtige Richtung gehen und am Ende keine böse Überraschung erleben werden.

Dritte Selbstverpflichtung: Werden sie Sie unterstützen, ohne zynisch, kritisch oder verurteilend zu sein? Das ist viel verlangt, vor allem dann, wenn die Betreffenden Ihnen untergeordnet sind. Denn die Wahrscheinlichkeit, dass Menschen ihren Vorgesetzten mit Misstrauen und Ablehnung begegnen, ist ebenso hoch wie die Chance, dass sie sie respektieren und bewundern. Aus diesem Grund müssen Sie also sicherstellen, dass Ihr Umfeld auf sämtliche Werturteile verzichtet. Wenn Ihnen das gelingt, sind die Menschen wesentlich eher dazu bereit, Ihnen auch wirklich zu helfen. Und irgendwann wird ihnen dann klar, dass auch sie davon profitieren, wenn es Ihnen bessergeht: Sie bekommen einen freundlicheren, umgänglicheren und besseren Chef.

Vierte Selbstverpflichtung: Werden sie eine eigene Verhaltensschwäche auswählen, an der sie arbeiten können? Bei dieser Verpflichtung handelt es sich um das schwierigste der vier Versprechen, die Sie anderen abverlangen – aber es hört sich wesentlich herausfordernder an, als es in Wahrheit ist. Denn tatsächlich sorgen Sie lediglich für ausgeglichene Verhältnisse und knüpfen vielleicht sogar ein Band zwischen Ihnen und der anderen Person. Stellen Sie sich vor, Sie würden eines Tages bei der Arbeit ankündigen, dass Sie eine Diät machen. Die meisten Menschen würden auf diese Ankündigung wahrscheinlich mit einem kräftigen Gähnen reagieren. Aber was wäre, wenn Sie Ihre Pläne nicht nur ankündigen, sondern parallel dazu einen Kollegen bitten würden, Sie bei der Umsetzung zu unterstützen? Zum Beispiel, um Ihre Essgewohnheiten zu verfolgen und Ihnen zu helfen, bei der Stange zu bleiben? Weil die meisten Menschen ihren Freunden gerne helfen, würden Sie wahrscheinlich eine wesentlich engagiertere und aufrichtigere Reaktion auf die Verkündung Ihres Plans erhalten. Und was würde Ihrer Meinung nach passieren, wenn Sie noch eine wechselseitige Komponente ins Spiel brächten und Ihr Gegenüber fragen würden: »Und was würdest du gerne an dir selbst ändern? Ich würde mich gerne revanchieren und dir ebenfalls helfen.« Wenn Sie das tun, werden Sie keine Mühe haben, Unterstützer für Ihre Sache zu gewinnen. Denn auf diese Weise sorgen Sie für gleichberechtigte Verhältnisse: Zwei Menschen, die beide nach Verbesserung streben.

Stellen Sie sich vor, Sie wären verheiratet und sowohl Sie als auch Ihr Partner wären unzufrieden mit ihrem Gewicht, weil sie beide 10 Kilo zu viel auf den Rippen haben. Was wäre, wenn sich deshalb einer von ihnen zu einer Diät entschließen würde, um die überflüssigen Pfunde loszuwerden? Wenn Sie selbst diese Entscheidung treffen, würden sich Ihre Erfolgsaussichten dann nicht deutlich erhöhen, wenn Sie Ihren Ehepartner ebenfalls für eine Diät gewinnen könnten? Plötzlich wären sie beide an der Planung der täglichen Mahlzeiten beteiligt, und sie würden sich gegenseitig anspornen, am Ball zu bleiben. Sie würden sich beide auf die Waage stellen, um zu sehen, wie nah sie ihrem Ziel bereits sind. Das wäre auf jeden Fall wesentlich zielführender, als müssten Sie ganz alleine Kalorien zählen, während Ihr Partner munter all die Dinge isst, denen Sie Ihr Übergewicht überhaupt erst verdanken. In diesem Fall würden sie beide in entgegengesetzte Richtungen streben und das wäre eine wenig erfolgversprechende Formel, um an Ihr Ziel zu gelangen: Einer von Ihnen wäre unglücklich, wahrscheinlich sogar beide.

Diese vierte Selbstverpflichtung ist der letzte Schritt, durch den Sie Ihren Prozess in einen beiderseitigen Austausch verwandeln können.

Die vier genannten Schritte sind die entscheidende Voraussetzung, um sicherzustellen, dass Ihr Umfeld Ihnen während des gesamten 12 bis 18 Monate währenden Prozesses zur Seite steht. Diese Tatsache habe ich bei der Arbeit mit meinen Klienten bereits früh gelernt. Als ich vor der Frage stand, bei wem ich ein erstes Feedback einholen sollte, schien es mir nur logisch, meinen Klienten die Personen auswählen zu lassen, die seine Leistung bewerten. Schließlich waren es seine Kollegen, und sie würden mir sicherlich sagen können, was er ändern musste. Wären sie also nicht auch am besten in der Lage, mir mitzuteilen, ob und wann er sich bessern würde? Also musste ich sie in den Prozess einbeziehen und sie außerdem dazu bringen, nach meinen Regeln zu spielen. Ich erzählte jedem von ihnen von dem Plan meines Klienten, sich zu ändern, und bat ihn oder sie, sich zu verpflichten, ihm zu helfen. Dabei ging ich wissenschaftlich rigoros und praktisch vor. Ich wollte erreichen, dass die Personen, die den ersten Feedback-Bogen ausfüllten, auch *alle* weiteren Bögen ausfüllen würden, weil das die Ergebnisse zuverlässiger und glaubwürdiger machen würde. Es dauerte jedoch ein wenig, bis ich die enormen positiven Nebeneffekte erkannte, die es mit sich brachte, wenn man andere Menschen einbezieht – vor allem, wenn sie sich verpflichten, ebenfalls etwas zu ändern. Diese Vorgehensweise bereicherte den gesamten Prozess. Unterstützt von seinen Kollegen veränderte sich nicht nur mein Klient zum Besseren – auch seine Kollegen veränderten sich aufgrund der Dinge, die sie in ihrer Rolle als Unterstützer meines Klienten lernten, zum Positiven. Das Ganze erwies sich als fruchtbare und raffinierte Dynamik, die beweist, dass *der Wandel keine Einbahnstraße ist, sondern dass immer zwei Parteien daran beteiligt sind: die Person, die sich verändert, und die Menschen, die die Veränderung miterleben.*

Wenn Sie Ihr persönliches Projekt der Selbsterneuerung in Angriff nehmen, sollten Sie diese vierte Verpflichtung daher nicht auf die leichte Schulter nehmen. Konzentrieren Sie sich nicht nur auf sich selbst, sondern legen Sie ebenso viel Wert darauf, dass auch die Menschen, die Ihre Veränderung bewerten, sich ändern. Sie und die Menschen, die Ihnen helfen, sind gleichwertige Bestandteile einer empfindlichen Gleichung. Bei zwischenmenschlichen Transaktionen können Sie Ihr »Gegenüber« niemals ignorieren, denn dann fehlt die Komponente des »Zwischenmenschlichen« und es findet auch keine »Transaktion« statt.

Erst dann (und nur dann), wenn Sie Ihre Mitmenschen auf diese Weise einbeziehen, haben Sie die Möglichkeit, Feedback über Ihre eigene Person einzuholen. Menschen zu finden, die uns die Wahrheit über uns selbst sagen, ist nicht schwer. Sie müssen nur wissen, wo Sie suchen sollen.

Ich habe Ihnen die vier Selbstverpflichtungen nicht vorgestellt, um Sie mit der Strenge meiner Methodik zu beeindrucken, sondern weil es sich dabei um die Kriterien handelt, die Sie anwenden sollten, sobald Sie entschieden haben, welche Menschen Ihnen Feedback geben sollen. An erster Stelle Ihrer Liste sollte wahrscheinlich Ihr bester Freund stehen. Wir alle haben einen besten Freund bei der Arbeit – jemanden, mit dem wir nicht konkurrieren, der unseren Erfolg ohne Hintergedanken unterstützt und dem unsere Interessen am Herzen liegen. Dieser Mensch wird per Definition keine Schwierigkeiten damit haben, die vier Selbstverpflichtungen zu erfüllen.

Wenn er unser bester Freund ist, hegt er sicher keine verbitterten Gefühle wegen etwas, das in unserer gemeinsamen Vergangenheit geschehen ist, und wird die Vergangenheit deshalb nicht immer wieder heraufbeschwören oder sie gegen uns verwenden.

Es wird ihm nicht schwerfallen, ehrlich mit uns zu sein. Er hat keinen Grund zu lügen. Uns die ungeschminkte Wahrheit zu sagen, ist für ihn eine Frage der Ehre.

Er wird auch gerne bereit sein, uns zu unterstützen.

Und er wird sich gewillt zeigen, mitzuspielen und sich gemeinsam mit uns auf den Veränderungsprozess einzulassen.

Diese Person wäre meine erste Wahl. Aber das muss nicht automatisch auch für Sie gelten.

Machen Sie eine Liste mit etwa einem Dutzend Personen, mit denen Sie zuletzt beruflich zu tun hatten. Das können Kollegen, Untergebene, Kunden, Klienten und sogar langjährige Konkurrenten sein. Sie alle kommen infrage, solange es sich dabei um Menschen handelt, die seriöse Aussagen über Ihr Verhalten treffen können. Führen Sie sich anschließend bei jedem Namen die vier Selbstverpflichtungen vor Augen. Diejenigen, die alle vier Verpflichtungen erfüllen, sind eine gute Anlaufstelle für das Einholen von Feedback.

Gehen Sie die Sache so an, als würden Sie mögliche Geschworene auf ihre Eignung prüfen – denn im Grunde genommen ist es genau das, was Sie hier tun.

Denken Sie daran, dass dieser Prozess (besonders am Anfang) nicht kompliziert und schwierig sein soll. Denn das Einholen von Feedback ist der leichte Teil Ihrer Aufgabe. Das Feedback anzunehmen und damit zu arbeiten, ist der schwere Teil.

Kommentieren Sie das Feedback nicht, das Sie erhalten

Vor vielen Jahren fuhr ich einmal Aufzug mit einem berühmten Prozessanwalt, der damals schon weit über 80 Jahre alt war (aber immer noch praktizierte). Als sich die Türen des Fahrstuhls öffneten, stieg ein Mann zu, der eine Zigarette rauchte. (Das war Anfang der 80er-Jahre, als das Rauchen vielerorts noch nicht verboten war.) Der Anwalt geriet in Panik. Er war allergisch gegen Rauch und versuchte vergeblich, den kleinen, überfüllten Aufzug zu verlassen, um dem Rauch zu entkommen. Doch es war bereits zu spät und die Türen schlossen sich wieder.

»Geht es Ihnen gut?«, fragte der Raucher.

»Sie wissen schon, dass man in Aufzügen nicht rauchen darf, oder?«, entgegnete der Anwalt. »Damit verstoßen Sie gegen das Gesetz.«

Der Mann erwiderte: »Sind Sie Anwalt, oder was?« Er machte keine Anstalten, sich zu entschuldigen oder die Zigarette auszudrücken, sondern schien gewillt, sich mit dem Anwalt anzulegen und auf seinem Recht zu bestehen.

»Das glaube ich jetzt nicht«, sagte der Anwalt. »Sie tun so, als sei ich im Unrecht – als seien Sie das Opfer, weil ich zufällig im selben Aufzug bin, während Sie das Gesetz brechen.«

Das war einer dieser kleinen, aber ungeheuerlichen Momente, die uns regelmäßig daran erinnern, wie abwehrend Menschen reagieren können, egal, ob sie recht haben oder nicht – aber vor allem dann, wenn sie im Unrecht sind.

An diese Fahrstuhlfahrt denke ich jedes Mal zurück, wenn mich jemand um einen Rat bittet und anschließend kein gutes Haar daran lässt. »Das glaube ich jetzt nicht«, sage ich dann, während mir die Worte des Anwalts noch in den Ohren klingen. »Sie haben mich nach meiner Meinung gefragt und jetzt streiten Sie sich mit mir darüber?«

Das ist nicht anders als unser Verhalten, wenn wir mit jemandem diskutieren, der uns eine Empfehlung oder Feedback gibt, oder auf andere Weise versucht, uns zu helfen. Wir tun es jedes Mal, wenn wir unreflektiert unsere Meinung über das Feedback äußern, um das wir zuvor gebeten hatten. Wenn wir einen Freund fragen »Was denkst du, was sollte ich in dieser Situation tun?«, signalisieren wir, dass wir eine Antwort erwarten – und dass wir über die Antwort gründlich nachdenken und sie möglicherweise auch in die Tat umsetzen werden. Wir signalisieren nicht, dass wir einen Streit anzetteln wollen.

Doch genau das tun wir, wenn wir jemanden um Feedback bitten und dann sofort unsere Meinung dazu äußern; und erst recht, wenn unsere Meinung negativ ist (»Ich weiß nicht, ob das das Richtige wäre …«). Egal, was wir sagen und wie vorsichtig wir es formulieren: Wir werden defensiv klingen – als wollten wir die Meinung unseres Freunds wegdiskutieren, leugnen, verneinen oder als wollten wir ihr widersprechen.

Hören Sie auf damit. Betrachten Sie jeden Ratschlag als Geschenk oder Kompliment und sagen Sie einfach »Danke«. Niemand erwartet von Ihnen, dass Sie jeden Rat befolgen. Wenn Sie lernen, zuzuhören –

und sinnvolle Empfehlungen in die Tat umzusetzen – werden die Menschen in Ihrem Umfeld begeistert sein.

Feedback-Momente: Wie Sie in Eigenregie gutes Feedback erhalten

Mir ist bewusst, dass nur die wenigsten über die Ressourcen verfügen, um einen Profi zu engagieren, der die »Feldarbeit« macht und sich um gutes Feedback kümmert.

Wenn ich mit Führungskräften coache, verbringe ich die ersten Stunden damit, ihre Situation mithilfe eines 360-Grad-Feedbacks zu analysieren. Ich möchte den Prozess nicht komplexer und geheimnisvoller klingen lassen, als er tatsächlich ist. Denn in der Realität ist er recht einfach. Zunächst bestimme ich gemeinsam mit meinem Klienten alle Personen, mit denen er zusammenarbeitet und die tagtäglich mit seinen zwischenmenschlichen Schwächen in Berührung kommen. Dies sind die »Gutachter«, die ich anschließend mithilfe der vier Selbstverpflichtungen auf ihre Aufgabe einstimme. Außerdem bitte ich sie, einen Fragebogen zum Thema Leadership auszufüllen. Manchmal passe ich die Fragen im Vorfeld an die Werte und Ziele des jeweiligen Unternehmens an (während man bei General Electric beispielsweise großen Wert auf Zusammenarbeit und den abteilungs- und positionsübergreifenden Austausch von Informationen legt, steht in einem anderen Unternehmen womöglich die Kundenzufriedenheit im Vordergrund).

Die Fragen beziehen sich auf die jeweilige Führungskraft und sind ganz einfach gehalten:

- Vermittelt sie/er eine klare Vision?
- Behandelt sie/er andere Menschen mit Respekt?
- Holt sie/er auch gegenteilige Meinungen ein?
- Ermutigt sie/er andere Menschen, eigene Ideen einzubringen?
- Hört sie/er anderen Personen in Besprechungen zu?

In dieser Manier geht es weiter. Ich bitte die »Gutachter« stets, ihren Kollegen auf einer numerischen Skala zu bewerten. Daraus ergibt sich ein statistisches Bild, das für gewöhnlich ein oder zwei Problembereiche aufzeigt, die wir angehen müssen. Erhebungen belegen, dass etwa 50 Prozent der amerikanischen Unternehmen ähnliche Methoden zur Bewertung der Leistung und Einstellung ihrer Mitarbeiter nutzen. Falls Ihnen dieses Format bislang noch nicht begegnet sein sollte, finden Sie im Anhang dieses Buchs einen Fragenbogen mit 72 Fragen zum Thema Leadership, damit Sie sich ein Bild davon machen können, wie Profis in diesem Bereich arbeiten.

Natürlich verlange ich nicht von Ihnen, dass Sie ebenfalls ein »Feedback-Profi« werden. Doch ich selbst muss in dieser Weise verfahren, weil ich jede Arbeit in einem Unternehmen als Neuling beginne. Ich teile keine Vorgeschichte mit dem Klienten und habe noch nie mit ihm zusammengearbeitet. Alles, was ich weiß, bevor ich einen neuen Klienten treffe, ist das, was sein oder ihr Chef mir über ihn oder sie erzählt hat. Deshalb bleibt mir nichts anderes übrig, als die »Mannschaft« zu befragen.

Doch wenn Sie in einem Unternehmen arbeiten oder gearbeitet haben, das groß genug ist, um in der Personalabteilung mindestens drei Vollzeitkräfte zu beschäftigen, haben Sie wahrscheinlich schon einmal an einem Verfahren teilgenommen, das dem 360-Grad-Feedback ähnelt.

Und selbst wenn das nicht der Fall sein sollte, sind Sie sicherlich trotzdem mit Feedback vertraut – ob Sie es nun als solches bezeichnen oder nicht.

Wir alle haben schon Leistungsbeurteilungen durch unsere Chefs ertragen. Das ist Feedback.

Wir alle kennen Gehaltsüberprüfungen. Sie sind die unmittelbarste Form des Feedbacks.

Wenn Sie im Vertrieb tätig sind, haben Sie bestimmt schon einmal Kundenumfragen zu Ihrer Leistung gelesen. Auch das ist Feedback.

Wir haben an Quartalsbesprechungen teilgenommen, bei denen unsere prognostizierten und tatsächlichen Umsätze gegenübergestellt wurden. Ein weiteres Beispiel für Feedback.

Den lieben langen Tag lang wird uns gesagt, wie wir uns schlagen. Und der Grund dafür, dass wir dieses Feedback akzeptieren und tatsächlich versuchen, darauf zu reagieren (indem wir uns zum Beispiel nach einem Umsatzrückgang stärker bemühen, die Zahlen wieder nach oben zu treiben), ist, dass wir *den Prozess akzeptieren*: Eine Autoritätsperson »benotet« uns, und das motiviert uns, besser zu werden.

Bei zwischenmenschlichem Verhalten, das vage, subjektiv und nicht quantifizierbar ist und unterschiedlichste Interpretationen zulässt, ist es anders. Aber das mindert nicht seine Bedeutung. Ich behaupte – und das ist die Kernthese dieses Buchs –, dass zwischenmenschliches Verhalten den Unterschied ausmacht, ob wir uns großartig oder beinahe großartig schlagen, ob wir die Goldmedaille erringen oder uns mit Bronze zufriedengeben. (Je weiter Sie beruflich aufsteigen, desto eher sind die Probleme, die Sie auf einmal haben, Ihrem Verhalten geschuldet.)

Und wie kommen wir nun an dieses dringend benötigte Feedback, wenn wir weder die Fähigkeit noch die Ressourcen noch die Gelegenheit haben, unsere Kollegen zu befragen, um in Erfahrung zu bringen, was sie wirklich über uns denken? Wir wissen, was Feedback ist. Aber wir wissen nicht, wie wir es bekommen.

Im Wesentlichen erhalten wir drei Formen des Feedbacks: erbetenes Feedback, unerbetenes Feedback und Feedback durch Beobachtung. Jede dieser Formen funktioniert gut, aber nicht für jeden gleich. Sehen wir uns deshalb alle drei Versionen genauer an, um herauszufinden, welche die richtige für Sie ist.

Erbetenes Feedback, wie man danach fragt

Erbetenes Feedback ist genau das: Wir bitten andere uns mitzuteilen, was wir falsch machen. Klingt einfach, oder? Ich bin nicht immer so optimistisch.

Damit will ich jedoch nicht sagen, dass Sie meine Methoden für das Einholen von Feedback nicht nachahmen können. Es ist durchaus möglich, ein Dutzend Menschen aufzutreiben, die Sie gut kennen, ihre Eignung mithilfe der vier Selbstverpflichtungen feststellen und sie einen Fragebogen darüber ausfüllen lassen, was Sie besser machen könnten.

Meine einzige Sorge ist, dass dabei nicht sichergestellt ist, dass Sie (a) die richtigen Leute fragen, (b) die richtigen Fragen stellen, (c) die Antworten richtig interpretieren oder (d) sie als zutreffend akzeptieren. Womit wir wieder bei meinem großen Problem mit negativem Feedback angekommen wären: Wir selbst wollen es nicht hören und die anderen wollen es ihnen nicht geben.

Nach meiner Erfahrung ist *vertrauliches* Feedback die beste Form des Feedbacks. Und zwar deshalb, weil dadurch niemand in Verlegenheit gerät oder sich verteidigen muss. Auch emotionale Probleme werden dadurch vermieden, da Sie bei diesem Feedback nicht wissen, wem Sie die Schuld geben können oder an wem Sie sich für die Beschuldigungen rächen können. Im besten Fall haben Sie überhaupt nicht das Gefühl, angegriffen zu worden zu sein. Sie nehmen lediglich ehrliche Kommentare – um die Sie gebeten haben – von unbekannten, aber wohlmeinenden Quellen auf.

Das einzige Problem dabei: Dies ist für einen Menschen ganz alleine praktisch unmöglich zu bewerkstelligen. Um die Vertraulichkeit zu wahren (und Emotionalität zu vermeiden), brauchen Sie einen unparteiischen Dritten, der das Feedback einholt – jemanden wie mich.

Ohne solche eine Person müssen Sie die Leute persönlich darum bitten, was allerdings mit zahlreichen Hindernissen verbunden ist.

Denn nach meiner Erfahrung gibt es Hunderte falsche Wege, um Feedback zu bitten – und nur einen richtigen Weg. Falsche Wege kennen wir alle zuhauf. Wir fragen jemanden: »Was halten Sie von mir?«

»Was empfinden Sie mir gegenüber?«

»Welche meiner Eigenschaften ist Ihnen verhasst?«

»Was mögen Sie an mir?«

Das sind alles Variationen der Fragen, die in Encounter-Gruppen zur Verbesserung der zwischenmenschlichen Beziehungen gestellt werden und die darauf abzielen, ehrliche Gefühle zwischen den Teilnehmern hervorzurufen. Doch wir wollen ja gar keine Selbsterfahrungsgruppe einberufen.

Besonders schädlich ist diese Art von Fragen in Machtbeziehungen, in denen der Chef den Untergebenen fragt: »Was halten Sie von mir?« Denn in einer Machtbeziehung gibt es alle möglichen Aspekte, die die Antwort beeinflussen – weil die Antwort Konsequenzen hat. Menschen werden niemals die Wahrheit sagen, wenn sie befürchten müssen, dass es auf sie zurückfallen wird – und in einer Machtbeziehung haben Untergebene keine Garantie, dass die ungeschminkte Wahrheit den Chef nicht verärgern, sie zurück an das Ende der Schlange schicken oder, schlimmer noch, sie den Job kosten wird.

Wenn Sie genauer darüber nachdenken, sind Fragen wie »Was halten Sie von mir?« eigentlich ohnehin irrelevant. Am Arbeitsplatz müssen wir nicht gemocht werden und wir müssen keine guten Kumpel sein, die nach der Arbeit noch zusammen abhängen. Wir müssen einfach nur gut zusammenarbeiten. Wie wir wirklich füreinander »empfinden«, ist dabei aber praktisch nebensächlich.

Denken Sie an Ihre Kollegen bei der Arbeit. Wie viele von ihnen sind Ihre Freunde? Bei wie vielen von ihnen wären Sie bereit, Ihre wahren Gefühle zum Ausdruck zu bringen? Bei wie vielen von ihnen haben Sie überhaupt schon einmal an Gefühle gedacht? Vermutlich lautet Ihre Antwort: Nicht sehr viele. Eine kleine Minderheit. Und doch arbeiten Sie wahrscheinlich mit den meisten Ihrer Kollegen gut zusammen. Diese Diskrepanz – zwischen der kleinen Zahl von Freunden und der größeren Zahl von Kollegen, mit denen Sie gut zusammenarbeiten – sollte Sie ein für alle Mal davon überzeugen, dass das, was andere über Sie denken oder fühlen, nicht der Schlüssel zur Verbesserung Ihres Verhaltens ist.

Wenn Sie Feedback über sich selbst einholen, muss die einzige Frage, die funktioniert – und zwar wirklich die einzige! – lauten: »Wie kann ich mich bessern?«

Natürlich sind auch semantische Variationen erlaubt, wie zum Beispiel »Was kann ich tun, um zu Hause ein besserer Partner zu sein?«

oder »Was kann ich tun, um bei der Arbeit ein besserer Kollege zu sein?« oder »Was kann ich tun, um dieser Gruppe ein besserer Leader zu sein?« Das hängt von den jeweiligen Umständen ab. Aber den Grundgedanken haben Sie sicherlich verstanden. Reines, unverfälschtes, konfliktfreies Feedback, das Veränderungen ermöglicht, muss (a) Ratschläge statt Kritik vermitteln, (b) auf die Zukunft gerichtet sein, statt sich mit der negativen Vergangenheit aufzuhalten, und (c) so formuliert sein, dass der Befragte davon ausgehen kann, dass Sie sein Feedback umsetzen werden – dass Sie sich tatsächlich um Besserung bemühen werden.

Ungebetenes Feedback oder: Das Damaskuserlebnis

Wenn wir Glück haben, kommt irgendwann ein Moment, in dem uns etwas oder jemand die Augen für unsere Fehler öffnet – und uns hilft, die eine oder andere Selbsttäuschung zu entlarven. Das geschieht nicht oft, aber wenn es passiert, sollten wir uns glücklich schätzen und dankbar sein.

Psychologen haben alle möglichen Schemata entwickelt, die uns unser eigenes Verhalten erklären sollen. Eines der interessanteren Beispiele besteht aus einem einfachen Raster mit vier Feldern, das unter dem Namen »Johari-Fenster« bekannt ist (benannt nach zwei realen Personen, den beiden Sozialpsychologen Joseph Luft und Harry Ingham). Es unterteilt unsere Selbstwahrnehmung in vier Teile, basierend auf dem, was andere über uns wissen und nicht wissen und was wir über uns selbst wissen und nicht wissen.

Wie Sie der umseitigen Abbildung entnehmen können, ist das, was andere über uns wissen, *öffentliches* Wissen. Was wir selbst über uns wissen, andere hingegen nicht, ist *privates* Wissen. Was weder uns selbst noch anderen bekannt ist, ist gewissermaßen … *unbekanntes* Wissen und daher nicht relevant.

	UNS SELBST NICHT BEKANNT	UNS SELBST BEKANNT
ANDEREN BEKANNT	**Blinde Flecken** Uns selbst nicht bekannt Anderen bekannt	**Öffentliches Wissen** Uns selbst bekannt Anderen bekannt
ANDEREN NICHT BEKANNT	**Unbekanntes Wissen** Uns selbst nicht bekannt Anderen nicht bekannt	**Privates Wissen** Uns selbst bekannt Anderen nicht bekannt

Am interessantesten sind natürlich die Informationen, die anderen bekannt sind, uns jedoch nicht. Der Moment, in dem uns diese Informationen offenbart werden, gleicht einem »Damaskuserlebnis«, mit dem Potenzial, uns zu einer grundlegenden Veränderung zu bewegen – uns also quasi von einem Saulus in einen Paulus zu verwandeln. Das sind die Momente, in denen wir urplötzlich und unerwartet erkennen, was andere wirklich über uns denken, die Momente, in denen wir eine Wahrheit über uns selbst entdecken. Solche unvorhergesehenen Momente sind seltene und kostbare Geschenke. Sie mögen vielleicht wehtun (das tut die Wahrheit oft), aber sie sind auch sehr lehrreich.

Ich habe in meinem Leben schon einige dieser Momente erlebt, aber der wichtigste ereignete sich, als ich 28 Jahre alt war und an der UCLA promovierte. Damals, in den späten 60er-Jahren, der Ära von Woodstock und der freien Liebe, hielt ich mich für ein wenig nachdenklicher und tiefsinniger, für ein bisschen »hipper« als mein Umfeld. Ich glaubte, ich würde mich vergleichsweise wesentlich intensiver mit Dingen wie einem tieferen menschlichen Verständnis, der Selbstverwirklichung und der Suche nach einem höheren Sinn befassen. Zu diesem Zeitpunkt besuchte ich einen Kurs bei einem sehr klugen Dozenten, Dr. Bob Tannenbaum. Tannenbaum genoss nicht nur an der UCLA, sondern auch in Psychologiekreisen auf der ganzen Welt höchstes Ansehen. Er hatte den Begriff »Sensitivitätstraining« entwickelt und äußerst einflussreiche Arbeiten auf diesem Gebiet veröffentlicht. Für mich war er ein Gott.

In seinem Kurs wurden wir dazu ermutigt, über alles zu diskutieren, was uns interessierte. Diese Gelegenheit verstand ich als Freibrief, um unverblümt meinen großen Unmut über die oberflächlichen, materialistischen Bürger von Los Angeles kundzutun. Drei Wochen lang monologisierte ich immer wieder darüber, wie »verkorkst« die Menschen in Los Angeles doch seien – mit ihren paillettenbesetzten Blue Jeans, ihren goldenen Rolls-Royce-Limousinen und ihren pedantisch gepflegten Villen. »Sie sind ausschließlich daran interessiert, andere zu beeindrucken. Sie verstehen nicht, worauf es im Leben wirklich ankommt, den tieferen Sinn.« (Natürlich war ich ein idealer Experte für das Leben der Menschen in Los Angeles. Schließlich war ich in einer Kleinstadt in Kentucky aufgewachsen.)

Nachdem er mein hohles Geschwätz drei Wochen lang geduldig ertragen hatte, fragte mich Bob eines Tages: »Marshall, zu wem sprechen Sie eigentlich?«

»Ich spreche natürlich zu dieser Gruppe«, antwortete ich.

»Zu wem in der Gruppe?«

»Na, zu allen«, entgegnete ich, nicht ganz sicher, worauf Bob mit seinem Verhör hinauswollte.

Doch er verriet es mit prompt: »Ich weiß nicht, ob es Ihnen bewusst ist, aber während Sie gesprochen haben, haben Sie immer nur eine Person angesehen. Sie haben Ihre Bemerkungen nur an eine Person gerichtet. Und Sie scheinen sich nur für die Meinung dieser einen Person zu interessieren. Wer ist diese Person?«

»Interessante Frage«, erwiderte ich. »Lassen Sie mich kurz darüber nachdenken.« Nach reiflicher Überlegung kam ich zu dem Schluss: »Sie.«

»Richtig«, sagte Bob. »Sie sprechen zu *mir*. Doch außer mir sind noch zwölf weitere Personen im Raum. Warum interessieren Sie sich für niemanden von *ihnen*?«

Nachdem ich mir nun schon einmal eine Grube gegraben hatte, beschloss ich, noch schneller weiterzugraben: Ich sagte: »Dr. Tannenbaum, ich glaube, dass Sie die wahre Bedeutung dessen, was ich sage, verstehen können. Ich glaube, Sie sind wirklich in der Lage, nachzuvollziehen, wie »verkorkst« Menschen sind, die ständig nur versuchen, andere zu beeindrucken. Ich glaube, Sie verstehen wirklich, dass es einen tieferen Sinn gibt und worauf es im Leben wirklich ankommt.«

Gekonnt spielte Bob den Ball an mich zurück: »Marshall, kann es vielleicht sein, dass auch Sie in den vergangenen drei Wochen einfach nur versucht haben, mich zu beeindrucken?«

Bobs mangelndes Urteilsvermögen brachte mich völlig aus der Fassung: »Das stimmt ganz und gar nicht!«, sagte ich. »Sie haben offenbar nichts von dem verstanden, was ich gesagt habe! Ich habe Ihnen doch erklärt, dass es töricht ist, andere Menschen beeindrucken zu wollen. Sie haben mich völlig missverstanden und ich bin ehrlich gesagt enttäuscht über Ihr mangelndes Verständnis.«

Bob starrte mich eine Weile an, kratzte sich am Bart und sagte dann: »Nein, ich glaube, ich habe Sie völlig richtig verstanden.«

Ich sah mich um und blickte in die Gesichter weiterer zwölf Leute, die sich ebenfalls das Kinn rieben und offenkundig alle dachten: »Ja, auch wir haben dich richtig verstanden.«

Die nächsten sechs Monate hasste ich Bob Tannenbaum aus tiefstem Herzen und investierte jede Menge Energie in die Frage, worin *seine* Probleme bestanden, und weshalb *er* sich so in mir getäuscht hatte. Doch nach einem halben Jahr brütenden Grolls dämmerte mir langsam, dass weder Bob Tannenbaum noch die Bürger von Los Angeles krampfhaft darum bemüht waren, Eindruck auf andere zu schinden. In Wirklichkeit war vielmehr ich derjenige, der diesen Drang hatte. Ich blickte in den Spiegel und was ich dort sah, gefiel mir ganz und gar nicht.

Noch heute überkommt mich die Scham, wenn ich daran denke, wie töricht ich damals war. Doch damit wir uns zum Besseren verändern können, brauchen wir solche Momente des schmerzhaften unerbetenen Feedbacks, in denen uns andere vor Augen führen, wie die Welt uns wirklich sieht. Ohne diesen Schmerz würden wir womöglich niemals die nötige Motivation entwickeln, um uns zu ändern.

Das war mein Damaskuserlebnis. Nicht nur, weil es meine oberflächliche Selbstbezogenheit entlarvte, sondern auch, weil ich durch dieses Ereignis gleich zwei wichtige Lektionen lernte, die meine berufliche Arbeit im wahrsten Sinne des Wortes geprägt haben:

1. Es fällt uns viel leichter, unsere Probleme in anderen zu erkennen, als sie bei uns selbst zu entdecken.

2. Auch wenn es uns gelingt, unsere Probleme vor uns selbst zu verleugnen, können sie für die Menschen, die uns beobachten, ganz offensichtlich sein.

Und genau das ist die simple Lehre des Johari-Fensters: Was uns selbst unbekannt ist, kann anderen gut bekannt sein. Daraus können wir lernen.

Als Menschen leiden wir fast immer unter der Diskrepanz zwischen der Person, für die wir uns halten, und der Person, als die der Rest der Welt uns wahrnimmt. Auch ich habe diese Lektion von Dr. Tannenbaum gelernt: Unser Umfeld kennt uns meistens besser, als wir uns selbst kennen.

Darin liegt der Wert *von unerbetenem Feedback*. Und in meinen Einzelcoachings bilde ich diese von Dr. Tannenbaum inspirierte schmerzhafte Selbsterkenntnis in vielerlei Hinsicht nach. Ich versuche, meine Klienten mit der Wahrheit zu konfrontieren, indem ich sie dazu bringe, durch das vierte Fenster zu blicken, um zu sehen, was andere wissen, sie selbst aber nicht.

Wenn es uns gelingt innezuhalten, zuzuhören und darüber nachzudenken, was andere in uns sehen, bietet sich uns eine großartige Chance: Wir können abgleichen, inwieweit die Person, die wir sein wollen, mit der Person identisch ist, die wir dem Rest der Welt aktuell präsentieren. Und dann können wir damit beginnen, alle nötigen Veränderungen vorzunehmen, um die Kluft zwischen unseren erklärten Werten und unserem tatsächlichen Verhalten zu schließen.

Obwohl er nicht mehr unter uns weilt, sage ich immer wieder: »Danke, Dr. Tannenbaum.«

Beobachtendes Feedback oder: Die Welt mit neuen Augen sehen

Einmal erzählt mir einer meiner Klienten – den ich im Folgenden Barry nennen möchte – von einer der wichtigsten Erkenntnisse, die ihm im Rahmen seiner Arbeit zuteilwurden. Dabei ging es um einen leitenden Angestellten, der in der Unternehmenshierarchie noch ein klein wenig über Barry stand.

An dieser Stelle ist zu erwähnen, dass er einige Kunden betreute, die dem CEO des Unternehmens sehr am Herzen lagen – weshalb er diesem etwas näherstand als alle anderen Mitarbeiter. Er begleitete ihn auf Dienstreisen und sprach mindestens einmal am Tag mit ihm. Barrys Draht an die Spitze war so gut, dass er einigen seiner Kollegen, die weniger enge Kontakte vorzuweisen hatten, dafür verhasst war. Sie waren der Ansicht, dass Barry sie aufgrund seiner vermeintlich »besonderen Beziehung« zu ihrem Chef stets mühelos übergehen und seinen Willen durchsetzen konnte, indem er sich bei ihm einschleimte. Das entsprach allerdings nicht unbedingt der Wahrheit; jedenfalls empfand Barry das nicht so, weil er nie das Gefühl hatte, von seinem Chef eine Vorzugsbehandlung zu bekommen. Es handelte sich schlicht und ergreifend um Neid. Trotzdem muss an dieser Stelle betont werden, dass diese Dynamik womöglich Einfluss auf Barrys Verhältnis zu seinen Kollegen gehabt haben könnte. Das Seltsame an der Sache war allerdings, dass Barry nicht im Mindesten ahnte, dass einige seiner Altersgenossen so über ihn dachten. Er glaubte, sie mochten ihn.

Eines Tages hatte er schließlich einen »Feedback-Moment«.

Bei einem Meeting stellte Barry plötzlich fest, dass ein leitender Angestellter namens Peter sich nachdrücklich darum bemühte, ihn zu ignorieren. Immer wenn Barry sprach, wandte Peter den Blick ab – als würde ihm der Klang von Barrys Stimme Schmerzen bereiten. Niemand sonst im Raum – mit Ausnahme von Barry – nahm Notiz davon. Den Rest des Meetings behielt Barry Peters Verhalten ganz genau im Auge. Und was er sah, bestätigte seinen ersten Eindruck. Wenn Peter sprach, schaute er sich im Raum um und suchte den Blickkontakt zu allen Anwesenden – außer zu Barry. Und selbst wenn das Gespräch auf Barrys Aufgabengebiet zu sprechen kam, schaute Peter weg. Mit allem, was er sagte und tat, vermittelte Peter deutlich den Eindruck, als wünschte er sich, Barry würde einfach verschwinden.

Und in diesem Moment hatte Barry eine Erleuchtung. »Großer Gott«, dachte er, »Peter, der die Macht hat, einige meiner Initiativen zu blockieren, hasst mich.«

»Bis zu diesem Moment«, berichtete Barry mir damals, »hatte ich nie etwas davon geahnt. Ich dachte, wir seien Kollegen. Ich dachte, wir würden gut zusammenarbeiten.«

Ich behaupte, dass die subtilen Signale, die Barry aufgeschnappt hat, eindeutig als wichtiges Feedback zu werten sind. Zwar als Feedback, das aus Beobachtungen resultiert und damit unerbeten, nicht besonders detailliert und eindeutig sowie schwer zu beweisen ist, aber dennoch als wichtiges Feedback. Denn dieses Feedback setzte Barry darüber in Kenntnis, dass sein vermeintlich kollegiales Verhältnis in Scherben lag und er sich sofort darum kümmern musste.

Ich freue mich, an dieser Stelle berichten zu können, dass Barry sein Feedback hervorragend angenommen hat. Anstatt in Verteidigungsstellung zu gehen (was viele von uns wohl täten, wenn wir erfahren würden, dass jemand eine tiefe Abneigung gegen uns hegt), hielt er die andere Wange hin und initiierte eine Kampagne, um Peter wieder für sich zu erwärmen.

»Ich hatte verschiedene Möglichkeiten, wie ich mit Peter hätte umgehen können«, erklärte Barry. »Ich hätte ihn mit Samthandschuhen anfassen können, ich hätte ihn einfach übergehen oder ignorieren können. Ich hätte einen Feldzug starten können, um seine Autorität zu untergraben. Und dann gab es da noch die Möglichkeit, ihm zeigen, dass ich sein Freund und nicht sein Feind war, weil ich seine Unterstützung brauchte. Ich beschloss, ihn mir zum Freund zu machen. Ich vermittelte ihm wertvolle Kontakte und bemühte mich, seiner Abteilung zu Geschäftsabschlüssen zu verhelfen. Ich hielt ihn über alles, was in unseren gemeinsamen Aufgabenbereich fiel, auf dem Laufenden – indem ich regelmäßig Kontakt aufnahm und ihn nach seiner Meinung zu Projekten fragte, an denen ich arbeitete. Ich bat ihn immer wieder um Rat, begegnete ihm stets mit Respekt und hoffte, dass er irgendwann aufhören würde, mich zu ignorieren.«

Bis Barry mit dieser Strategie Erfolg hatte, verging mehr als ein Jahr. Doch schließlich gelang es ihm mithilfe seines ausgezeichneten Verhaltens, die Feindschaft in eine Arbeitsbeziehung zu überführen. Die beiden Männer wurden nicht zu besten Freunden (das wäre auch zu viel verlangt gewesen), aber Peter begegnete Barry nicht mehr mit Hass. Und was noch wichtiger war: Von da an arbeiteten die beiden gut zusammen.

Diese Geschichte habe ich Ihnen erzählt, weil sie einerseits illustriert, dass (a) das Feedback einer einzelnen Person, wie diffus und vage es auch sein mag, genauso wichtig sein kann wie formelles Feedback einer Gruppe, und weil sie außerdem zeigt, dass (b) wir nicht um jedes Feedback bitten müssen, indem wir Menschen bewusst dazu auffordern, uns Ihre Sichtweise mitzuteilen. Das beste Feedback ergibt sich manchmal aus unseren Beobachtungen. Wenn Sie dieses Feedback anerkennen und danach handeln, ist es nicht weniger wert als die Dinge, die Ihnen jemand direkt und unverhohlen ins Gesicht sagt.

Selbst wenn wir nur 50 Prozent unserer Aufmerksamkeit darauf richten, sammeln wir den ganzen Tag über beobachtetes Feedback.

Auf einer Party begrüßen wir einen Nachbarn per Handschlag und bemerken, dass er uns nicht in die Augen sieht. (»Hm«, denken wir, »was ist denn mit dem los?«)

Wir kommen von der Arbeit nach Hause und betreten das Wohnzimmer, woraufhin unsere 12-jährige Tochter sofort den Raum verlässt und nach oben in ihr Zimmer geht. (»Hm«, denken wir, »weshalb ist sie denn nun schon wieder sauer auf mich?«)

Wir versuchen, einen Klienten oder Kunden zu erreichen, und er ruft nicht zurück. (»Hm«, denken wir, »da ist wohl jemand nicht gut auf mich zu sprechen.«)

Unsere Mitmenschen geben uns täglich Feedback – durch ihre Blicke, ihre Körpersprache und durch die Zeit, die sie verstreichen lassen, bis sie auf uns reagieren. Es kann sich schwierig gestalten dieses beiläufig beobachtete Feedback richtig zu interpretieren. Wahrzunehmen, dass irgendetwas nicht in Ordnung ist, ist nicht dasselbe, wie zu erkennen, was genau falsch läuft und wie wir das Problem lösen können.

Die gute Nachricht lautet: Diese Feedback-Momente gibt es in Hülle und Fülle. Und mithilfe von ein paar einfachen Übungen können wir sie so manipulieren, dass sich Muster herausbilden, die uns alles sagen, was wir wissen müssen, um uns auf den richtigen Weg zu machen. Hier kommen fünf Möglichkeiten, wie Sie Feedback erhalten können, indem Sie die Welt um sich herum etwas genauer beobachten.

1. Erstellen Sie eine Liste mit allen beiläufigen Bemerkungen, die andere über Sie machen.

Ich habe einmal gehört, wie die Leiterin eines Kreativkurses ihren Teilnehmern die folgende Aufgabe stellte: Sie schickte sie nach draußen an einen belebten öffentlichen Ort und ließ sie eine Stunde lang alles notieren, was sie dort beobachteten. Am Ende der Stunde hatte jeder Teilnehmer mehr als 150 Beobachtungen gesammelt. Daraufhin mussten sie das Spiel wiederholen, dieses Mal aber ausschließlich Beobachtungen notieren, *die sie interessant fanden*. Die resultierenden Listen waren deutlich kürzer. Der Mann, der über die Straße ging, war nicht länger interessant, aber der Mann, der ein Bonbonpapier fallen ließ – und sich der Umweltverschmutzung schuldig machte – weckte durchaus das Interesse einiger Kursteilnehmer. Mit dieser Übung wollte die Kursleiterin ihrer Gruppe demonstrieren, dass es einen Unterschied zwischen dem reinen Beobachten und dem Beobachten mit anschließender *Wertung* gibt.

In unserem Alltag ist es ganz ähnlich. Wir verbringen jede Minute damit, Dinge zu beobachten. Aber wir beobachten nur selten bewusst oder bewerten das Gesehene.

Notieren Sie einen Tag lang alle Bemerkungen, die Sie von anderen über sich hören, zum Beispiel Kommentare wie: »Oh, das war aber wirklich clever, Marshall.« Oder: »Du bist zu spät, Marshall.« Oder: »Hörst du mir eigentlich zu, Marshall?« Jede Bemerkung, die sich auch nur im Entferntesten auf Sie oder Ihr Verhalten bezieht, sollten Sie aufschreiben. Am Abend gehen Sie die Liste dann durch und stufen jede Bemerkung als positiv oder negativ ein. Womöglich werden Sie einige Muster entdecken, wenn Sie sich die negativen Kommentare ansehen. Vielleicht werden manche Bemerkungen Ihre Verspätung, Ihre mangelnde Aufmerksamkeit oder Ihre ausbleibende Reaktion thematisieren. Dann stehen Sie am Beginn eines Feedback-Moments. Sie lernen etwas über sich selbst, ohne darum gebeten zu haben – was bedeutet, dass die jeweilige Bemerkung keine bestimmte Absicht verfolgt, sondern dass es sich um eine ehrliche und zutreffende Aussage handelt.

Wiederholen Sie diese Übung am nächsten Tag und auch am übernächsten Tag.

Sie können sie auch zu Hause machen, wenn Sie wollen.

Mit der Zeit werden Sie genügend Daten über sich selbst zusammengetragen haben – ohne dass Ihre Freunde und Familienmitglieder merken, dass sie Ihnen Feedback geben –, um ermitteln zu können, vor welcher Herausforderung Sie ganz konkret stehen.

Ein Freund von mir, der diese Methode bei der Arbeit und auch zu Hause eine Woche lang anwandte, stellte fest, dass folgende Bemerkung am häufigsten auf seiner Negativliste auftauchte: »Ja, das hattest du schon gesagt.« Was ihm sein Umfeld eigentlich dadurch mitteilen wollte, war: »Ich habe dich schon beim ersten Mal verstanden« – ein eindeutiger Hinweis, dass man seine chronische Neigung, alles mehrmals zu wiederholen, als lästig empfand.

Dieses Verhaltensproblem ließ sich leicht aus der Welt schaffen, aber mein Freund wäre ihm womöglich nie auf die Spur gekommen, wenn er nicht diese Liste geführt und nach einem wiederkehrenden negativen Muster gesucht hätte. Wenn auch Sie den Mut haben, sich der Wahrheit zu stellen, können Sie dasselbe tun wie er.

2. Schalten Sie den Ton aus.

Wenn ich ein Team coache und merke, dass die Gruppe beginnt, sich zu langweilen, lasse ich meine Klienten manchmal die folgende Übung durchführen: Ich fordere sie auf, so zu tun, als würden sie sich einen Stummfilm ansehen. Als könnten sie nicht hören, was gesagt wird. Diese Übung ist ideal geeignet, um sich für das Verhalten von Kollegen zu sensibilisieren. Die Teilnehmer müssen sich fragen, was um sie herum vor sich geht. Eines der ersten Dinge, die sie sehen, unterscheidet sich kaum von dem, was sie hören, wenn der Ton »eingeschaltet ist«: Alle versuchen, sich von ihrer besten Seite zu zeigen. Und dank ihrer neu gewonnenen Sensibilisierung beobachten sie nun erstmals bewusst, wie Menschen ihre *Körpersprache* und *Gestik* einsetzen, um sich in einer Gruppe durchzusetzen. Sie lehnen sich gezielt in Richtung der dominanten Autoritätsperson unter den Anwesenden. Menschen mit geringerer Macht kehren sie den Rücken zu. Sie heben die Hand oder den ganzen Arm, um Rivalen zu unterbrechen. Die Szenerie dieses Stummfilms unterscheidet sich in keinster Weise von der gleichen Situation in einem Tonfilm – nur, dass der fehlende Ton die gesendeten Signale noch deutlicher hervortreten lässt.

Auch Sie können diese Übung als Feedback-Moment nutzen und für sich selbst durchführen. »Schalten Sie den Ton aus« und beobachten Sie, wie die Menschen physisch mit Ihnen umgehen. Lehnen sie sich zu Ihnen hin oder neigen sie sich weg? Hören sie Ihnen zu, wenn Sie das Wort haben, oder trommeln sie mit den Fingern auf dem Tisch, bis Sie zu Ende gesprochen haben? Versuchen sie, Sie zu beeindrucken, oder sind sie sich Ihrer Anwesenheit kaum bewusst? Diese Übung wird Ihnen nicht exakt sagen können, worin Ihre spezifische Herausforderung bestehen könnte, aber wenn die Signale Ihrer Mitmenschen mehr ins Negative gehen als ins Positive, dann werden Sie immerhin wissen, dass Sie bei Ihren Kollegen nicht den überwältigenden Eindruck hinterlassen, den Sie sich erhofft haben. Sie werden wissen, dass noch einiges an Arbeit auf Sie wartet.

Hier noch eine Abwandlung dieser Übung: Stellen Sie sicher, dass Sie als Erster zu einem Meeting erscheinen. Schalten Sie den Ton aus und beobachten Sie, wie die Leute auf Sie reagieren, wenn sie den Raum betreten. Ihr Verhalten weist darauf hin, wie sie über Sie denken. Lächeln sie, wenn sie Sie sehen, und setzen sie sich direkt neben Sie? Oder nehmen sie Ihre Anwesenheit kaum zur Kenntnis und setzen sich an das andere Ende des Raums? Notieren Sie sich die Reaktionen sämtlicher Meeting-Teilnehmer. Wenn die Mehrheit dieser Menschen vor Ihnen zurückschreckt, ergibt sich daraus ein beunruhigendes Muster, das Sie mit einer ernsten Wahrheit konfrontiert: Sie haben ein hartes Stück Arbeit vor sich.

Die »Stummfilm«-Übung sagt Ihnen nicht, was Sie ändern müssen. Aber zumindest werden Sie erfahren, wem Sie die Frage »Wie kann ich mich bessern?« stellen könnten. Sie könnten zum Beispiel mit den Menschen in diesem Raum beginnen.

3. Vervollständigen Sie den Satz.

Der angesehene Psychologe Nathaniel Brandon hat mir beigebracht, wie wir seine Satzergänzungsmethode anwenden können – dabei handelt es sich um eine wunderbare Übung, die kreatives Denken fördert und Menschen außerdem dabei helfen kann, sich zu verändern.

Wählen Sie eine Sache aus, in der Sie besser werden wollen. Das kann alles sein, was Ihnen wichtig ist – vielleicht wollen Sie Ihre Fitness steigern, anderen besser Ihre Anerkennung zeigen oder Ihr Handicap beim Golf verbessern. Listen Sie nun alle positiven Aspekte auf, die sich für Sie und für die Welt ergeben, wenn Sie Ihr Ziel erreichen. Zum Beispiel: »Ich möchte meine Kondition verbessern. Wenn ich fitter werde, hat es den Vorteil, dass ich …« Und jetzt vervollständigen Sie den Satz.

Das ist eine ganz einfache Übung. »Wenn ich fitter werde, werde ich … länger leben.« Das ist ein positiver Nutzen. Machen Sie nun einfach so weiter. »Wenn ich fitter werde, werde ich mich besser fühlen.« Das sind schon zwei Vorteile. »Wenn ich fitter werde, werde ich meiner Familie und meinen Freunden ein besseres Vorbild sein.« Und immer so weiter, bis Sie sämtliche Vorteile ausgeschöpft haben.

Das Interessante an dieser Satzergänzungsmethode ist Folgendes: Je tiefer Sie in diese Übung eintauchen, desto weniger objektiv korrekt und »im Sinne Ihres Arbeitgebers« werden Ihre Antworten ausfallen. Stattdessen werden Ihre Satzendungen eine immer persönlichere Note bekommen. Sie beginnen zum Beispiel mit der Aussage: »Wenn ich meine Arbeit besser organisiere, wird das Unternehmen mehr Gewinn machen ..., wird mein Team produktiver werden ..., werden andere Menschen mehr Freude an ihrer Arbeit haben ... und so weiter und so fort. Am Ende sagen Sie dann aber womöglich: »Wenn ich meine Arbeit besser organisiere, werde ich ein besserer Vater oder eine bessere Mutter ..., ein besserer Partner ..., ein besserer Mensch.«

Diese Übung habe ich einmal mit einem General des U.S. Marine Corps durchgespielt. Er war ein typischer knallharter Soldat, der sich der Aufgabe zunächst widersetzte. Ich weiß nicht wirklich, weshalb. Schließlich lenkte er dann aber doch ein und sagte, er wolle sich darum bemühen, »weniger über andere zu urteilen«. Zu Beginn konnte ich beobachten, wie der stolze Soldat in ihm erbitterten Widerstand leistete. Den ersten Satz vervollständigte er in zynischer Manier: »Wenn ich weniger über andere urteile, werde ich weniger Probleme mit den Clowns im Hauptquartier haben.« Auch der zweite Satz war an Sarkasmus kaum zu übertreffen. Der dritte fiel schließlich schon etwas weniger sarkastisch aus und beim sechsten Satz konnte ich Tränen in seinen Augen sehen: »Wenn ich weniger über andere urteile«, sagte er, »werden meine Kinder vielleicht wieder mit mir sprechen.«

Die Übung mag Ihnen wie eine verrückte, auf den Kopf gedrehte Methode erscheinen, um sich selbst gutes Feedback zu geben. Sie schlagen eine Verbesserungsoption vor und entscheiden dann, ob sie wichtig ist. Doch es funktioniert. Wenn die Vorteile, die Sie aufzählen, immer weniger vorhersehbar ausfallen und stattdessen eine immer persönlichere Bedeutung für Sie als Menschen bekommen, dann wissen Sie, dass Sie sich selbst ein wertvolles Feedback gegeben haben – dass Sie auf eine zwischenmenschliche Fähigkeit gestoßen sind, die Sie wirklich verbessern wollen und müssen. Das ist der Moment, in dem Sie die Bestätigung bekommen, dass Sie die richtige Schwäche ausgewählt haben, die Sie beseitigen wollen.

4. Hören Sie sich Ihr Eigenlob an.

Ich will hier nicht zu sehr psychologisieren, aber haben Sie schon einmal gehört, wie einer Ihrer Freunde mit seiner Pünktlichkeit geprahlt hat, obwohl Sie wissen, dass Pünktlichkeit wirklich das Letzte ist, was Sie von ihm erwarten können? »Du kannst dich stets auf mich verlassen. Ich bin immer pünktlich.«

Haben Sie jemals gehört, wie Freunde damit angegeben haben, wie gut sie organisiert sind, obwohl Sie wussten, dass sie morgens noch nicht mal ihr Bett machen?

Oder wie zuverlässig sie sich bei anderen zurückmelden, obwohl jedermann weiß, dass sie quasi nie reagieren?

Das alles sind kuriose Beispiele der umgekehrten Psychologie: Was jemand als seine Stärken anpreist, erweist sich oft als seine größte Schwäche.

Niemand von uns ist gegen dieses Phänomen gefeit. Wenn wir es selbst bei unseren Freunden beobachten können, dann sind wir sehr wahrscheinlich auch selbst davon betroffen. Hören Sie sich einmal selbst zu. Womit geben Sie an? Wenn Sie diese vermeintliche »Stärke« ähnlich einschätzen wie Ihre Freunde, ist es gut möglich, dass sie in Wirklichkeit zu Ihren Schwächen zählt – und dass Sie eigentlich besser nicht damit prahlen sollten. Auf eine paradoxe Art und Weise haben Sie sich selbst das ehrlichste Feedback gegeben, das Sie sich wünschen können.

Ich will hier wirklich nicht den Psychologen geben, aber die gleiche Lektion hält sich vielleicht auch in den *selbstironischen* Bemerkungen versteckt, mit denen wir Bescheidenheit signalisieren möchten.

Wenn einer unserer Kollegen in einem Meeting einen Einwurf mit den Worten beginnt »Ich bin vielleicht kein Experte für die Kontrolle von Beständen, aber …«, dann können Sie sicher sein, dass die nun folgenden Äußerungen darauf hindeuten werden, dass er oder sie sich insgeheim eben doch für einen Experten auf diesem Gebiet hält.

Wenn ein Freund während eines Streits einwendet »Ich habe vielleicht nicht richtig darauf geachtet, aber …«, können Sie sicher sein, dass er Ihnen zeigen will, dass er besser darauf geachtet hat, als Sie vermutet hatten.

Der Satz, der mich jedoch regelmäßig am meisten aufhorchen lässt, ist Folgender: »Die Sache ist mir ja eigentlich völlig egal, aber ...« Ein eindeutiges Signal, dass das Thema dem Sprecher dieser Worte in Wahrheit ganz und gar nicht egal ist.

Diese pseudo-selbstironischen Aussagen – die wir über uns selbst treffen, an die wir aber gar nicht glauben – sind rhetorische Kniffe und Argumentationstricks unserer alltäglichen Kommunikation, mit denen wir uns einen Vorteil gegenüber unseren Rivalen verschaffen wollen. Dagegen ist nichts einzuwenden. Doch wenn Sie Ihre Brötchen so wie ich mit der Analyse der »Kriegsführung« in Unternehmen verdienen, sollten solche selbstabwertenden Bemerkungen Ihre Alarmglocken läuten lassen. Egal was andere in diesen Fällen vorgeblich sagen: Sie wissen, dass diese Leute das genaue Gegenteil glauben.

Das Gleiche gilt auch für uns selbst. Wenn wir uns bei selbstabwertenden Bemerkungen ertappen, sollten wir sofort aufhorchen – denn sie könnten ein Feedback über uns selbst enthalten. Wenn Sie sich selbst dabei zuhören, wie Ihnen ganz beiläufig eine bescheiden klingende Bemerkung über die Lippen geht, zum Beispiel »Ich bin nicht besonders gut darin, mich bei anderen zu bedanken«, ist es gut möglich, dass Sie gar nicht an das glauben, was Sie da sagen. Es ist jedoch gleichfalls möglich, dass es wahr ist und dass Sie etwas sehr Ehrliches über sich selbst gesagt haben, das Sie sich jedoch noch nicht eingestehen können: Sie sind nicht gut darin, anderen Ihre Dankbarkeit zu zeigen.

Natürlich sollten Sie wie bereits gesagt nicht jede einzelne Bemerkung, die Sie hören, überinterpretieren. Doch eine selbstabwertende Bemerkung, egal ob sie pseudomäßig geäußert wurde oder nicht, kann zu einem dieser ehrlichen Feedback-Momente werden, die in unserem Kopf eine Glocke läuten lassen, die uns signalisiert: »Aufgepasst! Es könnte sich lohnen, das *zu beobachten.*«

5. Werfen Sie einen Blick ins Private.

Erinnern Sie sich an den Film *Wall Street* und dessen Hauptfigur Gordon Gekko? Für seine Darstellung dieses unverschämten, betrügerischen Geschäftemachers erhielt Michael Douglas einen Oscar als bester Hauptdarsteller. Nun, ich habe einmal mit einem echten Investmentbanker gearbeitet, der durchaus für die Figur des Gekko Porträt gestanden haben könnte.

Der Mann, den ich coachte – nennen wir ihn Mike –, war zwar nicht unmoralisch und unethisch wie Gekko, aber in seiner Seele loderte das Feuer des Konkurrenzdenkens, was ihn dazu brachte, Menschen wie den Kies in seiner Hauseinfahrt zu behandeln, die er mit seinem SUV einfach plattwalzte. Nachdem ich bei Mikes Kollegen Feedback über seine zwischenmenschlichen Schwächen eingeholt hatte, stellte ich überrascht fest, dass Mikes Quote in puncto respektvoller Umgang mit direkten Untergebenen und Kollegen nur erstaunliche 0,1 Prozent betrug. Das heißt, dass er unter tausend bewerteten Managern an allerletzter Stelle stand!

Aber auch bei seinen Geschäftsergebnissen lieferte Mike regelmäßig erstaunliche Zahlen ab. Er fuhr derart große Gewinne ein, dass er vom CEO des Unternehmens in den Vorstand berufen wurde. Was der Höhepunkt von Mikes junger Karriere hätte sein sollen, brachte jedoch auch seine schlechte Seite ans Licht. Die anderen Führungskräfte des Unternehmens, die bisher nichts von Mikes Verhalten mitbekommen hatten, bekamen plötzlich am eigenen Leib zu spüren, dass Mike in seinem Drang, stets der Anführer sein zu wollen, quasi bereit war, »über Leichen zu gehen«, wenn man nicht tat, was er wollte. Bei Meetings stellten sie schnell fest, dass es keine Kontrollinstanz gab, die reguliert hätte, was Mike dachte und was davon er auch laut aussprach. Egal, wen er vor sich hatte, sein Kommunikationsstil war immer derselbe: brüsk und beleidigend. Sogar dem CEO (seinen größten Unterstützer) fuhr er in Meetings bisweilen barsch über den Mund. Letzterer war es auch, der mich schließlich kontaktierte und mich darum bat, mit Mike zu arbeiten und seine Fehler »in Ordnung zu bringen«.

Als ich Mike kennenlernte, fiel mir als Allererstes auf, wie viel Freude ihm seine Erfolge bereiteten. Er verdiente mehr als 4 Millionen Dollar im Jahr, und berufliche Anerkennung war eindeutig der Motor, der ihn zu Höchstleistungen antrieb. Entsprechend ahnte ich sofort, dass es schwierig sein würde, zu Mike durchzudringen, indem ich seine Leistung bei der Arbeit infrage stellte. Denn er machte einen hervorragenden Job und das wusste er auch. Also beschloss ich, einen anderen Einstieg zu wählen. Ich sagte zu ihm: »Ich kann Ihnen nicht helfen, mehr Geld zu verdienen. Sie verdienen schon jetzt extrem gut. Aber wir sollten uns ein wenig eingehender mit Ihrem Ego beschäftigen. Wie behandeln Sie Ihre Familie zu Hause?«

Mike entgegnete, er sei zu Hause völlig anders, ein großartiger Ehemann und Vater. »Ich nehme meine Arbeit nicht mit nach Hause«, versicherte er mir. »An der Wall Street bin ich ein Tiger, aber zu Hause bin ich ganz zahm.«

»Das ist ja interessant«, erwiderte ich. »Ist Ihre Frau gerade zu Hause?«

»Ja«, antwortete er.

»Dann rufen wir Sie am besten einmal an und fragen Sie, ob sie ebenfalls der Meinung ist, dass Sie zu Hause ganz anders sind als bei der Arbeit.«

Also telefonierten wir mit Mikes Frau. Als sie schließlich aufgehört hatte, über die Aussage ihres Mannes zu lachen, bestätigte sie meine Vermutung, dass sich Mike auch privat ziemlich unwirsch verhielt. Dann riefen wir auch noch seine beiden Kinder an, die ihrer Mutter in allen Punkten zustimmten.

An Mike gewandt sagte ich anschließend: »So langsam erkenne ich hier ein Muster. Wie ich bereits sagte, kann ich Ihnen nicht helfen, mehr Geld zu verdienen. Aber ich kann Sie dazu bringen, sich die folgende Frage zu stellen: Wollen Sie wirklich die Hauptattraktion einer Beerdigung sein, an der die Leute nur teilnehmen, weil sie sich vergewissern wollen, dass Sie auch wirklich tot sind? Denn ehrlich gesagt, sind Sie im Moment auf dem besten Weg dorthin.«

Zum ersten Mal, seit wir uns kennengelernt hatten, wirkte Mike ein wenig angeschlagen. »Die wollen mich feuern, nicht wahr?«, fragte er.

»Wenn Sie so weitermachen, werden sie Sie nicht nur feuern«, erwiderte ich, »sondern die Leute werden auf den Fluren tanzen, wenn Sie gehen!«

Mike dachte einen Moment über meine Worte nach und sagte dann: »Ich werde mich ändern, und der Grund dafür hat weder mit Geld noch mit dieser Firma zu tun. Ich werde mich ändern, weil ich zwei Söhne habe. Und wenn sie in zwanzig Jahren dasselbe Feedback von Ihnen bekämen, das Sie mir gerade gegeben haben, würde ich mich schämen.«

Innerhalb eines Jahres stiegen Mikes Werte im Bereich respektvoller Umgang mit anderen auf über 50 Prozent – wodurch er selbst den ohnehin schon hohen Unternehmensdurchschnitt noch übertraf. Angesichts der Tatsache, dass er sich von derart miserablen Werten hochgearbeitet hatte, hätte er womöglich sogar eine noch bessere Quote verdient gehabt. Nebenbei verdoppelte Mike auch noch sein Einkommen, obwohl ich nicht behaupten kann, dass mein Coaching die alleinige Ursache dafür war.

Die Lektion dieser Geschichte lautet jedenfalls: *Verhaltensschwächen, die Sie bei der Arbeit an den Tag legen, verschwinden nicht einfach, wenn Sie zu Hause über die Türschwelle treten.*

Die Moral: Wir alle können uns ändern, aber wir müssen es auch wollen – und manchmal können wir Menschen zur Umkehr bewegen, indem wir ihren Blick auf ihr privates Ich lenken.

Der Aktionsplan für Führungskräfte (und ihre Gefolgsleute) sieht so aus: Wenn Sie wirklich wissen wollen, wie Ihr Verhalten bei Ihren Kollegen und Kunden ankommt, hören Sie auf, in den Spiegel zu schauen und sich selbst darin zu bewundern. Lassen Sie sich von Ihren Kollegen den Spiegel vorhalten und hören Sie zu, was sie Ihnen zu sagen haben. Wenn Sie ihnen nicht glauben, dann gehen Sie nach Hause und stellen Sie Ihrer Familie und Ihren Freunden dieselben Fragen. Denn sie sind die Menschen in Ihrem Leben, die sicherlich keine unlauteren Absichten verfolgen, sondern Ihnen einfach nur Glück und Erfolg wünschen. Wir behaupten stets, wir wollten immer die Wahrheit hören. Mit dieser Methode fördern Sie die Wahrheit garantiert zutage.

Bei diesen fünf Beispielen für beobachtetes Feedback handelt es sich gewissermaßen um verdeckte Techniken, die Sie dazu bewegen, Ihr Umfeld genauer unter die Lupe zu nehmen.

Indem Sie eine Liste der Bemerkungen anderer über Sie erstellen und sie entweder als negativ oder als positiv einstufen, erweitern Sie Ihr Arsenal für die Wahrnehmung der Welt um Sie herum um zwei neue Fähigkeiten: das bewusste Beobachten und die Bewertung des Gesehenen.

Indem Sie bisweilen den Ton ausschalten und auf die kostbare Fähigkeit des Hörens verzichten, erhöhen Sie Ihre Sensibilität für andere Sinneseindrücke.

Indem Sie die Satzergänzungsmethode ausprobieren, machen Sie sich die Technik der retrograden Analyse zunutze – Sie betrachten das Endergebnis und identifizieren auf dieser Grundlage, welche Fähigkeit Sie entwickeln müssen, um dieses Ergebnis zu erreichen.

Indem Sie den Wahrheitsgehalt Ihres Eigenlobs hinterfragen, stellen Sie Ihre Welt auf den Kopf, und erkennen, dass Sie nicht anders sind als alle anderen.

Und indem Sie schließlich überprüfen, wie Ihr Verhalten von Ihrem privaten Umfeld empfunden wird, erkennen Sie nicht nur, was Sie ändern müssen, sondern auch, weshalb das so wichtig ist.

Die Logik, die diesen Übungen zugrunde liegt, ist ganz einfach: Wenn Sie Ihre Welt mit neuen Augen sehen können, können Sie vielleicht auch sich selbst mit neuen Augen sehen.

Obwohl wir uns bis zu diesem Punkt intensiv mit dem Nutzen von Feedback beschäftigt haben, sollten Sie nicht vergessen, dass Feedback nur als Grundlage für unsere Arbeit dient. Wir stehen erst am Anfang.

Wäre ich ein Orthopäde, wäre das Feedback ein MRT. Ich brauche es, um tiefe Gewebeschäden zu identifizieren und herauszufinden, was gebrochen ist. Trotzdem muss ich anschließend eine Operation durchführen, um das Problem zu beheben – und der Patient wird noch viele Wochen intensiver Rehabilitation benötigen, bis sich sein Zustand bessert und er wieder gesund ist.

Wäre ich Marketingmanager in einer Agentur, wäre das Feedback der Teil meiner Arbeit, in dem ich das Produkt meines Kunden genau unter die Lupe nehme. Wer kauft es und wieso? Wie hoch ist sein Marktanteil im Vergleich zu Konkurrenzprodukten? Doch das eingeholte Feedback macht noch lange keine überzeugende Webekampagne. Die muss ich schon selbst konzipieren.

Wäre ich ein Politiker, der für ein Amt kandidiert, wären mein Feedback die Umfrageergebnisse, die mir verraten, was den Wählern am Herzen liegt. Aber die Wahl muss ich immer noch alleine gewinnen. Ich muss die Wählerinnen und Wähler immer noch davon überzeugen, dass ich der richtige Kandidat für den Job bin und dass ich mich um ihre Probleme kümmern werde. Ich muss immer noch um ihre Stimmen kämpfen. Mit Feedback allein gewinne ich keinen Wahlkampf.

Feedback sagt uns, was wir ändern sollen, und nicht, wie wir das tun sollen. Aber wenn Sie erst einmal wissen, was Sie ändern müssen, können Sie damit beginnen, sich selbst und auch das Bild zu ändern, das Ihr Umfeld von Ihnen hat. Dann sind Sie bereit für den nächsten Schritt: Lassen Sie alle wissen, dass es Ihnen leidtut.

KAPITEL 7

Sich entschuldigen

Die magische Geste

FALLS ES NOCH NICHT OFFENSICHTLICH GEWORDEN SEIN SOLLTE: In meinen Augen wohnt der Entschuldigung etwas Magisches und Heilsames inne und in meinen Augen ist sie die stärkste Geste der Wiedergutmachung, zu der Menschen fähig sind. Sie ist das Kernelement meiner Arbeit mit Führungskräften, die sich bessern wollen. Denn ohne die Entschuldigung gibt es kein Eingeständnis, dass Fehler gemacht wurden. Ohne sie gibt es keine Absichtserklärung, dass man sich ändern will. Und ohne Entschuldigung wird vor allem kein emotionaler Vertrag zwischen Ihnen und den Menschen, die Ihnen wichtig sind, geschlossen. Denn indem Sie sich bei jemandem entschuldigen, wird dieser Vertrag gewissermaßen »mit Blut besiegelt«.

In dem Buch *Harvey Penick's Golf-Weisheiten: Das kleine rote Buch* findet sich eine kurze Geschichte, die im amerikanischen Original den Titel »The Magic Move« trägt. Darin liefert Penick eine unnachahmliche Anleitung für den perfekten Golfschlag – er beschreibt die Gewichtsverlagerung vom linken auf den rechten Fuß, während Sie mit dem Eisen zum Schlag ausholen, und dann die Verlagerung zurück auf den linken Fuß, wenn Sie den rechten Ellbogen nach unten durchstrecken und mit dem Schläger auf den Ball zielen. Wenn Sie das erst einmal gelernt haben, verspricht Penick, »werden Sie den Ball wie von Zauberhand treffen«.

Nun, mein »Magic Move« ist die Entschuldigung. Sie ist eine scheinbar einfache Taktik. Aber genau wie das Eingestehen eines Fehlers oder Danke sagen fällt es manchen Menschen schwer, sich zu entschuldigen. Doch wenn es ihnen gelingt, werden sie erleben, welch großartige Wirkung dieses Vorgehen entfalten kann.

Das in meinen Augen beste Beispiel für die reinigende und befreiende Kraft einer Entschuldigung ist die Zeugenaussage von Richard Clarke vor der 9/11-Kommission, einem parteiübergreifenden Ausschuss des US-Kongresses, der die Ursachen der Terroranschläge am 11. September 2001 in den USA untersuchte. Die Aussage des Antiterrorexperten Clarke dauerte viele Stunden und enthielt zahlreiche Kontroversen, die allerdings fast alle von einem einzigen Augenblick in den Hintergrund gedrängt wurden – als er sich schließlich an die Hinterbliebenen der Opfer des 11. Septembers wandte und sagte: »Ihre Regierung hat Sie im Stich gelassen, diejenigen, die Sie beschützen sollten, haben Sie im Stich gelassen, und ich habe Sie im Stich gelassen.« Es war eine Entschuldigung, über die Frank Rich von der *New York Times* später schrieb, sie würde »sehr wahrscheinlich einmal Teil der Videoreihe über die größten Momente in der amerikanischen Geschichte werden, gleich neben Joseph Welchs »Haben Sie denn überhaupt kein Gespür für Anstand, Sir?« (Angesprochen war Joseph McCarthy, der als Namensgeber der sogenannten McCarthy-Ära in die Geschichte einging.) Einige waren der Meinung, Clarke habe lediglich Effekthascherei betrieben, er habe kein Recht gehabt, sich zu entschuldigen, oder er habe das ansonsten sachliche und nüchterne Verfahren mit einer überzogenen Emotionalität überfrachtet. Ich persönlich habe ihm applaudiert. Denn er hatte etwas getan, was beide Seiten gebraucht hatten. Im Grund genommen sagte er damit: »Wir können die Vergangenheit nicht ändern. Aber das Schlimmste liegt hinter uns, und es tut mir immer noch so sehr leid.« Die Entschuldigung gab ihm und den Menschen, an die er sich wandte, das Gefühl, dass dieses tragische Kapitel endgültig abgeschlossen war, wie schwach und bittersüß dieser Trost auch sein mochte. Erst ein Abschluss lässt uns wieder nach vorne blicken.

Die Entschuldigung von Clarke wurde noch tagelang immer wieder im Fernsehen gezeigt. Es wundert mich heute noch, dass die Menschen so von der emotionalen Wucht seines »Mea culpa« gefesselt waren. Ich versuche immer, meine Klienten dazu zu bringen, sich ohne nachzudenken zu entschuldigen. Manchmal dauert es allerdings länger, als mir lieb ist, bis die »Botschaft« bei ihnen ankommt. So war es auch bei einem leitenden Angestellten namens Ted, den ich in den späten 90er-Jahren coachte. Ted war der typische Erfolgsmensch: ein smarter, sympathischer, hart arbeitender Typ, der die gewünschten Umsätze lieferte und die Unternehmenswerte ideal verkörperte, der von seinen Chefs geschätzt, von seinen Kollegen bewundert und von seinen Untergebenen geliebt wurde. Dieses eigentlich perfekte Bild wurde jedoch durch einen entscheidenden Makel getrübt: Ted war eine Katastrophe, wenn es darum ging, den Kontakt zu seinen Kunden und Kollegen zu pflegen. Es dauerte Jahre, bis dieser Makel bemerkt wurde, der erklärte, warum Teds Beziehungen zunächst äußerst vielversprechend begannen, aber schließlich immer stärker von Konflikten dominiert wurden. Er stieß die Menschen, die ihm am Nächsten standen, regelmäßig vor den Kopf – nicht etwa aus Bosheit oder Arroganz, sondern einfach aus passiver Nachlässigkeit. Er rief nie zurück, unternahm nie den ersten Schritt, um nachzufragen, wie es ihnen ging, und schenkte ihnen immer nur dann seine Aufmerksamkeit, wenn es ein Geschäft zu erledigen gab. Das war eines dieser harmlosen, aber trotzdem verletzenden Verhaltensmuster, die sich erst im Laufe der Zeit herauskristallisieren – weil man den regelmäßigen Kontakt und die Fürsorge des anderen erst zu vermissen beginnt, wenn sie auf einmal nicht mehr da sind. Doch Ted legte dieses Verhalten in jeder Beziehung immer wieder aufs Neue an den Tag. Irgendwann musste er lernen, den Leuten zu zeigen, dass er sie als Menschen schätzte und dass er ihr Freund war, auch wenn gerade einmal kein gemeinsamer Deal anstand.

Ich habe Ted geholfen, sich bei der Arbeit zum Besseren zu verändern, indem ich ihm die magischen Gesten der »Entschuldigung«, der »Eigenwerbung« und des »Nachfassens« vermittelte. Doch darum soll es an dieser Stelle gar nicht gehen.

Ted und ich blieben in Kontakt (wobei meistens natürlich ich derjenige war, der ihn anrief), aber eines Tages im März 2004 meldete er sich mit aufregenden Neuigkeiten bei mir.

»Marshall«, sagte er, »Sie werden stolz auf mich sein. Ich habe eine meiner engsten Freundschaften total ruiniert.«

»Okay«, erwiderte ich zögerlich. »Und der Grund, weshalb ich stolz auf Sie sein sollte, ist …?«

»Dass ich mich entschuldigt und die Freundschaft gerettet habe«, sagte er.

Die Geschichte ging so: Teds Nachbar Vince war seit 20 Jahren auch sein bester Freund. Innerhalb von zwei Wochen hatte Vince fünfmal bei Ted angerufen, doch Ted hatte sich kein einziges Mal zurückgemeldet. (Offenbar waren die Besserungsmechanismen, die sich Ted bei der Arbeit angeeignet hatte, noch nicht bis in sein Privatleben vorgedrungen.) Damit hatte er Vince – ein temperamentvoller Sizilianer, dem Loyalität und Freundschaft über alles gingen – sehr verletzt, sodass er nun nicht mehr mit Ted sprach. Ted bemerkte das zwar, doch er konnte sich nicht dazu durchringen, sich bei Vince zu melden und sich zu entschuldigen. Schließlich versuchten die Ehefrauen der beiden, eine Annäherung zwischen den Männern zu erreichen: Sie beschlossen, dass Ted einen zerknirschten Brief an Vince schreiben sollte, um den Konflikt aus der Welt zu schaffen. Doch Ted vermasselte auch diese Aufgabe. Deals und Geschäftsreisen hielten ihn so sehr in Atem, dass mehrere Wochen verstrichen, ohne dass Ted den Brief geschrieben hatte, den Vince inzwischen erwartete. Schließlich verlor Vince die Geduld und er schrieb Ted nun selbst einen vernichtenden Brief, in dem er all die Kränkungen und Beleidigungen aufzählte, die ihre Freundschaft vergiftet hatten – dass Ted nie zurückrief, dass er ihn bei einer Dinner Party ignoriert hatte und nie von sich aus den Kontakt suchte. (Ich weiß, dass das wie der Stoff einer Seifenoper klingt, aber der entscheidende Punkt folgt gleich.)

Der Brief schmerzte Ted so sehr, dass er sich sofort hinsetzte, und eine Antwort verfasste. Ich zitiere sie hier in voller Länge, weil sie ein Musterbeispiel der idealen Entschuldigung war:

Lieber Vince,
wie sagte Vito Corleone, als er sich mit den fünf Familien traf: »Wie konnte es nur so weit kommen?«

Ich habe deinen Brief erst vor ein paar Minuten gelesen, und als erstes Zeichen meines Vorsatzes, mich von nun an zu ändern – mich in Zukunft zurückzumelden –, schreibe ich dir zurück, um zu deinen Vorwürfen Stellung zu nehmen. Soweit ich sehe, geht es dir vor allem um drei Punkte.

Was den ersten Punkt betrifft, dass ich dich nie zurückrufe, so gestehe ich ein, dass das stimmt, dass du vollkommen recht damit hast. Das ist schlechtes Benehmen und kein Freund, oder überhaupt jeder ehrbare Bürger, sollte sich so verhalten. Ich hätte es besser wissen sollen. Stattdessen habe ich dir mit meinem Schweigen die unglückliche und falsche Botschaft gesendet, dass du mir egal seist. (Falls es dich ein wenig tröstet: Diese Schwäche lässt mich streng demokratisch vorgehen. Auch meine Mutter, meinen Bruder und meine Schwiegereltern rufe ich nie zurück. Und meine Frau lässt gerade ausrichten: »Mich auch nicht.« Ich sage das nicht, um zu prahlen – es ist nur als kleine Ehrenrettung meinerseits gedacht, mit der ich dir versichern möchte, dass ich bei Rückrufen keine Prioritätenliste führe, auf der du ganz unten stehst. Ich führe überhaupt nicht Buch über meine verpassten Anrufe. Ich behandle alle gleich – also gleich unhöflich.) Dafür möchte ich mich bei dir entschuldigen. Ich werde das ändern.

Was deinen zweiten Vorwurf angeht, dass ich dir ein schlechter Gastgeber war: Ich hatte wirklich nicht die Absicht, dich zu ignorieren oder aus Gesprächen auszuschließen. Aber um meine Absichten soll es hier gar nicht gehen. Es geht darum, wie du dich gefühlt hast, und das ist bei der Frage, ob ich dir gute Gastfreundschaft gewährt habe, das Entscheidende. Oder wie der Trainer der Boston Celtics, Red Auerbach, über das Trainieren seiner Spieler zu sagen pflegte: »Es kommt nicht darauf an, was ich sage, sondern darauf, was sie hören.« Offensichtlich konntest du den Abend bei mir nicht genießen, und auch dafür bitte ich dich um Entschuldigung. Ich möchte ein guter, fürsorglicher und großzügiger Gastgeber sein, und ich werde deine Kritik zum Anlass nehmen, es von nun an besser zu machen.

Was den dritten Punkt betrifft, dass ich mich nie aus eigener Initiative bei meinen Freunden melde, so hast du auch hier völlig recht. Wie du selbst sagt, investieren manche Menschen gerne viel Arbeit in ihre Freundschaften. Andere tun das wiederum nicht.

Von allen Vorhaltungen, die du mir machst, schmerzt mich diese dritte am meisten – weil sie wahr ist und weil sie eigentlich so leicht zu vermeiden wäre. Du bist nicht der Erste, der darauf hinweist. Nun könnte man natürlich in meiner Kindheit nach Gründen für mein Verhalten suchen, aber der Vergangenheit die Schuld zu geben, ist sinnlos. Ich bin 52 Jahre alt. Ich kann mich nicht hinter meiner Mutter, meiner Erziehung oder dem lausigen Thunfischsandwich in der dritten Klasse verstecken. Ich kann nur versprechen, dass ich mein Verhalten ändern werde, Schritt für Schritt, indem ich mich an dem orientiere, was du mir sagst, und mich so verhalte, wie du das von einem guten Freund erwartest. Ich hoffe, dass deine Kritik der Anstoß für meine Rehabilitation sein wird.

Auch wenn es nicht so aussehen mag: Unsere Freundschaft ist mir wichtig. Ungeheuer wichtig. Wir haben zu viele Jahre miteinander gelacht und eine gute Zeit gehabt, uns als Nachbarn geschätzt und uns aufrichtig umeinander gekümmert, um unsere Freundschaft nun nur deshalb im Sande verlaufen zu lassen, weil ich mich in Bereichen, die dir sehr wichtig sind, wie ein Trottel verhalte. Alles, was ich tun kann, ist, dich um Vergebung zu bitten. Wenn du mir verzeihen kannst, erwarte ich nicht, dass alles wieder so wird, wie es war. Ich glaube, wir sollten uns von nun an höhere Ziele stecken. Ich möchte, dass wir eine Basis finden, die mir die Möglichkeit gibt, mich zu einem idealen Freund zu wandeln, der alle Eigenschaften erfüllt, die du in deinem schmerzhaft ehrlichen Brief an mich beschrieben hast.

Wollen wir alles Weitere bei einer guten Flasche Rotwein besprechen?

Ein toller Brief, oder? Allerdings nicht, wenn er nicht gelesen wird. Vince schickte ihn ungeöffnet zurück. Also schritten die Ehefrauen erneut zur Tat und baten Vince inständig darum, den Brief zu lesen. Als er schließlich einlenkte, konnte der Prozess der Wiederherstellung der

Freundschaft endlich beginnen – denn einer aufrichtigen Entschuldigung kann niemand widerstehen.

Ich wundere mich immer über all die Menschen, die sich, genau wie Ted damals, nicht dazu durchringen können, einen Fehler zuzugeben oder sich zu entschuldigen. Wie kommen sie nur durchs Leben? Wie reparieren sie beschädigte Beziehungen? Wie zeigen sie anderen, was sie wirklich fühlen? Wie vermitteln sie glaubwürdig, dass sie bereit sind, ihr unrühmliches Verhalten zu ändern, ohne sich zuvor zu entschuldigen?

Als ich Ted dazu gratulierte, wie er die Situation gemeistert hatte, sagte er: »Wissen Sie, wenn ich dasselbe nicht schon einmal bei der Arbeit durchgemacht hätte, hätte ich mich wahrscheinlich nicht bei Vince entschuldigen können.«

»Und warum konnten Sie es jetzt?«, fragte ich.

»Weil ich weiß, dass es funktioniert.«

Das mag ein unwiderstehlicher Grund sein, die magische Geste der Entschuldigung zu lernen, aber der unwiderstehlichste Grund ist folgender: *Es ist so einfach.* Sie müssen lediglich diese Worte sprechen: »Es tut mir leid. Ich werde versuchen, mich zu bessern.«

Probieren Sie es doch auch einmal aus. Es kostet Sie nichts – noch nicht einmal Ihren eingebildeten Stolz –, aber die »Rendite«, die Sie dadurch erzielen, würde Warren Buffett vor Neid erblassen lassen. Und es wird Ihr Leben verändern – pure Magie.

Wie man sich entschuldigt

Konnten Sie in den Geschichten über Richard Clarke, Ted und Vince ein Muster erkennen? Der Heilung begann immer mit einer Entschuldigung.

Es spielt keine Rolle, was Sie getan haben oder was Sie dazu veranlasst, sich zu entschuldigen. Es könnte der tiefe Schmerz sein, den Sie empfinden, weil Sie jemandem Leid zugefügt haben. Oder die Scham darüber, dass Sie jemanden vernachlässigt haben, der Ihre Aufmerksamkeit verdient hätte. Oder die tiefe Trauer darüber, dass Sie selbst schuld daran sind, dass sie die Zuneigung eines geliebten Menschen verloren haben. Kummer, Schmerz, Scham, Trauer. Das sind starke Emotionen, und manchmal sind sie stark genug, um auch dem hartherzigsten Menschen eine Entschuldigung zu entlocken. Aber das ist hier gar nicht das Thema. Ursachen und Motive interessieren mich nicht. Was auch immer Menschen, die normalerweise nicht imstande sind, sich zu entschuldigen, letzten Endes doch noch dazu bewegt, um Vergeben zu bitten – es soll mir recht sein.

Sobald Sie bereit sind, sich zu entschuldigen, finden Sie hier die Anleitung.

Sagen Sie: »Es tut mir leid.«

Fügen Sie hinzu: »Ich werde versuchen, es in Zukunft besser zu machen.« Dieser Zusatz ist nicht zwingend notwendig, aber meiner Meinung nach sinnvoll, denn wenn Sie die Vergangenheit hinter sich lassen, ist es gut, wenn Sie gleichzeitig auf eine bessere Zukunft hinweisen.

Und dann … sagen Sie nichts mehr.

Erklären Sie nichts. Verkomplizieren Sie das Ganze nicht noch weiter. Relativieren Sie nichts. Sonst riskieren Sie nur, etwas zu sagen, was Ihre Entschuldigung verwässert. Ich erinnere mich noch, dass das Investmentbanking- und Wertpapierhandelsunternehmen Morgan Stanley 2001 eine Geldstrafe in Höhe von 50 Millionen Dollar gezahlt hat, um einen Rechtsstreit beizulegen. Dabei war es um Analysten des Unternehmens gegangen, die allzu günstige Berichte über Firmen geschrieben hatten, die in einer Geschäftsbeziehung zu Morgan Stanley standen. Mit dieser Zahlung wollte Morgan Stanley den Skandal hinter sich lassen und endlich wieder positiv in die Zukunft blicken. Das Ganze erweckte den Eindruck einer Entschuldigung. Doch schon am nächsten Tag machte Phil Purcell, der CEO von Morgan Stanley, alles zunichte, indem er in einer Rede versuchte, die Zahlung der Geldstrafe zu relativieren. Er sagte, man habe sie bezahlt, um die Angelegenheit hinter sich zu bringen, man habe wirklich nichts Falsches getan und sei mit Sicherheit nicht so schlimm wie andere Unternehmen, die schon wesentlich höhere Geldstrafen bezahlt hätten. Es hörte sich an, als wolle er sich damit brüsten, dass seine Firma die geringste Strafe gezahlt hatte. Er hätte genauso gut damit prahlen können, nur drei Jahre im Gefängnis gesessen zu haben, während seine Zellengenossen zehn Jahre hinter Gitter verbringen mussten.

Es war ein gefundenes Fressen für die Medien, die Börsenaufsichtsbehörde und den Generalstaatsanwalt von New York, die sich aufgrund dieser Äußerungen sofort auf Purcell stürzten. Egal, wie viel Geld ein Unternehmen hat: Wenn es einen Scheck über 50 Millionen Dollar ausstellt, sollte man das als ernsthafte Entschuldigung verstehen können. Wenn Sie sich entschuldigen, können Sie Ihrem Gegenüber nicht nebenbei zuzwinkern. Sie können nur sagen, dass es Ihnen leidtut und dann schweigen.

Wenn ein weltgewandter CEO eine 50 Millionen Dollar teure Entschuldigung vermasseln kann, indem er zu viel sagt, dann stellen Sie sich nur vor, was für ein Chaos der Rest von uns anrichten kann, wenn wir bei unseren eigenen Reuebekundungen auch nur ein einziges Wort mehr sagen als »Es tut mir leid«.

In Bezug auf Entschuldigen lautet der einzige vernünftige Ratschlag: *Fassen Sie sich kurz!* Sie haben noch genug andere Dinge zu tun, bevor Sie sich wirklich zum Besseren verändern. Je schneller Sie Ihre Entschuldigung hinter sich bringen, desto schneller können Sie damit anfangen, alle Welt an Ihrem Wandel teilhaben zu lassen.

KAPITEL 8

Alle Welt teilhaben lassen oder: Werbung in eigener Sache

Nachdem Sie sich entschuldigt haben, müssen Sie als Nächstes *die Werbetrommel rühren.* Allen zu sagen, dass man sich verbessern will, reicht nicht aus. Sie müssen ihnen auch genau erläutern, in welchem Bereich Sie die Änderung konkret anstreben Mit anderen Worten: Sie haben sich entschuldigt – und wie geht es jetzt in dieser Angelegenheit weiter?

Ich sage meinen Kunden immer: »Es ist viel schwieriger, die Außenwahrnehmung Ihres Verhaltens zu ändern, als das eigene Verhalten an sich zu ändern. Ich schätze sogar, dass Sie sich um 100 Prozent verbessern müssen, um von Ihren Kollegen nur 10 Prozent der dafür gebührenden Anerkennung zu bekommen.

Die Logik dahinter ist Ihnen sicher noch aus Kapitel 3 vertraut: kognitive Dissonanz. Kurz zusammengefasst: Wie wir Menschen betrachten, hängt davon ab, mit welchen Stereotypen wir sie ursprünglich belegt haben, und zwar unabhängig davon, ob sie positiv oder negativ sind. Wenn ich Sie für einen arroganten Idioten halte, werde ich alles, was Sie tun, durch die Brille dieser Überzeugung wahrnehmen. Wenn Sie etwas Wunderbares tun und sich wie ein Heiliger verhalten würden, würde ich dieses Benehmen trotzdem als Ausnahme von der Regel bewerten – und Sie auch weiterhin für einen arroganten Trottel halten.

Dieser Bezugsrahmen macht es nahezu unmöglich, dass andere unsere positive Entwicklung wahrnehmen, egal wie sehr wir uns auch bemühen.

Doch wenn wir unseren Mitmenschen mitteilen, dass wir versuchen, uns zu ändern, steigen unsere Chancen auf Anerkennung unseres Strebens erheblich. Wenn sie es erst einmal auf dem Radar haben, dass Sie sich anstrengen, können Sie damit beginnen, ihre Vorurteile zu widerlegen.

Ihre Chancen verbessern sich weiter, wenn Sie allen erzählen, wie hart Sie an sich arbeiten, und diese Botschaft Woche um Woche wiederholen.

Und Ihre Chancen steigern noch mehr, wenn Sie alle um Ideen bitten, die Ihnen helfen können, sich zu bessern. Dadurch tätigen Ihre Mitarbeiter gewissermaßen eine Investition in Sie – und werden Sie ab sofort im Blick behalten, um zu sehen, ob Sie ihre Empfehlungen beherzigen.

Wenn Sie diese Maßnahmen befolgen, wird Ihre Botschaft nach und nach zu allen durchdringen und die Menschen werden mit der Zeit akzeptieren, dass Sie womöglich bald ein anderer, besserer Mensch sein werden. Denken Sie nur an den Baum, der im Wald umfällt. Wenn niemand den Aufprall hört, erzeugt er dann trotzdem ein Geräusch? Indem Sie sich entschuldigen und ankündigen, dass Sie sich um Besserung bemühen, lenken Sie die Aufmerksamkeit Ihrer Mitmenschen auf diesen Baum.

Vergessen Sie nicht die »Entwicklungsphase«

Jeder Marketingprofi weiß, dass es sinnlos ist, ein großartiges neues Produkt zu entwickeln, wenn man es nicht schafft, die frohe Kunde an potenzielle Käufer zu überbringen. Sie müssen der Welt sagen: »Hey, ich bin hier drüben«, und sie müssen ihr einen Grund liefern, weshalb sie sich dafür interessieren sollte.

Dasselbe müssen Sie tun, wenn Sie eine ernstgemeinte persönliche Offensive starten und im Begriff sind, ein neues »Ich« zu erschaffen. Glauben Sie, die Leute werden Ihnen das ohne eine gute Werbekampagne abkaufen?

Es genügt nicht allen mitzuteilen, was Sie vorhaben. Denn schließlich geht es Ihnen nicht um eine einmalige »Rabattaktion«, sondern Sie wollen andere von Ihrem dauerhaften Wandel überzeugen. Also müssen Sie *unermüdlich* dafür werben – und eine langfristige Kampagne aufziehen. Sie dürfen nicht erwarten, dass man Ihnen gleich beim ersten, zweiten oder dritten Mal Glauben schenken wird. Sie müssen Ihren Kollegen diese Botschaft eintrichtern, indem Sie sie Ihnen wiederholt zu Gehör bringen – denn anderen sind Ihre persönlichen Ziele nicht so wichtig wie Ihnen selbst. Sie haben andere Dinge im Kopf, sie haben ihre eigenen Ziele und stehen vor eigenen Herausforderungen. Infolgedessen wird Ihr Bemühen um Besserung möglicherweise nicht sofort von Ihren Kollegen honoriert. Vielleicht müssen Sie sich erst durch eine »Entwicklungsphase« kämpfen.

Diesen Begriff hörte ich zum ersten Mal, als ich einst bei einem Weinkenner zum Abendessen eingeladen war. Einer der anderen Gäste brachte eine zwölf Jahre alte Flasche Rotwein von einem legendären französischen Weingut mit. Natürlich waren wir alle begierig darauf, den Wein zu probieren, doch unser Gastgeber wies uns höflich darauf hin, dass es vielleicht noch nicht der richtige Zeitpunkt dafür sei. »Der Wein ist zwölf Jahre alt«, insistierten wir, »natürlich ist er so weit.« Also öffneten wir die Flasche, dekantierten den Wein und gossen ihn in edle Kristallgläser, wir schwenkten ihn, atmeten sein tiefes Bouquet ein und machten uns schließlich freudig daran, ihn zu verkosten.

Nacheinander setzten wir unsere Gläser ab und sahen uns stumm an. Alle dachten das Gleiche: Dieser Wein hatte weder Geschmack noch Charakter.

Erneut nahmen wir einen Schluck.

Das Ergebnis blieb dasselbe. Der Wein schmeckte völlig flach, als sei er in der Flasche gestorben.

Schließlich erklärte unser weinkundiger Gastgeber, dass einige wirklich große Weine, die man Jahrzehnte lang aufbewahren könne und die mit zunehmendem Alter immer besser werden, in der Flasche eine »Entwicklungsphase« durchlaufen, in der der Wein einige Jahre lang schläft, dann wieder aufwacht und sich daraufhin geschmacklich dramatisch verbessert. Je nach Wein, so erfuhren wir, geschähe das im Alter zwischen 6 und 18 Jahren. Unsere Flasche hatte sich also noch in der Phase der Weiterentwicklung befunden. Und unser Gastgeber hatte recht behalten: Wir hätten warten sollen.

Auch für jedes Projekt, das Sie bei Ihrer Arbeit in Angriff nehmen, sei es eine Kampagne zur persönlichen Veränderung oder eine Initiative, die Ihr Unternehmen verändern kann, gilt ebenfalls: Die besten Ideen sind wie große Weine. Sie werden mit dem Alter besser. Sie können jedoch auch durch eine Entwicklungsperiode gehen, in der sie Zeit brauchen, um sich zu verfestigen und ihre Wirkung zu entfalten.

Ist Ihnen Folgendes auch schon einmal passiert? Ihr Chef gibt Ihnen einen wichtigen Auftrag: In Ihrem Unternehmen gibt es eine Abteilung, die Probleme hat, und Sie sollen herausfinden, was dort vor sich geht. Also tun Sie, was jeder gut ausgebildete MBA tun würde: Sie prüfen die Lage, identifizieren das Problem, berichten dem Chef über Ihre Erkenntnisse und Empfehlungen, schlagen einen neuen Ansatz vor und überlassen es den zuständigen Mitarbeitern, die Strategie umzusetzen.

Ein Monat vergeht und nichts geschieht. Ein weiterer Monat zieht vorbei. Immer noch kein Fortschritt. Auch sechs Monate später schwelt der Krisenherd unverändert vor sich hin.

Was haben Sie falsch gemacht?

Ganz einfach: Sie haben den klassischen »Eins-zwei-drei-sieben-Fehler« gemacht.

Sie haben nicht daran gedacht, dass jedes erfolgreiche Projekt sieben Phasen durchläuft: In der ersten Phase erfolgt die Analyse der Situation, in der zweiten wird das Problem ermittelt und in der dritten wird es beim Namen genannt. Allerdings es gibt noch drei weitere Phasen, bis wir in die siebte Phase, die Phase der Umsetzung eintreten können.

Leider übersehen viele Menschen gerne die Phasen 4, 5 und 6, obwohl sie den entscheidenden Zeitraum verkörpern, in dem Sie auf die Mitarbeiter zugehen müssen, um ihre Zustimmung zu Ihren Plänen einzuholen – ein Schritt von enormer unternehmenspolitischer Bedeutung. Dabei konzentrieren Sie sich in jeder Phase auf eine andere Zielgruppe. In Phase 4 werben Sie bei Ihren Vorgesetzten um Zustimmung. In Phase 5 werben Sie horizontal, also bei Ihren hierarchisch gleichgestellten Kollegen. In Phase 6 rühren Sie schließlich bei Ihren Untergebenen die Werbetrommel. Diese drei Phasen sind die Conditio sine qua non, um Maßnahmen wirklich in die Tat umzusetzen, und deshalb dürfen sie nicht übersprungen oder nur halbherzig durchlaufen werden. Sie müssen ihnen genauso viel, wenn nicht sogar mehr Aufmerksamkeit schenken als den Phasen 1, 2, 3 und 7. Wenn Sie das nicht tun, können Sie genauso gut allein in einem abgeschlossenen Vakuum arbeiten, wo niemand Sie sieht, hört oder weiß, dass Sie überhaupt existieren. Denn das ist das charakteristische Ergebnis des »Eins-zwei-drei-sieben-Fehlers«. Was für unternehmensbezogene Problemstellungen gilt, gilt auch, wenn Sie versuchen, sich zum Besseren zu verändern. Es kostet Zeit und viel unermüdliche Überzeugungsarbeit, damit Ihre Idee Fuß fassen kann. Betrachten Sie Ihren »Werbefeldzug« als Rekrutierungsprozess, mit dem Sie Ihre Chefs, Kollegen und Untergebenen für das Konzept begeistern wollen. Wenn Sie sie außen vor lassen, begehen auch Sie den klassischen »Eins-zwei-drei-sieben-Fehler« – aber in diesem Fall zu Ihren eigenen Lasten. Sie können nicht zur Sieben kommen, ohne von eins bis sechs zu zählen. Alles andere ist schlechte Arithmetik.

Werden Sie Ihr eigener Pressesprecher

Wäre die Welt nicht ein besserer Ort, wenn jeder von uns seinen eigenen Pressesprecher hätte, der den ganzen Tag lang schwierige Fragen für uns beantwortet und unsere Botschaft allen »Anfeindungen« zum Trotz in alle Winde streut? (Vermutlich wäre das sehr bequem, aber ich bin mir nicht sicher, ob ich in einer Welt leben möchte, in der jeder jeden ständig mit irgendwelchen manipulativen Statements überfällt.)

Allerdings können wir anhand der Methoden, die Politiker anwenden, um an der Macht zu bleiben, auch die ein oder andere Lektion lernen.

Die wichtigste lautet, dass Sie Ihre Botschaft immer konsequent vermitteln müssen – Sie müssen festlegen, was Sie vermitteln möchten, und genau diese Botschaft dann mit äußerster Disziplin und nahezu unverschämt so lange wiederholen, bis sie sich bei anderen eingeprägt hat. Wenn wir in diesem lärmenden Medienzeitalter eines gelernt haben, dann ist es die Lektion, dass einfache, gleichbleibende Botschaften den Lärm durchdringen können und hochwirksam an ihr Ziel gelangen. (Ich behaupte nicht, dass das immer etwas Gutes ist, aber es ist nun mal eine unumstößliche Tatsache, also finden Sie sich besser damit ab.)

Wenn Sie Ihr Verhalten ändern wollen, geht das Spiel nicht anders. Genau wie ein Politiker, der mit einer neuen Gesetzesinitiative Schlagzeilen machen will, müssen Sie ebenfalls etwas Dramatisches tun, um Ihr Vorhaben am Arbeitsplatz bekannt zu machen. (Das hat uns Reagan gelehrt.) Wenn es Ihnen also um den dramatischen Effekt geht, ist eine Entschuldigung genau das Richtige. Denn was könnte theatralischer sein, als anderen zu sagen, dass Sie Ihre Fehler von Herzen bedauern und sich in Zukunft bessern werden? Vor allem, wenn Sie Ihre Entschuldigung an Menschen richten, die glauben, *Sie könnten sich niemals ändern?*

Doch an diesem Punkt dürfen Sie auf keinen Fall aufhören! Es genügt nicht, sich zu entschuldigen und dann nur einmal zu versichern, dass man sich bessern will. Sie müssen den Leuten Ihren Vorsatz immer wieder eintrichtern, und zwar so lange, bis sie das Konzept verinnerlicht haben.

Genau das ist der Grund, weshalb Politiker in einem harten Wahlkampf immer wieder dieselben gleichlautenden Wahlwerbespots schalten. Erst mit der – unablässigen – Wiederholung tritt der gewünschte Effekt ein. Sie verankert den Slogan tiefer in unserem Gehirn.

Doch ich möchte die Pressesprecher-Analogie nicht zu weit treiben. Ich will Sie nicht dazu anhalten, Verschleierungstaktikten anzuwenden, ein selektives Gedächtnis vorzutäuschen oder Fragen auszuweichen – alles wertvolle Waffen im Arsenal erfahrener Pressesprecher. Ich will Ihnen lediglich klarmachen, dass Sie sich nicht darauf verlassen können, dass andere Menschen Ihre Gedanken lesen können oder Ihr verändertes Verhalten ohne Ihr Zutun einfach so zur Kenntnis nehmen. Auch wenn Sie selbst das Gefühl haben, dass Sie sich doch mehr als offensichtlich zum Positiven verändert haben, braucht es womöglich wesentlich mehr, als Ihre Verhaltensänderung ein paar Wochen zur Schau zu stellen, bis die Leute auf Ihr neues Ich aufmerksam werden.

Umso wichtiger ist es, dass Sie proaktiv steuern, welche Botschaft Sie über Ihr Vorhaben aussenden. Hier erfahren Sie, wie Sie Ihr eigener Pressesprecher werden können:

- Behandeln Sie jeden einzelnen Tag wie eine lange Pressekonferenz, in deren Rahmen Ihre Kollegen Sie aufmerksam taxieren und darauf warten, dass Ihnen ein Fehler unterläuft. Die Vorstellung, dass die Leute Sie genauestens beobachten, wird Ihr Selbstbewusstsein genug in die Höhe treiben, um Sie kontinuierlich daran zu erinnern, dass Sie in höchster Alarmbereitschaft sein sollten.
- Betrachten Sie jeden Tag als Gelegenheit, um anderen Ihre Botschaft zu vermitteln und alle daran zu erinnern, dass Sie sich wirklich Mühe geben. Jeder Tag, an dem Sie das nicht tun, wird sie um einen oder zwei Schritte zurückwerfen. Dann halten Sie Ihr Versprechen, sich zu bessern, nicht ein.
- Betrachten Sie jeden Tag als Chance, um Ihren Kritikern zu beweisen, dass sie falsch liegen. Es wird immer Menschen geben, die sich insgeheim danach sehnen oder offen ihren Wunsch eingestehen, Sie scheitern zu sehen. Seien Sie also bitte nicht naiv und lieber etwas paranoider als nötig. Wenn Sie wissen, wer Sie straucheln sehen möchte, werden Sie auch wissen, wie Sie mit ihnen umgehen müssen.
- Inszenieren Sie Ihren Wandlungsprozess wie eine Wahlkampagne. Schließlich wählen Sie sich nicht selbst in das Amt des »neuen, besseren Ichs«. Sie werden von Ihren Kollegen gewählt. Sie sind Ihre

Wählerschaft. Ohne ihre Stimmen fehlt der Beleg, dass Sie wirklich einen Wandel vollzogen haben.

- Rechnen Sie damit, dass der Prozess nicht nur Tage dauert, sondern vielmehr Wochen und Monate. Die besten Pressesprecher können täglich die Eisen für Sie aus dem Feuer holen und parallel dazu auch die langfristige Agenda im Auge behalten. Nehmen Sie sich ein Beispiel an diesem Mindset. Egal, was tagtäglich passiert: Langfristig wollen Sie als Mensch wahrgenommen werden, der so lange an einer zwischenmenschlichen Herausforderung arbeitet, bis er sie überwunden hat.

Wenn Ihnen das alles gelingt, können Sie sich in die Riege der herausragendsten Pressesprecher einreihen und sich darüber freuen, dass Ihnen die Teilnehmer Ihrer persönlichen Pressekonferenz buchstäblich »aus der Hand fressen«.

KAPITEL 9

Zuhören

DER EHEMALIGE GOLFPROFI JACK NICKLAUS sagte einmal, dass 80 Prozent eines erfolgreichen Golfschlags vom richtigen Griff am Schläger und vom Stand des Spielers zum Ball abhängen. Mit anderen Worten: Der Erfolg ist beinahe schon vorprogrammiert, bevor Sie auch nur einen Muskel rühren.

Beim Zuhören ist es dasselbe: Erfolgreiches Lernen von anderen hängt zu 80 Prozent davon ab, wie gut wir ihnen zuhören. Mit anderen Worten: Erfolg oder Misserfolg stehen praktisch schon fest, bevor wir auch nur irgendetwas unternehmen.

Das Problem ist, dass die meisten Menschen das Zuhören für eine passive Tätigkeit halten, bei der sie ihrer Ansicht nach nichts zu tun brauchen. Man sitzt einfach da wie ein Klotz und hört jemandem zu.

Diese Annahme ist falsch. Gute Zuhörer empfinden das Zuhören als hochaktiven Prozess, an dem alle Muskeln und insbesondere das Gehirn beteiligt sind.

Im Grunde gibt es stets drei Dinge, die alle guten Zuhörer tun: Sie denken nach, bevor sie sprechen, sie hören respektvoll zu und bevor Sie etwas sagen, fragen sie sich immer: »Ist es das wert?« Lassen Sie uns jede einzelne dieser Komponenten genauer unter die Lupe nehmen und herausfinden, ob sie uns tatsächlich zu besseren Zuhörern macht.

Denken Sie nach, bevor Sie sprechen

Die erste aktive Entscheidung, die Sie beim Zuhören fällen müssen, ist nachzudenken, bevor Sie etwas sagen. Sie können nicht gleichzeitig sprechen und zuhören. Deshalb ist auch das Schweigen eine aktive Entscheidung (und, wie wir inzwischen wissen, für manche Menschen ein schwierigeres Kunststück, als 500 Kilo zu stemmen).

Ich kenne niemanden, der das besser kann als Frances Hesselbein. Frances ist eines meiner größten Idole – jemand, den ich genauso respektiere, bewundere und liebe wie meine Frau und meine Kinder. Sie war 13 Jahre lang Geschäftsführerin der Girl Scouts of the United States, der amerikanischen Pfadfinderinnenvereinigung. In dieser Zeit hat sie einer schwächelnden Organisation zu neuer Beliebtheit verholfen und die Zahl ihrer Mitglieder gesteigert, ihre finanzielle Situation verbessert, die Vielfalt erhöht und den Haushalt ausgeglichen. Neben 17 Ehrenwürden hat sie 1998 die Presidential Medal of Freedom (die höchste zivile Auszeichnung der USA) erhalten. Der amerikanische Ökonom Peter Drucker bezeichnete sie als die großartigste Führungspersönlichkeit, die er je kennengelernt hat.

Frances Hesselbein kann vieles gut. Aber eine Fähigkeit zeichnet sie ganz besonders aus: Sie denkt nach, bevor sie spricht. Aus diesem Grund ist sie eine Zuhörerin der Spitzenklasse. Wenn Sie sie fragen würden, ob sie das Zuhören als passive Geste einstuft, würde sie das verneinen und Ihnen versichern, dass es im Gegenteil große Disziplin erfordert, insbesondere, wenn das, was sie hört, sie erschüttert. Denn was tun wir üblicherweise, wenn wir wütend sind? Wir widersprechen (und zwar in der Regel nicht besonders diplomatisch).

Was tun wir, wenn wir von etwas erschüttert sind? Wir reden.

Was tun wir, wenn wir verwirrt, überrascht oder schockiert sind? Auch dann gilt: Wir reden. Diese Reaktion ist so vorhersehbar, dass wir beinahe mitverfolgen können, wie unser Gegenüber in Erwartung unserer harten, unreflektierten, automatischen Widerrede zusammenzuckt.

Nicht so bei Frances Hesselbein. Man könnte ihr sagen, dass die Welt gleich unterginge, und sie würde trotzdem erst nachdenken, bevor sie den Mund aufmachte – nicht nur darüber, was, sondern auch, wie sie es sagen würde.

Wohingegen die meisten Menschen denken, dass Zuhören etwas ist, das wir in den Momenten tun, *in denen wir nicht reden,* weiß Frances Hesselbein, dass Zuhören ein zweiteiliges Manöver ist. Es besteht aus dem Teil, in dem wir tatsächlich zuhören, und wird ergänzt von dem Teil, in dem wir sprechen. Was wir sagen, bestimmt, wie wir als Zuhörer wahrgenommen werden. Was wir sagen, ist der Beweis dafür, wie gut wir zuhören. Das sind die beiden Seiten derselben Medaille.

Ich fordere Sie auf zu widerlegen, dass es sich dabei nicht um eine äußerst aktive, bewusste Entscheidung handelt. Ihrem Gehirn und Ihrem Mund zu sagen, dass sie etwas nicht tun sollen, ist nichts anderes, als ihnen zu sagen, dass sie etwas tun sollen.

Wenn Sie diese Kunst beherrschen, können Sie effektiv zuhören.

Respektvoll zuhören

Um von anderen Menschen zu lernen, muss man ihnen mit Respekt zuhören. Auch das ist nicht so leicht, wie Sie vielleicht glauben. Auch das erfordert den Einsatz ungeübter Muskeln.

Ist Ihnen auch schon einmal Folgendes passiert? Sie lesen ein Buch, sehen fern oder blättern in Unterlagen, während Ihr Partner mit Ihnen spricht. Plötzlich sagt er Ihnen: »Du hörst mir ja gar nicht zu.«

Sie blicken auf und sagen: »Doch, natürlich.« Woraufhin Sie das Gesagte ganz gelassen und Wort für Wort wiederholen, um zu beweisen, dass Sie tatsächlich zugehört haben und dass Ihr Lebensgefährte sich getäuscht hat.

Was haben Sie durch diese virtuose Zurschaustellung Ihrer Multitasking-Fähigkeiten erreicht? War das klug? Nein. Hat Ihr Partner nun eine bessere Meinung von Ihnen? Unwahrscheinlich. Haben Sie irgendjemanden beeindruckt? Wohl kaum.

Das Einzige, was Ihr Partner daraufhin denkt, ist Folgendes: »Ich dachte schon, du hörst mir einfach nur nicht zu. Aber jetzt ist mir klar, dass das Problem viel tiefer geht. Du bist ein absoluter Volltrottel.«

Das passiert, wenn wir ohne den nötigen Respekt zuhören. Es reicht nicht aus, das Gesagte einfach nur »mitzuschneiden«. Wir müssen auch zeigen, dass wir uns voll und ganz darauf einlassen.

Bill Clinton war ein absoluter Meister auf diesem Gebiet. Meine Frau und ich hatten mehrfach Gelegenheit, den damaligen Präsidenten bei öffentlichen Versammlungen in Aktion zu erleben. Es spielte keine Rolle, ob Sie ein Staatsoberhaupt oder ein Hotelangestellter waren. Wenn Sie mit Bill Clinton sprachen, vermittelte er Ihnen stets das Gefühl, Sie seien die einzige Person im Raum. Er signalisierte Ihnen mit jeder Faser seines Wesens, von seinen Augen bis zu seiner Körpersprache, dass er sich vollkommen auf das konzentrierte, was Sie sagten. Er vermittelte Ihnen das Gefühl, dass Sie wichtig sind, und nicht, dass er wichtig ist.

Wenn Sie immer noch nicht glauben, dass das Zuhören tatsächlich einer Gehirnakrobatik gleicht und aktive geistige und muskuläre Anstrengung erfordert, dann stellen Sie sich nur einmal vor, Sie müssten bei einem Empfang nacheinander 500 Menschen die Hand schütteln, die den kurzen Austausch mit Ihnen als einen der Höhepunkte ihres Lebens betrachten.

Sie können mir ruhig glauben: Das respektvolle Zuhören würde Ihnen garantiert den Schweiß auf die Stirn treiben.

Fragen Sie sich: »Ist es das wert?«

Zuhören bedeutet auch, dass wir erst eine schwierige Frage beantworten müssen, bevor wir zum Sprechen ansetzen: »Ist es das wert?«

Der Fehler, den viele von uns beim Zuhören machen, besteht nämlich darin, dass wir, noch während unser Gegenüber spricht, in Wirklichkeit bereits damit beschäftigt sind, uns zu überlegen, was wir entgegnen wollen. Dieses Verhalten ist gleich aus zwei Gründen negativ: Sie hören Ihrem Gesprächspartner nicht nur nicht zu, sondern Sie legen sich parallel dazu auch noch eine Replik zurecht, die ihn verärgern könnte – entweder, weil sie am Thema vorbeigeht und nichts zu Ihrem Gespräch beiträgt, oder, was noch schlimmer ist, weil sie einen destruktiven Ton in Ihren Austausch bringt. Das ist nicht das Ergebnis, das wir durch das Zuhören erzielen möchten. Wenn Sie so weitermachen, brauchen Sie sich bald keine Gedanken mehr um das Zuhören zu machen – weil niemand mehr mit Ihnen reden wird.

Wenn jemand uns etwas mitteilt, haben wir eine Reihe von Möglichkeiten, wie wir darauf antworten können. Einige unserer Antworten sind klug, andere sind schlicht dumm. Einige sind zutreffend, andere gehen völlig am Thema vorbei. Einige werden unser Gegenüber bestärken, andere werden ihm den Wind aus den Segeln nehmen. Einige werden unsere Wertschätzung kommunizieren, andere das genaue Gegenteil.

»Ist es das wert?« Indem Sie sich zunächst immer erst diese Frage stellen, zwingen Sie sich dazu zu überlegen, wie sich die andere Person nach Ihrer Erwiderung fühlen wird. Sie zwingen sich dazu, immer mindestens zwei Schachzüge vorauszudenken. Nicht viele Menschen tun das. Erst sprechen wir, dann sprechen sie, und so geht es dann immer munter hin und her. Wie bei einer Schachpartie zwischen Amateuren, bei der niemand über den nächsten Zug hinausdenkt. Das ist die primitivste Form des Schachspiels und auch die primitivste Form des Zuhörens. Stellen Sie sich jedoch zunächst die Frage »Ist es das wert?«, müssen Sie unweigerlich über den reinen Dialog hinausdenken und überlegen, (a) wie die andere Person Sie sieht, (b) was sie anschließend tun wird und (c) wie sie sich Ihnen gegenüber verhalten wird, wenn Sie das nächste Mal miteinander sprechen.

Das sind eine Menge Konsequenzen, die aus einer einzigen, einfachen Frage resultieren: »Ist es das wert?«

Denken Sie einmal an die letzte Besprechung zurück, in der Sie eine Idee äußerten und daraufhin von der ranghöchsten Person im Raum (immer vorausgesetzt, dass es in diesem Fall nicht Sie selbst waren) niedergemacht wurden. Dabei spielt es keine Rolle, ob Ihre damalige Idee vielleicht wirklich nicht die beste und die Riposte Ihres Vorgesetzten hingegen brillant war – oder umgekehrt. Versuchen Sie sich einfach nur daran zu erinnern, wie Sie sich in diesem Moment gefühlt haben.

Hatten Sie anschließend eine höhere Meinung von der anderen Person? Haben Sie ihn oder sie einmal mehr als hervorragenden Zuhörer bewundert? Hat die Rüge Sie dazu inspiriert, sich mit neu entfachter Begeisterung wieder an die Arbeit zu machen? Hat sie dafür gesorgt, dass Sie im nächsten Meeting, bei dem diese Person anwesend war, umso engagierter neue Ideen in die Runde warfen? Ich wette, die Antwort auf all dieses Fragen ist stets die gleiche: Nein.

Genau das kommt dabei heraus, wenn Sie einem anderen antworten, ohne sich vorher zu fragen: »Ist es das wert?« Die Leute merken nicht nur, dass Sie ihnen nicht zuhören, sondern Sie lösen bei Ihren Gesprächspartnern zudem auch noch eine dreigliedrige Kettenreaktion aus: (1) Sie sind verletzt, (2) sie entwickeln negative Gefühle gegenüber der Person, die sie verletzt hat (mit anderen Worten: sie hassen Sie), und (3) sie werden es tunlichst vermeiden, noch einmal in eine derart unangenehme Situation zu geraten, indem sie sich beim nächsten Mal lieber nicht mehr zu Wort melden – eine vorhersehbare Reaktion auf negative Verstärkung.

Wenn Sie so weitermachen, wird Folgendes passieren: Alle werden Sie für einen Esel halten (ein persönliches Urteil, nicht unbedingt schädlich, aber sicher nicht nett). Niemand wird sich mehr für Sie ins Zeug legen (was Ihrem Ruf als Führungskraft schadet). Keiner wird Ihnen neue Ideen vorschlagen (wodurch Ihre Wissensbasis schrumpft). Das klingt nicht gerade nach der magischen Formel für erfolgreiche Führung, oder?

Einer meiner Klienten war COO eines Multimilliarden-Dollar-Unternehmens (inzwischen ist er der CEO). Er hatte es sich zum Ziel gesetzt, ein besserer Zuhörer zu werden, und wollte zudem als unvoreingenommener Chef gelten. Nachdem ich 18 Monate lang mit ihm zusammengearbeitet hatte, fragte ich ihn, was in seinen Augen das Wichtigste war, das er in dieser Zeit gelernt hatte. Seine Antwort: »Bevor ich etwas sage, atme ich erst einmal tief durch und frage mich: ›Ist es das wert?‹ Ich habe gelernt, dass zwar etwa die Hälfte von dem, was ich sagen wollte, wahrscheinlich richtig war, dass es aber trotzdem nicht klug gewesen wäre, diese Wahrheiten auszusprechen.«

Damit hatte er gelernt, was Frances Hesselbein längst wusste: Ob andere uns für gute oder schlechte Zuhörer halten, hängt größtenteils von den Entscheidungen ab, die wir fällen, nachdem wir uns zuvor gefragt haben: »Ist es das wert?« Sollen wir etwas sagen oder schweigen? Sollen wir Einwände vorbringen oder einfach »Danke« sagen? Müssen wir unbedingt unseren Senf dazugeben oder beißen wir uns lieber auf die Zunge? Müssen wir die Äußerungen anderer bewerten oder sollen wir sie einfach nur zur Kenntnis nehmen?

Ich kann und möchte Ihnen nicht vorschreiben, was Sie in einem Meeting sagen sollen. Ich möchte Ihnen lediglich empfehlen, sich zu überlegen, ob es die Sache wert ist – und wenn Sie diese Frage mit Ja beantworten, dann sprechen Sie ruhig frei heraus.

Das ist es, was mein Klient aus unserer Arbeit für sich mitgenommen hat, und zwar zu seinem eigenen Besten: Seine Werte als besserer Zuhörer und aufgeschlossener Chef schossen steil nach oben. Und er wurde zum CEO befördert.

Die Frage »Ist es das wert?« hat viele Dimensionen, die über das bloße Zuhören hinausreichen. Im Grunde genommen ist sie eine Weiterentwicklung der uralten egoistischen Frage »Welchen Nutzen habe ich davon?« hin zu der Frage »Welchen Nutzen hat er oder sie davon?«. Ein äußerst folgenreicher Gedankensprung, der uns plötzlich das große Ganze vor Augen führt.

Ich kann mich nur noch einmal wiederholen, indem ich sage: Es ist ganz einfach, aber es ist nicht leicht. Wenn Sie meinem Rat folgen, wird alles besser werden. So viele unserer zwischenmenschlichen Probleme am Arbeitsplatz basieren auf eingefahrenen Verhaltensformeln: Sie sagen etwas, das mich verärgert, ich schlage zurück und plötzlich stehen wir vor einer zwischenmenschlichen Krise (besser bekannt als Streit). Dabei spielt es keine Rolle, ob es um die Erderwärmung oder um die Frage geht, wen wir mit der Erstellung eines Widgets beauftragen wollen. Der Inhalt ist völlig irrelevant. Entscheidend ist vielmehr, wie leicht wir in kleinkarierte Verhaltensmuster abrutschen, die zu Spannungen am Arbeitsplatz führen – und wie leicht wir uns stattdessen Verhaltensmuster aneignen können, die *keine* Spannungen verursachen. Das ist der Grund, weshalb einfache Disziplinübungen wie nachzudenken, bevor wir sprechen, respektvoll zuzuhören und sich die Frage zu stellen, ob es die Sache wert ist, so wirksam sind: Wir müssen sie nicht variieren. Wir müssen sie einfach nur ausführen.

Der Unterschied zwischen Menschen mit Format und Menschen von wahrer Größe

Zwei Anwälte sitzen an der Bar von »Spark's Steakhouse« in New York City. Der eine ist mein Freund Tom, der andere sein Partner Dave. Sie nehmen einen gemütlichen Drink und warten darauf, dass ihr Tisch frei wird. Sie haben es nicht eilig, denn das »Spark's« zählt zu den Orten, an denen man sich gerne aufhält. Es ist ein echtes New Yorker Wahrzeichen mit einem riesigen Speisesaal und einer weltberühmten Weinkarte und ein allabendlicher Treffpunkt der lokalen Geld-, Macht- und Glamour-Elite. (Noch dazu ist es berühmt-berüchtigt, weil hier einst der New Yorker Gangsterboss Paul Castellano von John Gottis Gefolgsleuten erschossen wurde.) Auch an diesem Abend gibt sich die Prominenz ein Stelldichein: Der Staranwalt David Boies betritt das Restaurant und steuert schnurstracks auf die Bar zu, um den Anwalt Dave zu begrüßen, den er von früheren Prozessen kennt. Boies setzt sich auf einen Drink zu Tom und Dave. Ein paar Minuten später steht Dave auf, um draußen ein Telefonat zu erledigen. Wie sich herausstellt, wird es ein sehr langes Telefonat.

In dieser Zeit bleibt Boies an der Bar sitzen und unterhält sich eine Dreiviertelstunde lang mit meinem Freund Tom.

Worüber die beiden gesprochen haben, tut hier nichts zur Sache.

Was zählt, ist, wie sich Tom an diese Begegnung erinnert.

»Ich hatte Boies zuvor nie kennengelernt«, erzählte er mir. »Er hätte nicht an der Bar sitzenbleiben und mit mir reden müssen. Und ich muss sagen, dass es weder seine Intelligenz noch seine zielgerichteten Fragen noch seine Anekdoten waren, die mich beeindruckt haben. Was mich wirklich beeindruckt hat, war, dass er, wenn er eine Frage stellte, tatsächlich auf die Antwort wartete. Er hat mir nicht nur zugehört, sondern mir das Gefühl gegeben, dass ich die einzige Person im Raum bin.«

Ich behaupte, dass Tom mit diesem letzten Satz perfekt die einzigartige Fähigkeit beschreibt, die den Unterschied zwischen Menschen mit Format und Menschen von wahrer Größe ausmacht.

Mein Freund Tom ist nicht leicht zu beeindrucken. Er ist stellvertretender Vorsitzender einer wohlhabenden New Yorker Kanzlei mit dreihundert Anwälten. Sein Partner Dave ist ein hochqualifizierter Prozessanwalt. Boies hingegen ist natürlich ein juristischer Superstar, der Anwalt, den die US-Regierung für ihr Kartellverfahren gegen Bill Gates und Microsoft engagierte, der Mann, an den sich Al Gore im Jahr 2000 wandte, um die Gültigkeit der Präsidentschaftswahl vor dem Obersten Gerichtshof anzufechten.

Sehen wir uns also einmal genauer an, was sich an der Bar zugetragen hat. Tom blieb auf seinem Platz sitzen, während Dave aus unerklärlichen Gründen nach draußen ging, um zu telefonieren. Boies blieb ebenfalls an seinem Platz und hinterließ bei Tom einen bleibenden, positiven Eindruck. Es wäre nicht nötig gewesen, Tom wie seinen neuen besten Freund zu behandeln. Die beiden Anwälte vertreten unterschiedliche juristische Fachgebiete, sodass die Wahrscheinlichkeit, dass sich ihre Wege wieder einmal vor Gericht kreuzen oder dass sie sich gegenseitig unterstützen könnten, praktisch bei null liegt. Mit anderen Worten: Boies hegte nicht den Gedanken, dass es ihm in Zukunft nutzen könnte, wenn er nett zu Tom wäre. Und dennoch gab er meinem Freund das Gefühl, die wichtigste Person im Raum zu sein. Indem er Interesse zeigte, Fragen stellte und, was besonders wichtig ist, Toms Antworten lauschte, ohne seine Aufmerksamkeit auf andere Dinge zu richten, war Boies einfach er selbst: Er demonstrierte lediglich die einzigartige Fähigkeit, die unbestreitbar der Schlüssel zu seinem enormen Erfolg war.

Das Vermögen, einer Person das Gefühl zu geben, sie sei die wichtigste (und einzige) Person im Raum, macht den Unterschied zwischen Größe und wahrer Größe.

Wie ich von Leuten gehört habe, die diesen Menschen begegnet sind, verfügen auch die Talkmaster Oprah Winfrey, Katie Couric und Diane

Sawyer über diese Fähigkeit. Wenn sie mit Ihnen sprechen, ob vor der Kamera oder abseits des Scheinwerferlichts, haben Sie das Gefühl, Sie seien in diesem Moment der einzige Mensch, der Ihnen wichtig ist. Es ist diese Fähigkeit, die diese Persönlichkeiten ausmacht.

Eine britische Bekannte erzählte mir einmal von einem alternden Manager, den man in Londoner Restaurants stets mit den schönsten Frauen der Welt dinieren sah. Das lag allerdings nicht an seinem Aussehen oder seiner animalischen Anziehungskraft, denn er war klein, übergewichtig und kahlköpfig, hatte Hängebacken und war schon weit über siebzig. Als meine Bekannte eine dieser Frauen fragte, was die Faszination dieses Mannes ausmachte, erhielt sie folgende Antwort: »Er wendet nie den Blick von mir ab. Selbst wenn die Queen hereinspazieren würde, würde er sich nicht ablenken lassen. Er würde mir trotzdem seine volle Aufmerksamkeit widmen. Dem kann man nur schwer widerstehen.«

Wie ich bereits sagte, verfügt auch Bill Clinton in ausgeprägtem Maße über diese Fähigkeit. Egal, ob man ihm zum ersten Mal bei einem Defilee begegnete oder unter vier Augen mit ihm sprechen konnte, Clinton legte stets großen Wert darauf, etwas Positives über sein Gegenüber in Erfahrung zu bringen, und ihn oder sie ohne viel Aufhebens wissen zu lassen, dass er es wusste. Im Grunde genommen »prahlte« er in Gegenwart der Person *über eben diese Person*. Das ist eine äußerst aussagekräftige Geste. (Stellen Sie sich vor, wie Sie sich fühlen würden, wenn Sie jemanden nicht erst selbst auf eine außergewöhnliche Kompetenz von Ihnen hinweisen müssten, sondern wenn er diese Kompetenz stattdessen in Eigenregie vor Ihnen und allen anderen in Hörweite lobend herausstellen würde. Wäre das nicht wunderbar? Sicher würden Sie dieser Person enorm warmherzig begegnen, oder?) Kombinieren Sie diese Fähigkeit nun mit der laserartigen Konzentration auf das, was andere ihm sagen, und Sie werden begreifen, weshalb der aus Arkansas stammende Clinton aus bescheidenen Verhältnissen bis in das höchste Amt der Vereinigten Staaten von Amerika aufsteigen konnte.

Ich weiß nicht, warum wir nicht alle ständig von dieser wertvollen zwischenmenschlichen Strategie Gebrauch machen. Wenn es *wirklich* darauf ankommt, sind wir nämlich durchaus in der Lage dazu.

Beim ersten Date mit einem Mann oder einer Frau, den oder die wir wirklich beeindrucken wollen, sind wir ein Ausbund an Aufmerksamkeit und Interesse. Wir stellen genau die richtigen Fragen und lauschen den Antworten mit der Konzentration eines Gehirnchirurgen, der im Schädel eines Patienten operiert. Und wenn wir wirklich clever sind, werden wir im Verlauf des Gesprächs peinlich genau darauf achten, dass wir nicht einen übermäßig großen Redeanteil für uns beanspruchen.

In einem Meeting mit unserer Chefin hören wir auf jedes Wort, das sie sagt, ohne sie zu unterbrechen. Wir nehmen Notiz von ihrer Tonlage und glauben vielleicht sogar, feine Nuancen und Bedeutungen auszumachen, die vielleicht gar nicht beabsichtigt waren. Wir konzentrieren uns auf die Augen und den Mund unserer Vorgesetzten und suchen nach einem Lächeln oder einem Stirnrunzeln, so als könnten sie uns womöglich Aufschluss über unsere Karriereaussichten geben. Wir behandeln sie im Prinzip so, als wäre sie die wichtigste Person im Raum (weil sie es nämlich auch ist).

Das Gleiche gilt für Verkaufsgespräche mit potenziellen Kunden, die darüber entscheiden könnten, ob wir das jährliche Umsatzziel erreichen oder nicht. Wir bereiten uns minutiös vor, indem wir etwas Persönliches über diese Kunden in Erfahrung bringen. Wir stellen gezielte Fragen, um herauszufinden, worauf es ihnen ankommt. Wir versuchen, in ihren Gesichtern abzulesen, wie dringend sie das brauchen, was wir ihnen verkaufen wollen. Wir sind extrem aufmerksam und mit allen Sinnen in höchster Alarmbereitschaft.

Der einzige Unterschied zwischen uns und den Super-Erfolgreichen unter uns – Menschen von Format und Menschen von wahrer Größe – besteht darin, *dass Menschen von wahrer Größe sich ständig und ausnahmslos so verhalten.* Für sie ist das gewissermaßen der ganz normale Modus Operandi. Sie haben keinen Schalter, mit dem sie Fürsorge, Empathie und Respekt gegenüber anderen ein- oder ausschalten. Diese Eigenschaften sind bei ihnen dauerhaft gegeben. Sie stufen persönliche Begegnungen nicht nach Wichtigkeit in Kategorie A, B oder C ein, sondern sie behandeln alle gleich – was früher oder später auch jeder bemerkt.

Das Seltsame daran ist nun allerdings, dass wir alle bereits um die Bedeutung dieser Fähigkeit wissen, egal auf welchem Karrierelevel wir uns aktuell befinden. Ich frage meine Klienten immer ganz direkt: »Welche zwischenmenschliche Fähigkeit zeichnet die erfolgreichsten Menschen aus, die Sie je kennengelernt haben?« Und die Quintessenz ihrer Antworten ist im Grunde genommen immer die gleiche: »Sie geben anderen das Gefühl, etwas ganz Besonderes zu sein.« Und es läuft deshalb so oft auf diese Antwort hinaus, weil meine Klienten (genau wie mein Freund Tom) selbst bereits eindrückliche Erinnerungen an Menschen sammeln konnten, die ihnen dieses Gefühl vermittelt haben.

Entsprechend glaube ich also nicht, dass ich hier etwas ganz Neues oder schwer Verdauliches verkünde. Wir alle sind uns dessen doch schon längst bewusst.

Stellt sich die Frage: Warum verhalten wir uns dann nicht genauso?

Die Antwort: Weil wir es vergessen. Wir lassen uns ablenken. Wir haben nicht die geistige Disziplin, um automatisch so zu handeln.

So einfach ist das.

Zu 90 Prozent besteht diese Fähigkeit natürlich aus Zuhören. Und Zuhören erfordert ein gewisses Maß an Disziplin – die Disziplin, sich zu konzentrieren. Deshalb habe ich einen einfachen Test entwickelt, um die Zuhörfähigkeit meiner Klienten zu ermitteln. Es handelt sich um eine ganz einfache Übung, so als würde man Menschen zur Ermittlung ihrer Beweglichkeit bitten, mit den Fingerspitzen ihre Zehen zu berühren. Ich fordere meine Klienten auf, die Augen zu schließen und langsam bis 50 zu zählen und dabei ein einziges Ziel zu verfolgen: Sie sollen nicht zulassen, dass sich andere Gedanken in den Vordergrund drängen, sondern sie sollen sich voll und ganz auf das Zählen konzentrieren.

Nichts leichter als das, oder? Versuchen Sie es einmal.

Ob Sie es glauben oder nicht, aber mehr als die Hälfte meiner Klienten schafft das nicht. Irgendwann bei 20 oder 30 schleichen sich lästige Gedanken in ihr Gehirn. Auf einmal denken sie an ein Problem bei der Arbeit, an ihre Kinder oder daran, dass sie am Abend zuvor wieder einmal zu viel gegessen haben.

Was nach einem Konzentrationstest klingt, ist in Wirklichkeit ein Test der Zuhörfähigkeit. Denn wenn Sie nicht einmal sich selbst zuhören können (also jemandem, den Sie vermutlich mögen und respektieren), während Sie bis 50 zählen, wie wollen Sie dann jemals einem anderen Menschen aufmerksam zuhören?

Wie jeder Test entblößt auch diese Übung eine Schwachstelle und hilft Ihnen dabei, sie zu beheben. Wenn ich Sie bitte, mit den Fingerspitzen Ihre Zehen zu berühren, und Sie können es nicht, dann wissen wir, dass Ihre Muskeln nicht dehnbar genug sind. Doch wenn Sie die Übung ab sofort täglich ausführen, werden Sie mit der Zeit beweglicher.

Dasselbe möchte ich auch mit meinem Zähltest erreichen. Er enthüllt, wie leicht wir uns ablenken lassen, wenn wir nicht selbst reden. Aber er hilft uns auch, unsere Konzentrationsmuskeln zu trainieren und unsere Fähigkeit, unseren Fokus ganz auf unser Gegenüber zu richten, zu verbessern. Wenn Sie diese Übung regelmäßig ausführen, werden Sie bald bis 50 zählen können, ohne sich selbst »ins Wort zu fallen«. Diese neu gewonnene Konzentrationsfähigkeit wird Sie zu einem besseren Zuhörer machen – und dann sind Sie bereit für ein Feldexperiment.

Legen Sie dieses Buch einen Moment aus der Hand und machen Sie aus Ihrer nächsten zwischenmenschlichen Begegnung – mit Ihrem Partner, einem Kollegen oder einem völlig Fremden – eine Übung: Geben Sie dieser Person das Gefühl, sie sei das Zentrum des Universums. Versuchen Sie dabei, von den kleinen Taktiken Gebrauch zu machen, die wir soeben skizziert haben:

- Hören Sie zu.
- Unterbrechen Sie nicht.
- Beenden Sie nicht die Sätze Ihres Gegenübers.
- Sagen Sie nicht: »Das wusste ich schon.«
- Stimmen Sie der anderen Person auch nicht zu (selbst wenn man Sie lobt – sagen Sie einfach nur »Danke«).
- Verwenden Sie nicht die Wörter »Nein«, »Aber« und »Allerdings«.
- Lassen Sie sich nicht ablenken. Lassen Sie weder Ihren Blick noch Ihre Aufmerksamkeit abschweifen, während Ihr Gegenüber spricht.

- Behalten Sie Ihre Rolle im Dialog bei, indem Sie intelligente Fragen stellen, die (a) zeigen, dass Sie aufmerksam zuhören, (b) das Gespräch zielführend gestalten, und (c) die andere Person dazu bringen, weiterzusprechen (während Sie zuhören).
- Unterdrücken Sie Ihren Drang, Ihren Gesprächspartner mit Ihrer Klugheit oder Ihrem Humor zu beeindrucken. Ihr einziges Ziel ist es vielmehr, *ihm oder ihr* zu signalisieren, dass er oder sie diese Eigenschaften besitzt.

Wenn Sie dieses Feldexperiment erfolgreich absolvieren, werden Sie ein erstaunliches Paradox enthüllen: *Je mehr Sie Ihr Verlangen, vor anderen zu brillieren, unterdrücken, desto mehr werden Sie in den Augen Ihres Gegenübers glänzen.* Es ist fast skurril, wie oft ich schon Zeuge dieser Tatsache wurde: Ich verfolgte ein Gespräch zwischen zwei Personen, bei dem eine der beiden eindeutig der Wortführer war, während die andere Person geduldig zuhörte und Fragen stellte. Wenn ich den dominanten Gesprächspartner später frage, was er von der anderen Person hält, betrachtete er die zurückhaltende Art der anderen Person nie als Beleg dafür, dass sie langweilig, uninformiert und uninteressant sei. Ganz im Gegenteil, er sagte stets unweigerlich so etwas wie: »Ein großartiger Zeitgenosse!«

Dasselbe würden auch Sie über jeden sagen, der das Beste in Ihnen zum Vorschein bringt und der Ihnen das Gefühl gibt, die wichtigste Person im Raum zu sein.

Bitte beachten Sie, dass diese Feldübung Sie nicht dazu anhalten soll, Ihren Charme weiterzuentwickeln, die Kunst der Verführung zu erlernen oder Ihre Körpersprache als subtiles Mittel einzusetzen, um andere von Ihrem Standpunkt zu überzeugen. Sie ist schlicht und ergreifend eine Übung in aktivem Zuhören – wobei »aktiv« in diesem Fall bedeutet, dass Ihr Zuhören einen bestimmten Zweck erfüllt. Wenn Sie den Zweck verfolgen, anderen in Ihrer Gegenwart das Gefühl zu geben, sie seien das Zentrum des Universums, dann werden Sie garantiert einen Volltreffer landen. Und Sie wissen ja längst, wie es geht – denken Sie an das erste Date, ein Verkaufsgespräch, ein Meeting mit Ihrem Chef. Von nun an müssen Sie daran arbeiten, *sich immer so zu verhalten.*

KAPITEL 10

Danke sagen

Warum es funktioniert, Danke zu sagen

Sich bei jemandem zu bedanken ist deshalb so wirkungsvoll, weil diese Geste eines unserer grundlegendsten Gefühle zum Ausdruck bringt: Dankbarkeit. Dankbarkeit ist nichts Abstraktes. Sie ist eine echte Emotion, die man weder erwarten noch erzwingen kann. Entweder man empfindet sie oder man empfindet sie nicht. Aber wenn jemand etwas Nettes für Sie tut, *erwartet er Dankbarkeit* – und wird schlechter über Sie denken, wenn Sie ihm die Würdigung seiner Tat vorenthalten. Erinnern Sie sich, wann Sie zuletzt jemandem ein Geschenk gemacht haben und diese Person vergessen hat, sich dafür zu bedanken? Was haben Sie daraufhin über ihn oder sie gedacht? »So ein netter Mensch« oder eher »Undankbares Ekel«?

Dankbarkeit ist ein komplexes Gefühl, und deshalb kann es schwierig sein, sie auszudrücken. Häufig wird sie auch als unterwürfiges, leicht erniedrigendes Verhalten interpretiert – was womöglich erklärt, weshalb Eltern ihre Kinder ständig daran erinnern müssen, auch Danke zu sagen. Das ist eine der letzten und schwierigsten Verhaltensregeln, die wir unseren von Natur aus rebellischen Kindern beibringen können.

Und eine weitere Tatsache: Sich zu bedanken ist ein wesentliches Merkmal der Etikette und des guten Benehmens. Wie die meisten Benimmregeln kann der Dank zu einer reinen Formel werden. Er muss nicht immer aufrichtig gemeint sein. Wir alle verwenden diese Formel den lieben langen Tag über, ohne groß darüber nachzudenken und oft auch einfach als Stilmittel, um einen Schlusspunkt zu setzen – so sagen wir beispielsweise in Telefonaten gerne »Danke«, um das Gespräch auf diese Weise zu beenden. Dabei ist uns womöglich gar nicht bewusst, dass unser »Danke« in diesem Kontext in Wahrheit »Wir sind hier fertig. Bitte hören Sie nun auf zu reden« signalisiert. Doch weil einem Dank die Macht der Höflichkeit innewohnt, kommen die Menschen dieser Aufforderung dann auch stets nach.

Das Beste an einem Dank ist allerdings, dass er eine potenziell explosive Diskussion zum Abschluss bringt. Denn was wollen Sie jemandem noch sagen, nachdem er sich bei Ihnen bedankt hat? Sie können ihm nicht widersprechen und sie können nicht versuchen, ihm ein Unrecht nachzuweisen. Sie können ihn nicht übertrumpfen, wütend werden oder ihn ignorieren. Die einzig mögliche Reaktion besteht darin, zwei der freundlichsten, einladendsten und schönsten Worte, die es gibt, zu äußern: »Gern geschehen.« Das ist Musik in jedermanns Ohren.

Gewöhnen Sie sich also an, sich bei Ihren Mitmenschen zu bedanken. Sie werden diese Fähigkeit brauchen, wenn wir zu den letzten beiden Schritten kommen: dem Follow-up und dem Feedforward. Aber zuerst machen wir noch ein paar Dankesübungen.

Geben Sie sich selbst eine Eins plus in Sachen Dankbarkeit

Einmal saß ich im Flieger nach Santa Barbara in Kalifornien. Plötzlich sackte das Flugzeug gewaltig ab – einer dieser nervenaufreibenden Sturzflüge, bei denen viele Passagiere nach den Spucktüten greifen und der Rest von uns panisch überlegt, ob wir an ein Leben nach dem Tod glauben. Aus dem Lautsprecher kam die gelassene Stimme des Piloten, der uns darüber informierte, dass wir ein »kleines Problem« hätten. Das Fahrwerk ließe sich nicht ausfahren und nun würden wir so lange über dem Flughafen kreisen, bis das Kerosin verbraucht wäre, damit wir auch ohne ausgefahrene Räder sicher landen könnten. Es ist immer beunruhigend, Warteschleifen fliegen zu müssen und darauf zu warten, dass der Treibstoff zur Neige geht. In diesen Momenten, in denen Sie sich vermeintlich mit dem Tod konfrontiert sehen, beginnen Sie in der Regel, über Ihr Leben nachzudenken. Sie fragen sich: »Was bereue ich?«

Mir ging es jedenfalls so. Ich dachte an all die Menschen, die in meinem Leben gut zu mir gewesen waren. Und dass ich ihnen nie angemessen gedankt hatte.

Also sagte ich mir: »Wenn ich lebend da unten ankomme, werde ich mich bei all diesen Leuten bedanken.« Dieser Gedanke ist nicht ungewöhnlich. Nach dem Tod der Eltern bedauern ihre Kinder stets vor allem eines: dass sie ihnen nie gesagt haben, wie sehr sie all das zu schätzen wissen, was ihre Eltern für sie getan haben.

Das Flugzeug landete schließlich sicher. (Und glauben Sie mir, ich habe dem Piloten und der Besatzung meinen Dank dafür ausgesprochen.) Nachdem ich in mein Hotel eingecheckt hatte, schrieb ich als Allererstes herzzerreißend überschwängliche Dankesbriefe an mindestens 50 Menschen, die mir in meinem Leben geholfen hatten.

Das war der Moment, in dem ich zum »Connaisseur« der Dankbarkeit wurde und zu einem wahren Meister des Dankens. In meinen E-Mails, Briefen und Seminaren bedanke ich mich seitdem ständig. Das letzte Wort, das ich am Ende von Telefonaten sage, ist nicht »Auf Wiederhören«, sondern meistens ein aufrichtig gemeintes »Danke«. Wenn es um Dankbarkeit geht, werde ich zum radikalen Fundamentalisten. Ich bin sogar schon so weit gegangen, eine Liste mit den 25 Personen zu erstellen, denen ich in meinem privaten und beruflichen Leben den größten Dank schuldete. Ich ließ spezielle Urkunden drucken, auf denen ihre Namen in goldenen Lettern prangten und die außerdem Folgendes besagten: »Danke. Sie gehören zu den 25 wichtigsten Menschen, die dazu beigetragen haben, dass ich auf ein großartiges Berufsleben blicken kann.«

Natürlich ist mir bewusst, dass ich damit vielleicht ein wenig über das Ziel hinausgeschossen bin, aber ich werde mich nicht dafür entschuldigen. Ich habe viele Defizite, aber mangelnde Dankbarkeit ist keines davon. In meinen Augen ist Dankbarkeit ein wichtiges Gut. Ihr Fehlen kennzeichnet eine große zwischenmenschliche Schwäche. Was Dankbarkeit betrifft, gebe ich mir selbst eine Eins plus – und das sollte auch Ihr Ziel sein.

Hier kommt eine Übung, mit der Sie in Richtung dieses Ziels aufbrechen können (glücklicherweise ohne den Adrenalinstoß, den ein Beinahe-Flugzeugabsturz auslösen kann).

Unabhängig davon, wie fortgeschritten Ihr Leben bereits ist: Denken Sie an Ihre zurückliegende Karriere und überlegen Sie, welche 25 Menschen am meisten zu Ihrem Erfolg beigetragen haben. Schreiben Sie die ersten 25 Namen auf, die Ihnen diesbezüglich in den Sinn kommen. Fragen Sie sich dann: »Habe ich ihnen jemals gesagt, wie dankbar ich für ihre Hilfe bin?« Wenn es Ihnen wie dem Rest von uns geht, haben Sie in diesem Bereich vermutlich noch etwas Nachholbedarf.

Bevor Sie irgendetwas anderes tun (und sei es nur, dieses Kapitel zu Ende zu lesen), sollten Sie jeder dieser Personen einen Dankesbrief schreiben.

Diese Übung verfolgt aber nicht nur den Zweck, Ihnen und Ihren Unterstützern ein gutes Gefühl zu geben (auch wenn das ein lohnendes therapeutisches Ziel ist). Das Verfassen dieser Schreiben zwingt Sie dazu, sich mit der ernüchternden Tatsache auseinanderzusetzen, dass Sie Ihren Erfolg nicht alleine errungen haben. Andere haben Ihnen wertvolle Hilfestellung geleistet.

Und was noch wichtiger ist: Diese Übung zwingt Sie außerdem dazu, Ihre Stärken und Schwächen zu identifizieren. Denn indem Sie anderen für ihre Hilfe danken, gestehen Sie gleichzeitig an, dass Sie überhaupt Hilfe gebraucht haben – eine gute Möglichkeit, um Ihre Defizite zu benennen. Wenn Sie in einem bestimmten Bereich keinen Verbesserungsbedarf gehabt hätten, hätten Sie nicht die Hilfe eines anderen benötigt. Akzeptieren Sie diese Tatsache als positiven Nebeneffekt Ihrer Dankesschreiben. Sie helfen Ihnen, Ihre früheren Schwachpunkte zu identifizieren (bei denen Sie womöglich nach wie vor schwächer abschneiden, als Sie vielleicht glauben).

Während ich diese Gedanken niederschreibe, wird mir bewusst, wie naheliegend, ja fast schon banal es ist, dass ich Ihnen und anderen empfehle, Dankesschreiben zu verfassen. Doch es ist gleichzeitig kaum zu glauben, wie sehr die Praxis des Dankens vernachlässigt wird. Dabei können wir sie gar nicht oft genug anwenden.

Irgendwann werden Sie erkennen, dass der Ausdruck der eigenen Dankbarkeit ein Talent ist – ein Talent, das Hand in Hand mit Weisheit, Selbsterkenntnis und Reife geht.

Einst vertrat ein befreundeter Anwalt einen Fall vor dem Obersten Gerichtshof. Zwar gewann er ihn nicht, aber trotzdem nahm ihn der Richter anschließend zur Seite und lobte ihn für die Qualität seiner Schriftsätze. »Ich habe sie mit Vergnügen gelesen«, sagte der Richter, »auch wenn sie mich letztlich nicht überzeugen konnten.«

Mein Freund bedankte sich und erklärte dem Richter, dass er seine schriftliche Kompetenz einem Englischprofessor an der University of Notre Dame in Indiana zu verdanken habe, bei dem er einst studierte. Der Professor habe ihm im Rahmen eines Dutzends Nachhilfestunden dazu gezwungen, sich eine kurze und bündige Schreibweise anzueignen.

»Haben Sie ihm jemals dafür gedankt?«, fragte der weise Richter.

»Nein«, antwortete mein Freund. »Ich habe seit zwanzig Jahren nicht mehr mit ihm gesprochen.«

»Vielleicht sollten Sie das nachholen«, empfahl der Richter.

Daraufhin schrieb mein Freund noch am selben Abend an den Professor, der immer noch an der Notre Dame lehrte, und erzählte ihm in einem Dankesschreiben die ganze Geschichte.

Eine Woche später schrieb der Professor zurück und beglückwünschte meinen Freund zum perfekten Timing seines Briefs. Er hatte sich gerade durch Dutzende von Hausarbeiten gequält und unterdessen allmählich an der Sinnhaftigkeit ihrer Lektüre und Benotung gezweifelt. »Ihr Brief«, schrieb er, »hat mich daran erinnert, dass das, was ich tue, einen Wert hat.«

Und genau hier offenbart sich die Schönheit und Strahlkraft eines Dankesschreibens. Wenn Sie es schaffen, sich eine Eins plus im Danken zu erarbeiten, wird niemals etwas Schlechtes daraus hervorgehen. Nur Gutes.

KAPITEL 11

Follow-up

Ohne Follow-up können Sie sich nicht verbessern

SOBALD SIE DIE RAFFINIERTEN KÜNSTE des Entschuldigens, Werbens, Zuhörens und Dankens beherrschen, müssen Sie am Ball bleiben – und zwar unablässig. Sonst schrumpft Ihr Vorhaben zu einer kurzlebigen »Monats-Challenge« zusammen.

Ich bringe meinen Klienten bei, sich ungefähr ein Mal pro Monat an *alle* ihre Mitarbeiter zu wenden und sie um Kommentare und Vorschläge zu bitten. Erinnern Sie sich beispielsweise noch an den ersten Klienten, von dem ich Ihnen erzählte, und dem es schwerfiel, Informationen mit seinen Mitarbeitern zu teilen? Er setzte meinen Rat in die Tat um, indem er zu allen Kollegen ging und Folgendes sagte: »Letzten Monat habe ich Ihnen mitgeteilt, dass ich versuchen werde, Sie mehr einzubeziehen und besser zu informieren. Sie haben mir ein paar Ideen genannt, wie mir das gelingen könnte, und nun würde ich gerne wissen, ob ich sie Ihrer Meinung nach effektiv umgesetzt habe.« Diese Frage veranlasste seine Kollegen dazu, kurz innezuhalten, noch einmal über seine Veränderungsbemühungen nachzudenken, seine Fortschritte gedanklich abzuwägen und ihn zu ermutigen, weiter an sich zu arbeiten.

Wenn auch Sie jeden Monat dasselbe tun, werden Ihre Kollegen irgendwann anerkennen, dass Sie sich tatsächlich bessern – und zwar nicht, weil Sie das behaupten, sondern weil *sie* es selbst bestätigen.

Wenn ich Ihnen sage: »Ich bessere mich«, dann glaube ich daran. Wenn ich Sie hingegen frage: »Bessere ich mich?«, und Sie antworten, dass ich das tue, dann glauben auch *Sie* daran.

In den späten 70er- und frühen 80er-Jahren war der Bürgermeister von New York City, Ed Koch, dafür bekannt, dass er durch alle fünf Stadtbezirke tourte und jeden, den er traf, fragte: »Wie mache ich mich?« Für Laien mag Kochs Frage nach hemmungsloser Geltungssucht klingen, nach einem traurigen Relikt des »Ich-Jahrzehnts«, wie Tom Wolfe die 70er-Jahre einst spöttisch beschrieb. Aber Koch wusste genau, was er tat. Mit dem Instinkt eines meisterhaften Politikers und Menschenkenners verfolgte Koch eine simple, aber ziemlich ausgeklügelte Nachfass-Strategie, besser bekannt als Follow-up. Sein Ziel: Er wollte nicht nur die Stadt zum Besseren verändern, sondern auch positiven Einfluss auf das Bild nehmen, das die Bürger von ihm als Bürgermeister hatten.

Indem er die Leute fragte, wie er sich mache, demonstrierte er werbewirksam, dass er sich bemühte; dass er sich kümmerte.

Und indem er sein Anliegen als Frage formulierte, anstatt als Behauptung (»Ich mache meine Sache hervorragend!«) bezog er seine Bürger aktiv mit ein und gab ihnen dadurch letztendlich zu verstehen, dass sein Schicksal in *ihren* Händen lag.

Durch die regelmäßige Wiederholung wurde die Frage »Wie mache ich mich?« nicht nur gewissermaßen zu Ed Kochs persönlichem Slogan. Er nutzte sie überdies als wirksames Instrument, um seine Bemühungen fest in den Köpfen der Bürger zu verankern und sie immer wieder daran zu erinnern, dass die Verbesserung der Lage New Yorks ein fortlaufender Prozess war und niemand erwarten durfte, sie würde auf wundersame Weise quasi über Nacht eintreten (was womöglich erklärt, weshalb er der letzte Bürgermeister dieser Stadt war, der drei Amtszeiten regierte).

Vor allem aber zwang Koch sich mit seiner Frage »Wie mache ich mich?« selbst dazu, seine Versprechen auch einzulösen. Wenn er sie stellte und die Antwort »Nicht so gut« lautete, musste er sich mit diesem Echo auseinandersetzen und Verbesserungen in die Wege leiten, um in Zukunft nicht noch einmal die gleiche Antwort hören zu müssen.

Das Follow-up ist der langwierigste Teil des Veränderungsprozesses. Er erstreckt sich über 12 bis 18 Monate. Deshalb ist es nur angemessen, dass dieser Prozess ein entscheidender Faktor für den Erfolg oder Misserfolg unseres Vorhabens ist.

Durch das Follow-up messen wir unseren Fortschritt.

Durch das Follow-up erinnern wir die Menschen daran, dass wir uns bemühen, uns zu ändern, und dass sie uns dabei unterstützen sollten.

Durch das Follow-up verankern wir unsere Bemühungen um Besserung in den Köpfen unserer Kollegen.

Durch das Follow-up können wir skeptische Mitarbeiter von unserer Änderungsfähigkeit überzeugen.

Durch das Follow-up erinnern wir uns selbst und unsere Mitmenschen daran, dass die Veränderung ein *fortlaufender* Prozess ist und keine kurzzeitige »religiöse Bekehrung«.

Und vor allen anderen Dingen zwingt uns der Follow-up-Prozess dazu, unseren Vorsatz auch wirklich in die Tat umzusetzen. Er verleiht uns den nötigen Schwung, ja sogar den Mut, nicht nur anzuerkennen, dass wir Verhaltensschwächen haben, die wir überwinden müssen, sondern sie auch *tatsächlich in Angriff zu nehmen* – denn indem wir uns auf diesen Prozess einlassen, leiten wir unsere Veränderung ein.

Warum Follow-up funktioniert

Lassen Sie mich zunächst ein wichtiges Eingeständnis machen: Zu Beginn meiner Karriere war mir nicht bewusst, wie wichtig das Follow-up ist. Ich war damals mit der Vorbereitung von Trainingsseminaren in einem Fortune-100-Unternehmen beschäftigt, als mir der stellvertretende Vorstandvorsitzende, vielleicht mit Blick auf das Schulungsbudget, folgende durchaus berechtigte Frage stellte: »Hat sich denn schon jemals einer der Teilnehmer an diesen Programmen zur Führungskräfteentwicklung *wirklich* zum Besseren verändert?«

Ich dachte einen Moment nach, überlegte dann noch intensiver und antwortete schließlich etwas kleinlaut: »Das weiß ich nicht.«

Schon damals hatte ich Tausende von Klienten gecoacht. Zu meinen Seminaren hatte ich begeistertes Feedback erhalten (obwohl mir nun klar wurde, dass die positiven Rückmeldungen ja lediglich bedeuteten, dass die Teilnehmer meine Kurse für wertvoll hielten, dass sie jedoch nicht bewiesen, dass sie tatsächlich wertvoll waren). Dutzende Menschen hatten mir brieflich versichert, sie hätten sich positiv verändert (obwohl ich nun erkannte, dass das nicht automatisch bedeuten musste, dass auch ihre Kollegen diese Meinung teilten). Ich hatte für einige der besten Unternehmen der Welt gearbeitet, und niemand hatte mir jemals diese Frage gestellt. Und schlimmer noch: Bis zu diesem Augenblick war sie mir selbst noch nie in den Sinn gekommen.

Dieser Augenblick änderte alles in meinem Leben. Bis zu diesem Moment war ich einer der erfolgreicheren Coaches gewesen, die auf das 360-Grad-Feedback setzten – ein partizipatives Managementkonzept, bei dem Mitarbeiter ihre Vorgesetzten beurteilten und nicht umgekehrt. Mein persönlicher Beitrag zu diesem Gebiet war das Konzept des »individuellen Feedbacks«. Ich erstellte Umfragen, die Antworten auf die Frage »Was kennzeichnet eine gute Führungskraft *in dieser Organisation*?« lieferten. Aber obwohl ich liebend gerne mit Zahlen jonglierte, hatte ich nie wieder Kontakt zu meinen früheren Auftraggebern aufgenommen, um in Erfahrung zu bringen, ob meine Seminare irgendeine Wirkung gezeigt hatten oder ob meine Klienten sich wirklich so verhielten, wie sie es bei meinen Coachings versprochen hatten. Ich war einfach davon ausgegangen, dass sie sicherlich erkannt hatten, wie sehr sie von den Empfehlungen des weisen, wunderbaren, praktischen Marshall profitieren würden, und deshalb bestimmt getan hatten, wozu ich ihnen geraten hatte.

Geläutert durch die eklatant naheliegende Frage des stellvertretenden Vorstandsvorsitzenden wurde ich in den folgenden zwei Jahren zu einem wahren Follow-up-Jünger. Ich durchforstete sämtliche Forschungsberichte und setzte mich mit allen früheren Auftraggebern in Verbindung, um Daten zu sammeln und die Frage zu beantworten, ob sich meine Klienten wirklich »zum Besseren verändert« hatten.

Nach und nach akkumulierten sich die Zahlen zu einer statistisch signifikanten Datenlage, die acht große Unternehmen umfasste, die jährlich jeweils viele Millionen Dollar in Programme zur Entwicklung von Führungskräften investierten. Mit anderen Worten: Sie nahmen den Prozess der Führungskräfteentwicklung sehr ernst. Schließlich belief sich die Zahl der Befragten auf 86 000 Teilnehmer.* Die Auswertung der Daten ergab drei Folgerungen.

Die erste Lektion: Nicht jeder reagiert auf Maßnahmen zur Entwicklung von Führungskräften – oder zumindest nicht in der vom Unternehmen erwünschten oder beabsichtigten Weise. Manche Menschen lassen sich coachen und andere nicht. Das liegt nicht daran, dass sie sich nicht verbessern wollen. In den acht Unternehmen, in denen mehrere Hundert Mitarbeiter an meinen Seminaren zur Entwicklung von Führungskräften teilnahmen, fragte ich alle Teilnehmer am Ende jeder Sitzung, ob sie vorhätten, an ihren Arbeitsplatz zurückzukehren und das Gelernte anzuwenden. Fast 100 Prozent bejahten dies. Ein Jahr später bat ich die Untergeben dieser Führungskräfte um Bestätigung, ob ihre Chefs die gelernten Lektionen bei der Arbeit in die Tat umsetzten. Etwa 70 Prozent sagten ja, und 30 Prozent sagten, der Chef habe sich überhaupt nicht verändert. Dieses 70 : 30-Verhältnis zeigte sich mit eleganter statistischer Gleichmäßigkeit in jedem der acht Unternehmen, die ich analysierte, und zwar ganz unabhängig davon, ob es sich um amerikanische, europäische oder asiatische Führungskräfte handelte. Mit anderen Worten: Sie spiegelt die menschliche Natur wider und nicht die kulturelle Prägung.

Als ich noch etwas tiefer bohrte, um herauszufinden, weshalb Führungskräfte ein Trainingsseminar besuchen, versprechen, das Gelernte umzusetzen, und es dann doch nicht tun, war die Antwort, die ich fand, letztlich unglaublich banal und doch sehr menschlich. *Sie hatten schlicht und ergreifend zu viel zu tun.* Wenn sie nach den Sitzungen in ihre Büros zurückkehrten, fanden sie dort Berge ungelesener E-Mails

* Die gesamte Methodik, die statistischen Ergebnisse, die beteiligten Unternehmen und meine Schlussfolgerungen sind in meinem mit Howard Morgan verfassten Beitrag »Leadership Is a Contact Sport«: The Follow-Up Factor in Management Development« dargelegt, der im Herbst 2004 in dem Magazin *Strategy and Business* veröffentlicht wurde.

vor, auf die sie antworten mussten, Berichte, die sie lesen und schreiben mussten, Klienten und Kunden, die auf ihren Rückruf warteten. Sie wurden einfach durch die alltäglichen Anforderungen ihrer Arbeit davon abgelenkt.

Das lehrte mich eine zweite Lektion: Es besteht eine enorme Diskrepanz zwischen Verstehen und Handeln. Die Führungskräfteentwicklung basiert mehrheitlich auf einer riesengroßen Fehlannahme: Wenn die Menschen etwas verstehen, werden sie es auch tun. Doch das stimmt nicht. Selbst wenn wir etwas verstehen, handeln wir meistens dann eben doch nicht danach. Dass starkes Übergewicht schlecht für unsere Gesundheit ist, ist beispielsweise bestens bekannt. Doch nicht alle von uns schreiten tatsächlich zur Tat, um etwas dagegen zu unternehmen.

Diese Erkenntnis liefere mir allerdings immer noch keine wirkliche Antwort auf meine Frage. Ich wusste nun lediglich, dass 70 Prozent der Menschen, die etwas *verstehen,* auch entsprechend *handeln* werden. Ich wusste aber noch immer nicht, ob diese 70 Prozent, die etwas unternahmen, sich auch tatsächlich verbesserten.

Daraufhin wurde mir klar, dass das Follow-up nicht nur das fehlende Glied in meinem Coaching-Konzept war, sondern dass es zudem auch der Schlüssel war, um Menschen tatsächlich zu Verhaltensveränderungen zu bewegen. Also erzählte ich den Leuten ab sofort, dass ein Teil des Veränderungsprozesses darin bestünde, bei den Kollegen nachzufassen und sie zu fragen: »Wie mache ich mich?« Dabei hatte ich diesen Schritt bis vor Kurzem noch nie selbst vollzogen, um die Auswirkungen der Follow-ups zu evaluieren, die ich meinen Kunden nun empfahl. Also definierte ich meine Zielsetzungen neu, um von nun an nicht mehr nur zu erheben, ob sich meine Klienten zum Besseren veränderten, sondern auch warum. Schließlich bestätigte sich meine Vermutung, dass das Follow-up den entscheidenden Unterschied ausmachen würde.

Ich untersuchte fünf meiner acht Unternehmen, um das Ausmaß des Follow-ups bei ihren Führungskräften zu messen. Als Follow-up definierte ich dabei die Interaktion zwischen den vermeintlichen »Führungskräften« und ihren Kollegen, um auf diese Weise zu erheben, ob sie ihre Führungsqualitäten tatsächlich verbessert hatten. Die Intensität des Follow-ups teile ich in fünf Grade ein, die von »häufige Interaktion« bis »wenig oder keine Interaktion« reichten.

Die Ergebnisse, die ich erhielt, erwiesen sich als verblüffend konsistent. An einem Ende des Spektrums, also bei Führungskräften, die von einem Follow-up nur wenig oder gar keinen Gebrauch machten, konnte ich nur geringfügige oder gar keine Verbesserungen ihrer Führungsqualitäten feststellen. Im Gegensatz dazu wurden denjenigen Führungskräften, die konsequent bei ihren Kollegen nachfassten, von diesen dramatisch verbesserte Führungsqualitäten attestiert.

Die Schlussfolgerung, die ich aus dieser Datenlage zog, war klar und eindeutig: *Ohne Follow-up gibt es keine Verhaltensänderungen. Das war die dritte Lektion, die ich lernte.*

Rückblickend betrachtet liegt dieses Fazit natürlich klar auf der Hand – und sie entspricht Peter Druckers Prophezeiung, dass »die Führungskraft der Zukunft eine Person sein wird, die weiß, wie man fragt«. Eines ist jedenfalls sicher: Meine Studien ergaben, dass Führungskräfte, die regelmäßig um Input bitten, ihre Effektivität steigern können. Führungskräfte, die kein Follow-up praktizieren, sind nicht zwangsläufig schlechte Führungskräfte. Es wird ihnen von ihren Mitarbeitern in der Regel nur keine Verbesserung attestiert.

In gewisser Hinsicht untermauert unsere Arbeit eine wichtige Erkenntnis der berühmten Studie zum Hawthorne-Effekt, die der Harvard-Professor Elton Mayo vor fast 80 Jahren unter Fabrikarbeitern in der Hawthorne-Fabrik von Western Electric durchführte. Der Hawthorne-Effekt besagt, dass die Produktivität von Arbeitnehmern zunimmt, wenn die Arbeitnehmer spüren, dass ihre Vorgesetzten ein größeres Interesse und Engagement für ihre Arbeit zeigen. In seiner elementarsten Form erklärt dieser Effekt, weshalb Mitarbeiter aufmerksamer und fokussierter arbeiten, wenn sie wissen, dass ihr Chef sie beobachtet. In verfeinerten Formen ist er der Grund, weshalb gesamte Belegschaften härter und mit einer besseren Arbeitsmoral arbeiten, wenn sie spüren, dass ihre Chefs an ihrem Wohlergehen interessiert sind. Dieselbe Dynamik ließ sich auch bei meinen Follow-up-Studien beobachten. Durch das Follow-up demonstrieren Sie, dass Ihnen wirklich daran gelegen ist,

Ihr Verhalten zu verbessern. Indem Sie bei Ihren Mitarbeitern nachfassen, zeigen Sie, dass Sie Wert auf deren Meinung legen. Und indem Sie sich beständig und regelmäßig etwa einmal pro Monat bei Ihren Mitarbeitern nach Ihren Verbesserungsfortschritten erkundigen, beweisen Sie ihnen, dass Sie den Prozess ernst nehmen und ihre Tipps und Anregungen nicht ignorieren. Das ist ein wichtiges Element des Follow-ups. Denn wer seine Mitarbeiter zwar um Input bittet, diesen dann aber ignoriert oder nicht umsetzt, würde völlig zu Recht als jemand wahrgenommen werden, dem es nicht besonders wichtig ist, eine bessere Führungskraft zu werden.

Diese Erfahrungswerte lehrten mich eine vierte Lektion: *Eine bessere Führungskraft (oder ein besserer Mensch) zu werden, ist kein Ereignis, sondern ein Prozess.* In der Vergangenheit fokussierte sich die Führungskräfteentwicklung größtenteils auf singuläre Ereignisse – auf Trainingsseminare, Motivationsvorträge oder intensive Klausurtagungen für leitende Angestellte. Doch meine Erfahrung mit acht Großunternehmen hat bewiesen, dass echte Führungskräfteentwicklung einen *Prozess* voraussetzt, der Zeit braucht. Die erforderlichen Verbesserungen lassen sich nicht an einem einzigen Tag bewerkstelligen. Verhaltensänderungen lassen sich nicht durch die Einnahme einer Nitroglycerin-Kapsel »verabreichen«.

Der Prozess ähnelt der körperlichen Betätigung. Stellen Sie sich vor, Sie setzten Menschen, die nicht in Form sind, in einen Raum und hielten ihnen einen Vortrag über die Bedeutung von Bewegung, ergänzten ihn durch ein paar Trainingsvideos und ließen sie anschließend ein paar Minuten einige Übungen simulieren, mit denen sie ihre Fitness verbessern könnten. Würde es Sie überraschen, wenn die Anwesenden ein Jahr später immer noch nicht in Form wären? Wir werden nicht fitter, indem man uns die theoretischen Grundlagen des Sports und seiner Bedeutung für unseren Körper erklärt. Wir kommen in Form, indem wir uns regelmäßig bewegen.

Dieses Beispiel bringt gut auf den Punkt, weshalb Führungskräfteentwicklung ohne Follow-up *nichts bringt.* Niemand hat sich allein durch die Teilnahme an einem Trainingsseminar jemals zum Besseren verändert. Verbesserungen traten nur ein, wenn die Teilnehmer das, was sie im Seminar gelernt hatten, auch tun. Und dieses »Tun« beinhaltet per definitionem auch das Follow-up. Erst das Follow-up macht Verhaltensveränderungen zu einem kontinuierlichen Prozess – nicht nur für Sie selbst, sondern auch für alle anderen, die von den Änderungswilligen miteinbezogen werden. Indem Sie andere Menschen an Ihren stetigen Fortschritten teilhaben lassen, garantieren Sie sich gewissermaßen selbst Ihren Erfolg. Schließlich fällt es Ihnen ja auch leichter, eine Diät durchzuhalten, wenn Sie wissen, dass jemand, der Ihnen wichtig ist, am Ende jedes Monats Ihr Gewicht kontrolliert.

Meine abendliche Follow-up-Routine

Ich möchte Ihnen gerne erläutern, wie ich in meinem eigenen Leben ein Follow-up praktiziere.

Ich habe einen Coach namens Jim Moore, der zudem ein alter Freund von mir ist. Als Coach ist es Jims Aufgabe, mich jeden Abend anzurufen – ganz egal, wo ich mich gerade auf der Welt aufhalte – und mir Fragen zu stellen. Diese Fragen konzentrieren sich hauptsächlich auf mein körperliches Wohlbefinden und meine Fitness und sie lauten jeden Abend gleich. Zu wissen, dass Jim mich anrufen wird und ich seine Fragen ehrlich beantworten muss, ist meine persönliche Follow-up-Methode, um mein Ziel, ein gesünderer Mensch zu werden, zu erreichen.

Die erste Frage lautet stets: »Wie glücklich bist du heute?« Denn glücklich zu sein, ist für mich das Allerwichtigste. Ansonsten wäre alles andere egal. Danach stellt Jim mir dann allabendlich diese weiteren Fragen:

1. Welche Strecke hast du zu Fuß zurückgelegt?
2. Wie viele Liegestütze hast du gemacht?
3. Wie viele Sit-ups?
4. Hast du fetthaltige Lebensmittel gegessen?

5. Wie viel Alkohol hast du getrunken?
6. Wie viele Stunden hast du letzte Nacht geschlafen?
7. Wie lange hast du ferngesehen oder im Internet gesurft?
8. Wie viel Zeit hast du mit Schreiben verbracht?
9. Hast du heute etwas Nettes für Lyda (meine Frau) getan oder ihr etwas Nettes gesagt?
10. Hast du heute etwas Nettes für Kelly und Bryan (meine Kinder) getan oder ihnen etwas Nettes gesagt?
11. Wie oft hast du heute versucht zu beweisen, dass du recht hattest, obwohl es die Sache nicht wert war?
12. Wie viele Minuten hast du dich auf Themen konzentriert, die unwichtig waren oder auf die du ohnehin keinen Einfluss nehmen kannst?

Das waren alle Fragen – ein prächtiges Dutzend. Mir ist klar, dass diese Fragen trivial oder sogar oberflächlich klingen mögen. Aber Nachhilfe in tiefgründigen Fragestellungen brauche ich nun wirklich nicht. Schließlich verbringe ich schon den größten Teil meiner Arbeitszeit damit, mit Menschen über ihre Beziehungen zu sprechen und ihnen dabei zu helfen, sich in den Bereichen, die ihnen wirklich am Herzen liegen, zu verbessern. Mein Tag ist also schon »tiefgründig« genug.

Dagegen habe ich jedoch einen Lebensstil, der für mein körperliches Wohlbefinden verheerend ist. Ich bin 200 Tage im Jahr auf Reisen und sitze in Flughäfen, Autos, Konferenzzentren und Hotelzimmern herum. Wenn meine Frau mich nicht daran erinnern würde, wüsste ich die meiste Zeit nicht, in welcher Zeitzone ich mich gerade befinde. Der Luxus eines »geregelten« Tagesablaufs mit drei anständigen Mahlzeiten, Schlafen im eigenen Bett und einer »Fitnessroutine«, die diesen Namen auch verdient, ist mir nicht vergönnt. Es gibt überhaupt keine Routine in meinem Leben, außer der Routine des Reisens.

Deshalb beschäftigen sich die Fragen, die Jim mir jeden Abend stellt, mit den Dingen, die mir persönlich schwerfallen – und die Disziplin erfordern. Für mich sind sie ganz und gar nicht trivial oder oberflächlich. Sie sind wichtig. Jims allabendlicher Anruf ist meine Version des erzwungenen Follow-ups. (Übrigens: Nachdem ich meine Fragen mit Jim besprochen habe, bespricht er seine Fragen mit mir!)

Und es funktioniert. Ich bin disziplinierter beim Schreiben (dieses Buch ist der Beweis), ich habe mein Gewicht und meinen Koffeinkonsum reduziert und verbringe wesentlich weniger Zeit vor dem Fernseher. Außerdem bin ich so gut in Form wie seit Jahrzehnten nicht mehr.

Als »Follow-up-Connaisseur« überrascht es mich nicht, welchen Nutzen ich aus dieser Methode ziehe. Das Entscheidende ist aber, dass ich nicht im luftleeren Raum an mir arbeite, sondern *dass eine weitere Person involviert ist.* Es ist besser als nichts, jeden Abend über dieselben Fragen Protokoll zu führen und die Antworten zu notieren. In meinen Augen ist das aber kein echtes Follow-up, sondern kommt eher einem Tagebucheintrag gleich – und die Wahrscheinlichkeit, dass sich daraus ein nachhaltiger Erfolg ergibt, ist wesentlich geringer. (Wer hat nicht schon einmal mit dem Tagebuchschreiben begonnen, es aber schnell wieder aufgegeben?)

Aber indem ich Jim einbeziehe – einen Freund, einen sympathischen Menschen, den ich zum einen nicht enttäuschen möchte (das liegt in der menschlichen Natur) und der mich zum anderen beständig ermutigt und unterstützt –, bilde ich den zuvor beschriebenen Follow-up-Prozess für meine eigenen Zwecke am besten nach. Er hilft mir, meine Fortschritte zu messen, und erinnert mein Umfeld immer wieder daran, dass ich mich um Besserung bemühe. Und er liefert mir selbst das beständige Feedback, dass ich auch tatsächlich besser werde. Andere Menschen miteinzubeziehen ist, als würden wir uns einen Spiegel vorhalten, in dem sicheren Wissen, dass wir mögen werden, was wir darin erblicken.

Sie können das auch. Auch Sie können sich Ihren eigenen »Jim Moore« suchen. Vielleicht denken Sie, jemanden zu bitten, Sie jeden Abend anzurufen – ohne ihn zu bezahlen! –, wäre ein wenig viel verlangt. Schließlich haben nur wenige Menschen das Durchhaltevermögen und die nötige Disziplin, um täglich Kontakt zu halten.

Aber ist das wirklich so? Viele von uns praktizieren dies doch bereits in abgewandelter Form.

Ich kenne jede Menge Erwachsene, die – egal, wie viel sie zu tun haben und wo sie gerade sind – jeden Abend ihre alternden Eltern anrufen, um sich zu erkundigen, wie es ihnen geht.

In meiner Nachbarschaft gibt es einen Kreis vielbeschäftigter Mütter, die gemeinsam Marathon laufen oder an 10-Kilometer-Läufen für wohltätige Zwecke teilnehmen, und die jeden Abend telefonieren, um sich für den nächsten Tag zu verabreden, Trainingspläne zu erstellen und sich gegenseitig zu motivieren.

Und dann wäre da noch die Gruppe von Kollegen, die inzwischen begeisterte Yoga-Anhänger sind. Auch sie haben einen hektischen Alltag, finden aber trotzdem irgendwie die Zeit, sich fünfmal pro Woche nach der Arbeit zum gemeinsamen Yogakurs zu treffen und sich anschließend noch zusammenzusetzen und sich über ihr Leben auszutauschen.

Nicht nur diese Menschen, wir alle nehmen uns die Zeit, weil wir uns um unsere Eltern *sorgen*, weil wir das Laufen *ernstnehmen* und unsere Leistung steigern wollen, und weil wir den Wandel *schätzen*, den das Yoga in unserem Leben bewirkt hat. Deshalb entwickeln wir die nötige Disziplin.

Diese Selbstdisziplin können – und sollten – wir auch auf das Follow-up in unserem eigenen Leben übertragen. Denn ist es nicht genauso wichtig, unser Verhalten und unsere zwischenmenschlichen Beziehungen zum Besseren zu verändern, wie uns um unsere Eltern zu kümmern oder unser körperliches Wohlbefinden zu erhalten?

Fast jeder Mensch in Ihrem Leben könnte in die Rolle Ihres Coachs schlüpfen. Ihr Ehepartner genauso wie eines Ihrer Geschwister oder Kinder, ein Kollege oder Ihr bester Freund beziehungsweise Ihre beste Freundin. Sogar Ihre Mutter oder Ihr Vater kämen infrage. Sie haben schon an Ihnen herumgenörgelt, als Sie ein Kind waren, also würden sie sich bestimmt freuen, wenn sie wieder ein bisschen »meckern« dürften – dieses Mal allerdings mit Ihrer Erlaubnis.

Bei der Auswahl eines Coachs sollten Sie lediglich auf die folgenden Kriterien achten.

Erstens sollte es Ihrem Coach keine Mühe bereiten, mit Ihnen in Kontakt zu treten (dank des Smartphones ist das heute ja auch kein Problem mehr). Technische Probleme sollten Ihnen jedenfalls nie als Ausrede dafür dienen, dass Sie Ihr Follow-up ausfallen lassen.

Zweitens sollte Ihr Coach Interesse an Ihrem Leben und Ihre besten Interessen im Sinn haben. Sie sollten vermeiden, jemanden auszuwählen, der sich dann gähnend durch Ihre Checkliste quält, damit Sie ihm mitteilen können, ob Sie heute Zahnseide benutzt oder an die Einnahme Ihrer Vitamine gedacht haben. Jim Moore und mich verbindet beispielsweise eine jahrelange Freundschaft. Er stammt ebenfalls aus meiner Heimat Kentucky und wir reden gerne miteinander, sodass wir es nicht als Bürde empfinden, regelmäßig miteinander zu telefonieren.

Drittens sollte Ihr Coach nur die zuvor festgelegten Fragen stellen. Er oder sie kann jedoch nicht Ihre Antworten beurteilen. (Achtung: Sollte Ihr Coach Ihr Lebenspartner oder ein Elternteil sein, verlangt ihnen diese Regel womöglich eine Menge ab.)

Der weitere Prozess ist dann ganz einfach: Wählen Sie einen Aspekt in Ihrem Leben aus, mit dem Sie nicht zufrieden sind und an dem Sie arbeiten möchten. Erstellen Sie eine Liste mit einem Dutzend kleiner Aufgaben, die Sie täglich erledigen wollen, um sich auf dem vorgesehenen Gebiet zu verbessern. Achten Sie darauf, dass diese Aufgaben nicht Ihren üblichen Alltag vereinnahmen und deshalb nicht zu umfangreich ausfallen. Sorgen Sie schließlich noch dafür, dass Ihr »Jim Moore« Sie jeden Abend zu allen Aufgaben befragt, die Sie sich gesetzt haben. Das ist alles. Wie bei jeder Übung werden Sie nicht sofort Ergebnisse sehen. Aber wenn Sie am Ball bleiben und täglich ein Resümee ziehen, werden Sie alle Aufgaben auf Ihrer Liste erledigen und die Ergebnisse werden eintreffen. Sie werden sich verändern. Sie werden glücklicher sein. Und die Leute werden es merken.

KAPITEL 12

Feedforward

NUN BEFINDEN SIE SICH HIER.
Sie haben die zwischenmenschliche Gewohnheit identifiziert, die dafür verantwortlich ist, dass Sie auf der Stelle treten.

Sie haben sich für das Fehlverhalten entschuldigt, mit dem Sie Ihrem beruflichen oder privaten Umfeld das Leben schwergemacht haben. Sie haben gesagt: »Es tut mir leid. Ich werde versuchen, mich zu bessern.« Und die anderen haben Ihre Entschuldigung akzeptiert.

Sie haben wiederholt Ihre Absicht bekundet, Ihr Verhalten zu ändern. Sie halten engmaschigen Kontakt zu den Menschen, die Ihnen wichtig sind, und erinnern sie regelmäßig daran, dass Sie daran arbeiten, sich zu verbessern. Das tun Sie, indem Sie das Gespräch auf Ihre Ziele lenken und ganz offen fragen: »Wie mache ich mich?«

Auch das richtige Zuhören und Danken haben Sie erlernt. Sie sind in der Lage, sich die Antworten auf Ihre Fragen anzuhören, ohne sie zu be- oder verurteilen, ohne Ihren Gesprächspartner zu unterbrechen, ohne ihm zu widersprechen oder das Gesagte zu bestreiten. Zu diesem Zweck halten Sie Ihren Mund geschlossen und sagen ausschließlich »Danke«.

Außerdem haben Sie gelernt, ein diszipliniertes Follow-up durchzuführen und den Prozess als Teil einer kontinuierlichen, nie endenden Werbekampagne zu verstehen, um (a) von anderen zu erfahren, ob Sie tatsächlich auf dem Weg der Besserung sind, und um (b) Ihr Umfeld daran zu erinnern, dass Sie sich nach wie vor darum bemühen, ohne Unterlass.

Mit diesen Fähigkeiten sind Sie nun bereit für das Feedforward.

Weil das Handlungskonzept des Feedforward so simpel ist, erröte ich beinahe bei dem Gedanken, dass ich es wage, es mit einer Bezeichnung zu würdigen. Doch oft sind die einfachsten Ideen auch die wirksamsten. Und da sie nun einmal so einfach sind, gibt es keine Ausrede, sie nicht auszuprobieren.

Das Feedforward verlangt Ihnen vier einfache Schritte ab:

1. Wählen Sie eine Verhaltensweise aus, die Sie gerne ändern wollen und die Ihr Leben deutlich zum Positiven verändern würde. Zum Beispiel: *Ich möchte ein besserer Zuhörer werden.*

2. Beschreiben Sie dieses Ziel in einem persönlichen Gespräch mit *irgendeinem Menschen,* den Sie kennen. Das könnte Ihre Frau sein, eines Ihrer Kinder, Ihr Chef, Ihre beste Freundin oder ein Kollege. Es könnte sogar ein völlig Fremder sein. Für wen Sie sich entscheiden, ist letztlich unerheblich, denn er oder sie muss kein Experte auf diesem Gebiet sein. Nehmen wir also an, Sie wollen ein besserer Zuhörer werden. Fast jeder in einem Unternehmen weiß, was das bedeutet. Sie müssen kein »Experte« im Zuhören sein, um zu wissen, was gutes Zuhören für Sie ausmacht. Und in derselben Manier muss auch Ihr Gesprächspartner kein Experte für Ihre Person sein. Falls Sie schon einmal auf einem langen Flug neben einem völlig Fremden gesessen und mit ihm ein ernsthaftes, aufrichtiges und ehrliches Gespräch über Ihre Probleme geführt haben – oder über seine Probleme –, dann wissen Sie, dass das stimmt. Manchmal können uns ausgerechnet Fremde die besten Ratschläge geben. Denn wir sind alle Menschen. Wir wissen, was wahr ist und was nicht. Und wenn wir auf eine nützliche Idee stoßen, ist es uns egal, aus welcher Quelle sie stammt. (Sehen Sie es doch einmal so: Ein Fremder – jemand, der keine gemeinsame Vergangenheit mit Ihnen teilt und der Ihnen Ihre früheren Fehler nicht vorhalten oder überhaupt erst zur Sprache bringen kann – könnte womöglich sogar der beste »Feedforward-Partner« sein, den Sie sich nur wünschen können.)

3. Bitten Sie diese Person um zwei Vorschläge, die Ihnen *in Zukunft* helfen könnten, Ihr Verhalten in Bezug auf die gewählte Schwäche zum

Positiven zu verändern – in diesem Fall, um zu einem besseren Zuhörer zu werden. Wenn es sich dabei um einen Menschen handelt, der Sie kennt oder mit dem Sie in der Vergangenheit zusammengearbeitet haben, lautet die einzige Grundregel, dass Ihre gemeinsame Vergangenheit dabei kein Thema sein darf. Alles dreht sich ausschließlich um die Zukunft.

Sie können zum Beispiel Folgendes sagen: »*Ich möchte ein besserer Zuhörer werden. Können Sie mir zwei Vorschläge machen, die mir in Zukunft dabei helfen können, dieses Ziel zu erreichen?*«

Daraufhin antwortet Ihr Gegenüber: *Erstens sollten Sie sich voll und ganz auf die andere Person konzentrieren. Nehmen Sie eine entsprechende Körperhaltung ein, eine »Zuhörhaltung«, zum Beispiel, indem Sie auf die Vorderkante Ihres Stuhls rutschen und sich in Richtung des Sprechers neigen. Und zweitens dürfen Sie Ihren Gesprächspartner nicht unterbrechen, egal wie sehr Ihnen das Gehörte missfällt.*«

Diese beiden Vorschläge sind Ihr *Feedforward.*

4. Hören Sie sich die Vorschläge, die man Ihnen macht, aufmerksam an. Machen Sie sich Notizen, wenn Sie möchten. Ihre einzige Grundregel lautet: Sie dürfen die Vorschläge in keinster Weise beurteilen, bewerten oder kritisieren. Sie dürfen nicht einmal etwas Positives sagen, zum Beispiel »Gute Idee!«. Die einzige Antwort, die Sie geben dürfen, ist *»Danke«.*

Das ist alles. Bitten Sie jemanden um zwei Ideen. Hören Sie zu. Bedanken Sie sich. Und wiederholen Sie diesen Vorgang anschließend mit einer anderen Person. Denn bei der Suche nach Feedforward-Ideen sind Sie nicht auf eine einzige Person beschränkt. Das wäre so, als würden Sie auch das Feedback (durch das Sie herausgefunden haben, woran Sie arbeiten müssen) auf die Eindrücke einer einzigen Person beschränken – was Ihre Chancen, ein genaues Bild davon zu bekommen, was Sie falsch machen, drastisch verringern würde. Entsprechend können Sie auch für Ihr Feedforward so viele Menschen konsultieren, wie Sie möchten. Solange andere Ihnen gute Ideen liefern, die Sie umsetzen oder verwerfen können (die aber nicht für Verwirrung sorgen), ist das Feedforward ein Prozess, der niemals enden muss.

Was ich Ihnen hier skizziert habe, sind die Grundregeln für ein Gespräch, das praktisch tagtäglich am Arbeitsplatz geführt werden *sollte* und *könnte*. Doch leider finden diese Gespräche trotzdem nur selten statt – gerade weil wir bei den meisten Gesprächen in unserem Arbeitsumfeld eben nicht mit diesen Einschränkungen arbeiten: Nach zwei Ideen fragen, zuhören, bedanken. Selbst wenn wir uns bei Gesprächen im Arbeitskontext innerhalb der normalen Parameter der Höflichkeit und Etikette bewegen, glauben wir, wir seien stets verpflichtet, zu unserem Gegenüber vollkommen ehrlich zu sein. Aus irgendeinem Grund interpretieren wir solche offenen und freimütigen Gespräche jedoch oft als Streitgespräche. Und weil wir gerne gewinnen, glauben wir, wir müssten in diesen Streitgesprächen die Oberhand behalten. Wir glauben, wir besäßen einen Freibrief, jeden Debattentrick anzuwenden, um als Sieger hervorzugehen – zum Beispiel, dem anderen die Vergangenheit vorzuhalten, um unsere »Sichtweise« zu untermauern.

Wen wundert es da, dass ehrliche und gutgemeinte Gespräche selbst in Arbeitsumgebungen, die alles andere als toxisch sind, häufig zu verletzten Gefühlen, Missverständnissen und kontraproduktiven Ressentiments führen?

Feedforward löst dieses Dilemma.

Nach meiner Auffassung ist Feedforward eine dramatische Verbesserung gegenüber dem, was wir traditionell als Feedback bezeichnen. Das Konzept entstand bei einem Gespräch, das ich Anfang der 90er-Jahre mit Jon Katzenbach führte. Wir waren beide frustriert über die Grenzen der gängigen Feedbackmethoden, die in Unternehmen zur Anwendung kamen, um Verbesserungspotenziale der Belegschaft zu identifizieren, zum Beispiel die Fragebögen, die die Mitarbeiter dazu zwangen, die Vergangenheit immer und immer wieder zu durchleben, oder kollegiale Gesprächsrunden, die häufig in albtraumhaften Auseinandersetzungen darüber mündeten, wer wem was vor langer Zeit angetan hatte. Wie ich in meiner kurzen Geschichte des Feedbacks in Kapitel 6 hoffentlich deutlich gemacht habe, hat Feedback durchaus seine Vorzüge. Mithilfe dieses großartigen Instruments können wir eruieren, was in der Vergangenheit passiert ist und was in einem Unternehmen vor sich geht.

Es ähnelt einer Geschichtsvorlesung, die uns lehrt, wie wir alle genau im Hier und Jetzt angekommen sind, und die uns zwar Wissenswertes über die Vergangenheit vermittelt, aber nicht unbedingt auch Ideen für die Zukunft bereithält.

Feedforward ist hingegen Feedback, das uns in die entgegengesetzte Richtung weist. Während positives und negatives Feedback bezeugt, wie Sie sich in der Vergangenheit geschlagen haben, besteht Feedforward aus Ideen, die Sie in Zukunft umsetzen können. Während Feedback in der Vergangenheitsform steht, steht Feedforward im Futur II, der vollendeten Zukunft.

Das Beste an Feedforward ist, dass es die beiden größten Hindernisse überwindet, mit denen wir uns bei negativem Feedback konfrontiert sehen – zum einen die Tatsache, dass erfolgreiche Menschen in dominanten Positionen es nicht hören wollen (egal was sie sagen, Chefs hören lieber Lob als Kritik) und zum anderen, dass ihre Untergebenen es ihnen nur ungern geben (weil es nur selten der Karriere nützt, wenn wir unseren Chef kritisieren, auch wenn er uns noch so nachdrücklich auffordert, »schonungslos auszupacken«).

Feedforward komprimiert die Diskussion auf die intimen Parameter zweier Menschen. Ich hoffe, es ist deutlich geworden (und wenn nicht, dann hat einer von uns nicht aufgepasst), dass dieses Buch und der darin beschriebene Prozess zur Verbesserung des eigenen Verhaltens auf einem unveränderlichen Konzept basiert.

Nicht *ich* lege fest, was Sie tun müssen, um sich zum Besseren zu verändern.

Und *Sie* legen das ebenfalls nicht fest.

Die *anderen* tun das.

Doch wer sind »die anderen«?

Ihr gesamtes Umfeld. Jeder, der Sie kennt, der sich um Sie sorgt, der an Sie denkt, der Sie versteht.

Nehmen wir einmal mehr an, Sie wollten in Zukunft besser zuhören können. Natürlich kann Ihnen ein Coach erklären, wie Sie dieses Ziel erreichen können. Sein Rat wäre sicherlich zutreffend, stichhaltig und nicht anzufechten. Aber er wäre auch sehr allgemein gehalten.

Deshalb ist es viel besser, die Menschen in Ihrem Umfeld zu fragen: »Kannst du mir ein paar Tipps geben, wie ich es schaffe, dir ab sofort besser zuzuhören?« Statt vage gehaltener Allgemeinplätze eines Coaches, der Sie nicht kennt, werden sie Ihnen auf diese Frage hin spezifische, konkrete Ideen liefern, die auf Ihrer Beziehung zu ihnen beruhen und Ihnen verdeutlichen, wie sie Sie als Zuhörer erleben. Sie sind vielleicht keine Experten auf dem Gebiet des Zuhörens, aber in diesem konkreten Moment wissen sie mehr über Ihre vorhandenen oder nicht vorhandenen Fähigkeiten als Zuhörer als sonst irgendjemand auf der Welt.

Solange Sie nicht alle, die von Ihrem Verhalten betroffen sind, auf Ihre Seite geholt und dazu gebracht haben, Ihnen zu helfen, sich zu ändern, haben Sie Ihren Veränderungsprozess nicht wirklich begonnen.

Aus diesem Grund ist Feedforward so wichtig.

Feedforward beseitigt viele der Hindernisse, die das traditionelle Feedback errichtet hat.

Es funktioniert, weil erfolgreiche Menschen zwar nicht gerne Kritik (also negatives Feedback), *aber umso lieber Ideen für die Zukunft hören*. Wenn es ihnen wichtig erscheint, ein bestimmtes Verhalten zu ändern, werden sie begierig alle Ideen aufsagen, die eine Verhaltensveränderung bewirken könnten. Und sie werden jedem dankbar sein, der ihnen eine Idee vorschlägt, anstatt es ihm übelzunehmen. Ideen liefern keinen Anlass, sich zu streiten. Erfolgreiche Menschen haben ein hohes Bedürfnis nach Selbstbestimmung und sind deshalb eher bereit, Ideen für die Lösung von Problemen anzunehmen, mit denen sie sich identifizieren können, als Ideen, die ihnen »aufgezwungen« werden.

Es funktioniert, *weil wir die Zukunft verändern können, aber nicht die Vergangenheit*. Und dabei geht es nicht um Wünsche, Träume und den Sieg über das Unmögliche.

Es funktioniert, *weil es produktiver ist, Menschen zu helfen, etwas »richtig« zu machen, als ihnen vor Augen zu führen, dass sie »falsch« lagen*. Im Gegensatz zum Feedback, das häufig zu Diskussionen über Fehler und Unzulänglichkeiten führt, konzentriert sich das Feedforward auf Lösungen und nicht auf Probleme.

Auf der elementarsten Ebene funktioniert es, *weil die Menschen Feedforward nicht so persönlich nehmen wie Feedback.* Das Feedforward wird nicht als Beleidigung oder Herabsetzung verstanden. Es ist schwer, sich über einen Vorschlag zu ärgern, der uns helfen soll, besser in dem zu werden, was wir selbst besser machen wollen (vor allem, da wir ja nicht gezwungen sind, den Vorschlag auch tatsächlich umzusetzen).

Auf der technischen Ebene funktioniert es, weil wir, wenn wir Feedforward erhalten, lediglich die Rolle des Zuhörers einnehmen müssen und *uns ganz auf das Hören konzentrieren können, ohne uns Gedanken über die Antwort machen zu müssen.* Wenn Sie ausschließlich »Danke« sagen dürfen, müssen Sie nicht händeringend nach einer cleveren Antwort suchen. Dass Sie Ihr Gegenüber nicht unterbrechen dürfen, macht Sie zu einem geduldigeren Zuhörer. Feedforward bringt uns dazu, »den Mund zu halten und zuzuhören«, während andere sprechen.

Es ist jedoch eine Straße, die in beide Richtungen verläuft – es soll die Menschen, die es liefern, sowohl schützen als auch das Beste aus ihnen herausholen.

Denn wer von uns gibt nicht gerne hilfreiche Ratschläge, wenn wir darum gebeten werden? »Wenn wir darum gebeten werden« ist dabei das Entscheidende. *Feedforward zwingt uns dazu, von anderen Vorschläge zu erbitten* – und damit erweitern wir unseren Kreis von Menschen, die uns nützliche Ideen geben können. Und indem wir andere Menschen um Vorschläge bitten, *geben wir ihnen natürlich auch die »Lizenz«, uns zu antworten.* Ich kann gar nicht genug betonen, wie wertvoll diese Lizenz ist. Denn ich bin mir absolut sicher, dass wir alle von klugen, wohlmeinenden Freunden umgeben sind, die uns besser »verstehen«, als wir uns selbst »verstehen«. Ich vermute, dass sie uns gerne helfen würden – denn die meisten Menschen helfen anderen gerne. Häufig halten sie sich aber lieber zurück, weil sie es als unhöflich oder aufdringlich empfinden, jemandem zu helfen, der nicht um ihre Hilfe gebeten hat. Um Hilfe zu bitten, löst dieses Problem.

Außerdem müssen Sie bei diesem Prozess keine Schmerzen fürchten. Wenn Sie mir auf meine Bitte hin zwei Ideen nennen, werden Sie nur meine Dankbarkeit provozieren. Keinen Unmut. Keinen Streit. Keine Bestrafung. Und dabei müssen Sie noch nicht einmal richtig liegen. Sie müssen nicht beweisen, dass es sich bei Ihren Vorschlägen um gute Ideen handelt – denn ich werde sie nicht bewerten. Ich kann sie lediglich annehmen oder ignorieren. Ein cleverer Plan, um Ängste und defensives Verhalten zu beseitigen, finden Sie nicht auch?

Feedforward eignet sich besser als jedes andere Konzept dazu, den beiderseitigen Austausch zu ermöglichen und den Geist gegenseitiger und gleichberechtigter kollegialer Unterstützung heraufzubeschwören, den ich am Arbeitsplatz so gerne sehe – im Gegensatz zu den kritischen Äußerungen eines Vorgesetzten gegenüber seinem Untergebenen. Feedforward transportiert das Gefühl, dass wir, wenn wir einem anderen Menschen helfen, auch uns selbst helfen.

Lassen Sie es am Fluss zurück

Sollte sich Feedforward für Sie wie eine Ernährungsform anhören, die im Late-Night-Fernsehen beworben wird und eine Gewichtsabnahme dank eines beschleunigten Stoffwechsels garantiert, dann bitte ich Sie um Entschuldigung. Feedforward macht Sie nicht schlanker.

Aber es könnte Sie glücklicher machen. Dieses Konzept ist wirklich so einfach, wie es klingt. Anstatt die Vergangenheit wiederzukäuen, die ohnehin nicht geändert werden kann, ermutigt Feedforward Sie dazu, Zeit in die Gestaltung der Zukunft zu investieren, indem Sie (a) um Vorschläge für die Zukunft bitten, (b) sich diese Ideen anhören und (c) einfach Danke sagen. Sein bei Weitem stärkstes Element ist dabei, dass es Ihnen nicht – und zwar niemals – gestattet, die Vergangenheit zu thematisieren. Stattdessen zwingt es Sie dazu, die Vergangenheit loszulassen.

Das ist wichtig. Bedenken Sie nur, wie viele Stunden es kostet und wie viel Produktivität dadurch verloren geht, dass wir wieder und wieder die Fehler unserer Mitarbeiter durchkauen. Oder wie viel Stress es in uns auslöst, wenn wir uns immer wieder aufs Neue an echte oder eingebildete Kränkungen zurückerinnern. Oder wie oft Teambuildingmaßnahmen in einen bedauerlichen Schlagabtausch ausarten, bei dem wir uns gegenseitig Dinge wie »Ich erzähle dir jetzt mal, was du falsch gemacht hast« an den Kopf werfen, statt uns wohlwollend und friedfertig gegenseitig zu fragen: »Hast du eine Idee, was wir besser machen könnten?«

Dabei veranschaulicht bereits ein altes buddhistisches Gleichnis deutlich, welche Herausforderung die endgültige Abkehr von der Vergangenheit darstellt – und welchen Wert sie hat.

Auf dem Rückweg zu ihrem Kloster spazierten zwei Mönche an einem Fluss entlang. Dabei wurden Sie durch ein Geräusch aufgeschreckt und entdeckten eine junge Frau in einem Brautkleid, die am Fluss saß und leise weinte. Tränen rannen über ihre Wangen, während sie über das Wasser blickte. Um zu ihrer Hochzeit zu gelangen, musste sie den Fluss queren, aber sie fürchtete, dadurch ihr wunderschönes, handgefertigtes Kleid zu ruinieren.

Die beiden Mönche gehörten einer Sekte an, die es ihnen nicht erlaubte, Frauen zu berühren. Doch einer von ihnen hatte so viel Mitleid mit der Braut, dass er das Verbot ignorierte, die Frau auf seine Schultern hob und sie über den Fluss trug, um sie auf ihrer Reise zu unterstützen und ihr Kleid zu retten. Als er nach getaner Arbeit durch den Fluss zurück zu seinem Gefährten watete, lächelte sie und verbeugte sich voller Dankbarkeit.

Der zweite Mönch war zutiefst erzürnt. »Wie konntest du das nur tun?«, schimpfte er. »Du weißt, dass es uns verboten ist, eine Frau zu berühren, geschweige denn, sie auf unsere Schultern zu heben und herumzutragen!«

Der Missetäter ließ die strenge Predigt, die den ganzen Weg zurück zum Kloster dauerte, schweigend über sich ergehen. Während er den warmen Sonnenschein spürte und dem Gesang der Vögel lauschte, schweiften seine Gedanken in weite Ferne und nachdem er das Kloster erreicht hatte, schlief er für einige Stunden. Mitten in der Nacht wurde er von seinem Tempelbruder rüde geschüttelt und aufgeweckt.

»Wie konntest du nur diese Frau tragen?«, rief er immer noch völlig außer sich. »Jemand anderes hätte ihr über den Fluss helfen können. Du warst ein schlechter Mönch.«

»Welche Frau?«, erkundigte sich der Mönch schlaftrunken.

»Erinnerst du dich nicht? Die Frau, die du über den Fluss getragen hast«, blaffte sein Kollege.

»Ach, die«, lachte der verschlafene Mönch. »Ich habe sie nur über den Fluss getragen. Du hast sie den ganzen Weg zurück zum Kloster getragen.«

Die Moral dieses Gleichnisses ist simpel: *Lassen Sie die Fehler Ihrer Vergangenheit am Fluss zurück.*

Ich will damit nicht sagen, dass Sie die Vergangenheit *immer* loslassen sollten. Sie brauchen Feedback, um die Vergangenheit zu erforschen und Spielraum für Verbesserungen auszuloten. Aber Sie können Ihre Vergangenheit nicht ändern. Um sich zu verändern, müssen Sie mit anderen Ideen für die Zukunft austauschen.

Rennfahrern wird eingeschärft: »Konzentriere dich auf die Straße, nicht auf die Begrenzung.«

Feedforward setzt diesen Ratschlag um. Und wer weiß? Vielleicht hilft es Ihnen tatsächlich, das Rennen zu gewinnen. Auf jeden Fall werden Sie zweifellos bessere Runden abliefern.

VIERTER TEIL

Ziehen Sie alle Register

Hier lernen Sie, wie Sie die Regeln der Veränderung anwenden können und womit Sie nun aufhören sollten

KAPITEL 13

Veränderung: Die Regeln

Wenn ich anhand der Kriterien »umfangreichste Veränderung« und »kürzeste Zeit« meinen besten Klienten küren müsste, dann wäre es der Spartenleiter eines großen Produktionsunternehmens, den ich hier Harlan nennen möchte.

Harlan hatte 40 000 Mitarbeiter unter sich, und führte seine Produktionssparte mit enormem Erfolg. Bei seinen direkt unterstellten Mitarbeitern galt er als hervorragender Vorgesetzter. Doch Harlans Chef, der CEO, wollte mehr: In Zukunft sollte Harlan spartenübergreifender tätig werden und seine Führungskompetenz in den Dienst des *gesamten* Unternehmens stellen.

Also ließ ich Harlan das volle Programm absolvieren: Er verpflichtete sich dazu, sein Verhalten zu ändern, er entschuldigte sich bei allen, die ihm Feedback gegeben hatten, er erklärte ihnen, dass er versuchen würde, sich zu bessern, und er kontaktierte sie regelmäßig für ein Follow-up, um herauszufinden, wie er sich in ihren Augen entwickelte. Wenn ich sage, dass Harlan mein bester Klient war, dann unter anderem deshalb, weil er so schnell »kapierte«, worauf es ankam. Er verschrieb sich meinen Methoden voll und ganz und setzte sie sofort in die Tat um. Ich hatte damit gerechnet, dass sich das Coaching wie üblich über 18 Monate erstrecken würde, aber schon nach einem Jahr ergab Harlans Feedback die größten Verbesserungsfortschritte, die ich je gesehen hatte – und noch nie in so kurzer Zeit.

Ich stieg in den Flieger, reiste zum Hauptsitz des Unternehmens, in dem Harlan angestellt war, schlenderte in sein Büro und sagte: »Wir sind fertig miteinander. Sie haben die besten Verbesserungsergebnisse erzielt, die ich je gesehen habe!«

»Wie meinen Sie das? Wir haben doch gerade erst angefangen.«

»Nun, die Gespräche mit Ihren Kollegen und die Evaluierung Ihres Feedbacks haben mich viel Zeit gekostet, das muss man natürlich berücksichtigen. Und es stimmt, unsere Zusammenarbeit war kurz. Aber Ihre Ergebnisse beweisen, dass sich alle Probleme, die Sie noch im vergangenen Jahr mit Ihren Kollegen hatten, buchstäblich in Luft aufgelöst haben. Inzwischen empfinden sie Sie als unglaublich offen und als Gewinn für das gesamte Unternehmen.

Und vergessen Sie nicht, dass Sie mehrere Millionen Dollar im Jahr verdienen. Ihre Zeit ist kostbar, kostbarer als meine. Was glauben Sie, wofür Sie Ihre kostbare Zeit nach Ansicht Ihres CEO lieber verwenden sollten – um den Umsatz des Unternehmens zu steigern oder um ein bisschen mit mir zu plaudern? Ich glaube, wir beide kennen die Antwort. Es ist nicht mein Job, Ihre Zeit in Beschlag zu nehmen. Ich soll Ihnen helfen, sich zu verbessern. Und Sie haben sich verbessert.«

Das gab Harlan zu. Ich war sehr zufrieden mit meiner Arbeit (um ehrlich zu sein, ich platzte beinahe vor Stolz), also entschied ich mich, ihm doch noch ein Quäntchen seiner kostbaren Zeit zu stehlen und ihm noch eine letzte Frage zu stellen: »Was haben Sie aus diesem ganzen Prozess gelernt?«

Seine Antwort überraschte mich:

»Ich habe gelernt, Marshall, dass der Schlüssel in Ihrem Job ›Klientenselektion‹ heißt.« Sie ›qualifizieren‹ Ihre Kunden bis zu einem Punkt, an dem sie fast nicht mehr scheitern können. Sie haben alle Trümpfe in der Hand.«

Diese Aussage überraschte mich vor allem deshalb, weil Harlan auf meine Frage hin nicht über sich selbst sprach, sondern den Spieß stattdessen umgedreht und den Fokus auf mich gelenkt hatte. Und er sagte noch etwas noch Tiefgründigeres.

»Ich bewundere diese Art von Selektivität, denn ich arbeite nach dem gleichen Prinzip. Wenn ich die richtigen Leute um mich habe, geht es mir gut. Aber wenn ich von den falschen Leuten umgeben bin, könnte ich nicht einmal gewinnen, wenn ich Gott persönlich wäre.«

Ich schätze, das ist ein weiterer Grund, warum Harlan ein so großartiger Klient war. Er durchschaute das ganze Buhei meiner zugegebenermaßen sehr einfachen Methodik und brach sie auf mein gut verborgenes Geheimrezept herunter: Ich mache es mir leicht. Ich setze nicht auf Nieten. Ich arbeite nur mit Klienten, die ein extrem hohes Erfolgspotenzial haben. Warum sollte ich auch anders arbeiten wollen?

Einst erzählte Jack Welch dem Magazin *Esquire*, was er schon als Kind beim Baseball mit den Kindern aus der Nachbarschaft gelernt hatte. »Solange man noch klein war, wurde man immer als Letzter in ein Team gewählt und man wurde immer als rechter Outfielder eingesetzt. Die Jahre vergingen, und irgendwann war man selbst derjenige, der wählen konnte und den Kids ihre Positionen zuwies. Man wurde älter und lernte eines: Um zu gewinnen, muss man die besten Spieler in sein Team holen.«

Wenn wir im Laufe unseres Lebens über die Mechanismen des Erfolgs nachdenken und uns fragen, warum manche Menschen erfolgreich sind und andere nicht, stoßen wir früher oder später auf ein charakteristisches Merkmal klassischer »Siegertypen«: Sie sorgen stets dafür, möglichst viele Asse in der Hand zu halten. Und sie machen auch gar keinen Hehl daraus.

Sie sorgen dafür, indem sie die besten Kandidaten für einen Job anheuern, anstatt sich mit den zweitbesten zu begnügen.

Sie sorgen dafür, indem sie alles tun, um einen wertvollen Mitarbeiter im Unternehmen zu halten und ihn nicht an die Konkurrenz zu verlieren.

Sie sorgen dafür, indem sie sich minutiös auf Verhandlungen vorbereiten, statt zu improvisieren.

Wenn wir erfolgreiche Menschen studieren, stellen wir schnell fest, dass es in ihren Karrieren nicht so sehr um die Überwindung enormer Hindernisse und Hürden geht, sondern vielmehr darum, hochriskante und wenig lukrative Situationen zu vermeiden und alles in ihrer Macht Stehende zu tun, um ihre Erfolgsaussichten zu maximieren.

Haben Sie sich zum Beispiel je gefragt, warum die erfolgreichsten Leute an der Spitze Ihres Unternehmens die besten Assistenten haben? Ganz einfach: Erfolgreiche Führungskräfte wissen, dass nur ein wirklich kompetenter Assistent in der Lage ist, sie vor der Flut alltäglicher Ärgernisse zu bewahren, die sie sonst von ihrer eigentlichen Arbeit ablenken würden. Wenn Sie es bislang eher glücklichem Zufall statt kluger Planung zuschrieben, dass Spitzenmanager stets die versiertesten Assistenten haben, brauchen Sie noch ein paar Nachhilfestunden darüber, wie Sie die Karten zu Ihren Gunsten mischen können.

Diese Erfolgsstrategie ist für erfolgreiche Menschen so offensichtlich, dass es mich fast schon ein wenig verlegen macht, sie an dieser Stelle überhaupt zu erwähnen – ich will schließlich nicht, dass meine Leser kollektiv mit den Augen rollen. In der Praxis muss ich allerdings immer wieder mit Erstaunen feststellen, dass manche Menschen sich unbewusst extrem viel Mühe geben, um sich selbst möglichst ungünstige Karten zuzuteilen.

Wenn es um zwischenmenschliches Verhalten geht, trübt und verschleiert ihr ansonsten so gesunder Menschenverstand bisweilen ihren klaren Blick. Sie verlieren ihre wahre Mission im Leben aus den Augen. Es fällt ihnen schwer, das Verhalten zu erkennen beziehungsweise anzuerkennen, das ihr Fortkommen verhindert. Sie wissen nicht, wie man eine Strategie zur Lösung des Problems entwickelt. Und sie versuchen oft, den »falschen« Verhaltensfehler zu beseitigen. Mit anderen Worten: Sie teilen sich selbst die schlechtesten Karten zu.

Die folgenden sieben Regeln helfen Ihnen dabei, Ihren Veränderungsprozess richtig anzugehen. Indem Sie diese Regeln befolgen, sorgen Sie dafür, dass Sie im Kartenspiel des Erfolgs mit einem guten Blatt ins Rennen gehen.

Regel 1: Vielleicht haben Sie gar keine Krankheit, die sich durch eine Verhaltensänderung heilen lässt

Vor einigen Jahren erhielt ich den Auftrag, den CEO eines führenden Medizintechnikunternehmens zu coachen. Der Feedback-Bericht über ihn war wirklich bemerkenswert. Seine Kollegen und direkten Untergebenen schienen ihn geradezu zu verehren. Niemand, der mit ihm zu tun hatte, hatte etwas Negatives über ihn zu sagen. In Bezug auf zwischenmenschliche Beziehungen waren mir noch nie derart perfekte Bewertungen untergekommen.

»Was ist hier los?«, fragte ich deshalb. »Warum bin ich hier?« Der CEO erklärte, dass man technologische Innovationen implementiert habe, die das Unternehmen radikal veränderten, und dass er deshalb Schwierigkeiten bei der Kommunikation mit einigen seiner Mitarbeiter habe. Die Situation überfordere ihn.

»Sie sind ein großartiger Mensch«, versicherte ich ihm, »und ich würde auch gerne mit Ihnen arbeiten. Aber Sie haben keine ›Krankheit‹, die ich heilen kann. Sie brauchen einen Technologieexperten, der Ihnen zur Seite steht und Sie anleitet. Doch mich brauchen Sie nicht.« Er erinnerte mich ein wenig an einen Hypochonder, der Schmerzen im Brustkorb verspürte und sofort an Lungenkrebs dachte, obwohl es sich nur um Seitenstechen handelte.

Manchmal verwechseln wir zwischenmenschliche Probleme mit etwas anderem. In diesem Fall lag das schnell auf der Hand. Manchmal können die Grenzen zwischen einem Verhaltensfehler und einem »technischen« Defizit jedoch nicht ganz so klar ersichtlich sein.

Ein anderes Mal sollte ich beispielsweise mit dem CFO einer großen Investmentbank arbeiten. Nennen wir ihn David. Dieser Kollege erwies sich als interessanter Fall. Er war jung, ehrgeizig, motiviert, er arbeitete hart, war erfolgreich und er war weder arrogant noch rechthaberisch. Tatsächlich wurde auch David von allen verehrt und geliebt. Im Pokerspiel des Lebens hatte David vier Asse und eine Neun gezogen (er war nicht perfekt, aber verdammt nahe dran). Das konnte man schon an der Art sehen, wie die Leute im Büro mit ihm umgingen. Die Frauen umschwärmten ihn und die Männer standen ebenfalls stets Gewehr bei Fuß. Kollegen aus anderen Abteilungen suchten seine Nähe und in Davids Dunstkreis herrschte eine Atmosphäre kumpelhafter Vertrautheit, die von gegenseitiger Zuneigung und bedingungsloser gegenseitiger Unterstützung zeugte. David schien in einer perfekten Welt zu arbeiten, in der alles an seinem Platz war, sobald er den Raum betrat.

Erneut fragte ich mich: »Warum bin ich hier?«

Als ich daraufhin Davids Feedback studierte, ergab sich ein verwirrendes Bild: Es offenbarte keine nennenswerten zwischenmenschlichen Verhaltensfehler, doch alle Befragten berichteten einhellig, dass David ein besserer Zuhörer sein könnte. Er hörte ihnen nicht bis zum Ende zu und schien zudem nicht zu erkennen, was sie wirklich leisteten.

Diese Einschätzung stand in eklatantem Gegensatz zu Davids zahlreichen positiven Eigenschaften. Denn normalerweise schneiden Führungskräfte, die sich mit anderen austauschen, Loyalität fördern und beliebt sind, beim Zuhören niemals schlecht ab. Vielmehr ist das Zuhören in der Regel ein integraler Bestandteil ihres Persönlichkeitsprofils.

Als ich daraufhin noch etwas tiefer grub, ergab sich ein noch komplizierteres Bild. Wie sich herausstellte, war David als CFO auch der Mediensprecher der Bank. Jedes Quartal musste er vor Analysten und der Finanzpresse die Erfolge seines Unternehmens herausstellen. Anfang der Nullerjahre hatte sich Davids Arbeitgeber, genau wie viele weitere Finanzdienstleister in dieser Zeit, gewisser ethischer Verfehlungen schuldig gemacht. Doch während die Presse die anderen Firmen trotzdem fair behandelte, wurde Davids Bank in den Medien regelmäßig zerrissen. Fast täglich gab es neue Schlagzeilen, die den Ruf des Unternehmens schädigten. Und David musste dafür den Kopf hinhalten.

Natürlich wunderten sich Davids Mitarbeiter, warum es ihm nicht gelang, die richtige Message zu vermitteln. »Wir sind großartig«, dachten sie, »aber wir werden für unsere Leistungen nicht angemessen gewürdigt. David muss unsere Erfolge an die Öffentlichkeit kommunizieren, aber er schafft es einfach nicht. Offenbar hört er uns einfach nicht richtig zu.«

Aus der Perspektive der Untergebenen war das durchaus eine logische Schlussfolgerung.

Aus Davids Perspektive jedoch nicht.

Sein Problem war nicht, dass er ignorierte, was seine Mitarbeiter ihm sagten. Als CFO kannte er ihre Ergebnisse besser als jeder andere.

Davids Problem war vielmehr, dass er nicht sehr gut darin war, die Medien für seine Zwecke einzuspannen.

Das ist allerdings kein Verhaltensproblem. Es ist ein Kompetenzproblem. David brauchte tatsächlich einen Coach – aber einen Mediencoach. Mich brauchte er hingegen nicht.

Mit Feedback müssen Sie vorsichtig umgehen. Wenn Sie es mit den richtigen Mitteln einholen, ist es niemals trügerisch, sondern wird Ihnen glasklar zeigen, was die Menschen denken. Aber es kann falsch interpretiert werden (wir sehen nur das, was wir sehen wollen) oder falsch gelesen werden (wie sehen etwas, was gar nicht da ist).

Behalten Sie das bitte im Hinterkopf. Manchmal offenbart das Feedback zwar ein Symptom, aber nicht die Krankheit, die es verursacht. Kopfschmerzen können ein Symptom sein, das womöglich wieder verschwindet, wenn wir ein wenig abwarten. Einen Hirntumor können wir dagegen nicht ignorieren. Wir müssen ihn sofort behandeln. Auf die Arbeitswelt übertragen, beobachte ich dasselbe bisweilen in Unternehmen, die einen vorübergehenden Abschwung erleben: Dann offenbart das Feedback häufig, dass viele wütende Mitarbeiter auf die Sündenböcke einprügeln. Verärgerte Mitarbeiter müssen wir anhören und wir müssen auf ihre Sorgen und Nöte eingehen.

Manchmal, wie in Davids Fall, offenbart das Feedback jedoch auch ein Problem, das auf einen Verhaltensfehler hindeutet, der nur marginal mit der eigentlichen Schwäche des Betroffenen in Verbindung steht. In diesem Fall müssen Sie vorsichtig sein. Sonst versuchen Sie womöglich, eine Verhaltensschwäche zu beseitigen, die gar nicht existiert, die nicht beseitigt werden muss oder die nicht von Ihnen beseitigt werden kann.

Regel 2: Wählen Sie sorgfältig aus, was Sie ändern wollen

Eine der ersten Fragen, die ich mir bei neuen Klienten stellen muss, bezieht sich auf den Unterschied zwischen einem falschen Wunsch und einer falschen Wahl. Dieser Unterschied ist fein, aber durchaus real. Denn wünschen ist schließlich nicht dasselbe wie wählen. Das Gleiche gilt für die Momente, in denen wir einen der beiden Prozesse falsch angehen, in denen wir uns das Falsche wünschen oder falsch wählen.

Diese Unterscheidung haben Psychologen getroffen, die sich mit der Erforschung des Kaufverhaltens beschäftigen. Angenommen, wir wünschen uns einen Pullover. Daraufhin wählen wir, auf der Grundlage der Gedankenmatrix, die uns dazu veranlasst hat, ihn uns zu wünschen, ein bestimmtes Modell aus. Es gibt alle möglichen Gründe, warum Menschen sich eine bestimmte Art von Pullover wünschen. Vielleicht wünschen Sie sich etwas Warmes, vielleicht etwas Weiches. Vielleicht wollen Sie ein Modell, das gut aussieht, das angeblich das beste der Welt ist, das teuerste (oder billigste), das modischste oder eines, das ihre Augenfarbe betont. Es gibt unendlich viele Gründe, sich einen Pullover zu wünschen. Im Grunde wünschen wir uns den Pullover aber deshalb, weil wir glauben, dass er uns glücklicher macht. Doch wenn wir anschließend feststellen, dass das, was wir uns gewünscht haben, *uns nicht glücklich gemacht hat*, dann haben wir uns das Falsche gewünscht.

Wählen ist ein klein wenig anders. Sobald wir entschieden haben, welche Art von Pullover wir uns wünschen, müssen wir aus einer Vielzahl von Optionen wählen, die für uns infrage kommen. Soll es der blaue Kaschmirpullover von Armani für 1000 Euro sein? Oder doch eher der blaue Wollpulli von Land's End für 49 Euro? Beide würden uns warm halten und unsere Augenfarbe betonen (sofern das unser Wunsch war), aber falls unser Budget begrenzt ist, ist die zweite Option eine klügere Wahl als die erste.

Diesen Unterschied müssen auch Menschen berücksichtigen lernen, die sich entschließen, sich zum Besseren zu verändern. Deshalb besteht eine meiner ersten Aufgaben darin, ihnen beizubringen, zwischen dem zu unterscheiden, was sie sich im Leben wünschen, und dem Weg, den sie wählen, um ihr Ziel zu erreichen. Auch hier geht es um den Unterschied zwischen Wunsch und Wahl. In Wünsche mische ich mich allerdings nicht ein, denn sie gehen mich nichts an. Würde ich meine Meinung über das Lebensziel eines Menschen äußern, würde das bedeuten, dass ich ein Werturteil über seinen persönlichen Lebenssinn fälle – und das werde ich niemals tun. (Im Gegenzug würde ich zum Beispiel auch nicht wollen, dass Sie über meine Ziele urteilen.) Das ist es, was ich meine, wenn ich meinen Klienten versichere, dass ich »Mission neutral« bin.

Allerdings habe eine klare Meinung über den Weg, den Menschen *wählen*, um ihre Ziele zu erreichen. In dieser Hinsicht bin ich alles andere als neutral. Denn wenn sie die falsche Wahl treffen, werden sie scheitern – was bedeuten würde, dass auch ich gescheitert wäre. Und das ist definitiv nicht meine Mission im Leben. (Siehe oben.)

Aus diesem Grund investiere ich viel Zeit, um meine Klienten bei der Entscheidung darüber zu unterstützen, was sie ändern müssen.

Als Erstes prüfen wir, was sie richtig machen und was sie eventuell ändern sollten. Erfolgreiche Menschen machen schon per definitionem sehr viele Dinge richtig. Kein Nachholbedarf in vielen Bereichen.

Doch dann grenzen wir die Sache ein wenig ein. Wir müssen nicht jede kleine Herausforderung angehen. Wenn ich jemanden erst einmal zu der Einsicht gebracht habe, dass er sein Verhalten bessern und *etwas* ändern muss, fällt es mir gerade bei erfolgreichen Menschen oft schwer, sie davon zu überzeugen, dass sie nicht alles anders und besser machen müssen. Denn gerade sie tendieren extrem dazu, sich zu viel vorzunehmen. Zählen Sie ihnen sieben Verhaltensschwächen auf, werden sie gleich alle sieben auf einmal in Angriff nehmen wollen. Das ist einer der Gründe für ihren Erfolg – und die Inspiration für das Klischee: »Wenn du willst, dass etwas richtig erledigt wird, dann übertrage es einer vielbeschäftigten Person.« Also muss ich ihnen als Allererstes sagen: »Übernehmen Sie sich nicht«, und ich muss sie dazu bringen, einzusehen, wie wichtig das ist.

Außerdem weiß ich, dass es Menschen unnötig verwirrt, wenn sie unbegrenzte Wahlmöglichkeiten haben. Wenn sie zu viele Optionen haben, überlegen sie hin und her, welche wohl die beste Wahl sein könnte. Erfolgreiche Menschen hassen es, im Unrecht zu sein, und zwar noch mehr, als sie es lieben, recht zu behalten. Das kann leicht zu einer Lähmung führen, denn bei der unendlichen Suche nach der besten Option treffen sie letztendlich gar keine Entscheidung.

Also lenke ich ihre Aufmerksamkeit auf den einen, entscheidenden Verhaltensfehler, der behoben werden muss. Ihn zu ermitteln, ist in den meisten Fällen ein reines Zahlenspiel.

Nehmen wir an, Sie kommen zu mir, um sich coachen zu lassen. Dann gehen wir Ihre Liste mit den fünf dokumentierten Bereichen durch, in denen Sie sich verbessern könnten: 10 Prozent Ihrer Mitarbeiter sagen, dass Sie nicht zuhören; 10 Prozent geben an, dass Sie Informationen nicht weitergeben; 20 Prozent melden zurück, dass Sie keine Fristen einhalten; 40 Prozent behaupten, dass Sie zu viel tratschen; und 80 Prozent sagen, dass Sie schnell aus der Haut fahren.

Welche dieser Herausforderungen sollten wir gezielt in Angriff nehmen? Objektiv betrachtet, ist der Fall sonnenklar. Sie haben ein ernsthaftes Aggressionsproblem. Vier von fünf Kollegen halten Sie für jähzornig. Also müssen wir dieses Problem priorisieren.

Man sollte meinen, dass das offensichtlich ist. Es ist jedoch interessant, wie häufig die Leute, mit denen ich arbeite, versuchen, ihr offensichtlichstes und größtes Problem zu ignorieren und stattdessen lieber eine ihrer anderen Schwächen beheben wollen. Ich weiß nicht, wie das kommt. Vielleicht ist es ein Verdrängungsmechanismus (obwohl meine Klienten an diesem Punkt des Prozesses, an dem sie sich der Veränderung verpflichtet haben, längst über das Stadium der Verdrängung hinaus sein sollten). Vielleicht ist der Grund unser natürlicher Drang, den Weg des geringsten Widerstands zu gehen und zuerst das Problem anzugehen, das sich am einfachsten lösen lässt. Vielleicht geht es aber auch nur darum, den eigenen Kopf durchsetzen.

Was auch immer die Ursachen sein mögen, als Coach habe ich die Aufgabe, Ihnen klarzumachen, dass Sie Ihre Emotionen besser im Zaum halten müssen. Die anderen Schwächen sind irrelevant, wir schenken ihnen keine weitere Beachtung. Mehr als die Hälfte Ihrer Kollegen hat diese Fehler nicht einmal erwähnt. So können Sie die richtige Schwäche auswählen, die Sie ändern müssen.

In gewisser Hinsicht kann ich nachvollziehen, warum es den Menschen schwerfällt, festzulegen, worin sie besser werden müssen. Fast jeder erfahrene Golfer weiß beispielsweise, dass 70 Prozent aller Schläge im Umkreis von 90 Metern um die Fahne ausgeführt werden. Das wird als »kurzes Spiel« bezeichnet, und dazu gehören das Pitchen, Chippen, Schläge aus Sandbunkern und das Putten. Wenn Sie Ihr Handicap verbessern wollen, sollten Sie sich deshalb auf Ihr kurzes Spiel konzentrieren, weil Ihr Ergebnis zu rund 70 Prozent von diesen Schlägen abhängt. Doch wenn Sie sich auf dem Golfplatz umsehen, werden Sie in der Regel nur wenige Leute sehen, die an ihrem kurzen Spiel feilen. Stattdessen drängen sie sich alle auf der Driving Range und versuchen, ihre Bälle mit ihren übergroßen Drivern möglichst weit zu schlagen. Statistisch gesehen wird ihnen das nicht viel nützen. Denn auf einem Platz mit 18 Löchern setzen sie diese Schläger höchstens 14 Mal ein, während sie die kurzen Eisen und Putter mindestens 50 Mal aus ihrer Golfbag ziehen. Und unter athletischen Gesichtspunkten bringt es ihnen ebenfalls nicht viel. Das kurze Spiel verlangt nach kompakten, kleinteiligen Bewegungen. Es ist viel einfacher zu meistern als die kraftvollen Bewegungen unter Einsatz der großen Muskelpartien, die es für einen weiten Abschlag braucht. Schließlich ist es auch aus der Wettbewerbsperspektive sinnlos. Wenn Sie Ihr kurzes Spiel verbessern, werden Sie *weniger* Schläge benötigen und ihre Konkurrenz besiegen.

Zahlen lügen nicht, und doch verschließen selbst die passioniertesten Golfer die Augen vor der Wahrheit und weigern sich, die Schläge zu verbessern, die sie wirklich verbessern müssen. (Ich vermute, es macht einfach nicht so viel Spaß, den ganzen Tag lang Bälle aus Sandbunkern zu schlagen, als den Ball vom Abschlag zu dreschen. Aber darüber erlaube ich mir kein Urteil.) Wenn Golfer die Karten wirklich zu ihren Gunsten mischen wollten, sollten sie für jede Stunde, die sie versuchen, den Ball kilometerweit zu schlagen, drei Stunden lang ihr kurzes Spiel trainieren. Trotzdem machen das nur die wenigsten. Dafür müssten sie die Hilfe eines Golflehrers in Anspruch nehmen, der ihr Spiel überwacht und dafür sorgt, dass sie das tägliche Übungsprogramm absolvieren, das sie – wie ihnen wohl bewusst ist – eigentlich bräuchten.

Und wenn Sie es schon für schwer halten, Menschen dazu zu bringen, ihre Schwächen beim Golf zu verbessern, was (wie wir nicht vergessen dürfen) eine höchst angenehme Sportart ist, bei der Kontrolle über das Spiel allein in unserer Hand liegt, dann stellen Sie sich nur vor, wie schwer es ist, Menschen an ihrem Arbeitsplatz zu Veränderungen zu bewegen – wo wesentlich mehr auf dem Spiel steht und wo sie noch nicht einmal die volle Kontrolle über die Ergebnisse haben. Das ist ein Grund, warum ich meine Arbeit so ernstnehme. Wenn Menschen beschließen, sich zu verbessern und ihre Schwächen abzulegen, dann tun sie etwas Schwieriges und Heroisches. Deshalb beglückwünsche ich meine Klienten tatsächlich bereits am *Anfang* – wenn sie damit beginnen, ihr Verhalten zu verbessern – und nicht am *Ende*. Wenn sie sich dazu verpflichten und meinen Rat befolgen, ist ihr Erfolg vorprogrammiert. Für ein Fait accompli muss ich niemandem applaudieren.

Regel 3: Täuschen Sie sich nicht über das, was Sie *wirklich* ändern müssen

Einmal wurde ich gerufen, um einen CFO namens Matt zu coachen. Wieder einmal drehte sich alles um seine zwischenmenschlichen Schwächen. An seinen Fähigkeiten als CFO war nichts auszusetzen. Matt konnte Bilanzen lesen, Banker überzeugen und, genau wie jeder andere erfolgreiche Vertreter seiner Zunft, mühelos für die finanzielle Gesundheit seines Unternehmens sorgen. Tatsächlich machte Matt seinen Job als Cashflow-Wächter so gut, dass er sich inzwischen bereits mehr Macht erarbeitet hatte als jeder vorangegangene CFO der Firma. Wer eine Idee hatte, die Geld kostete, musste als allererstes Matt dafür gewinnen – denn ob ein Plan umgesetzt oder abgelehnt wurde, hing fast im selben Maße von Matts Urteil ab wie von der Entscheidung des CEO.

Und genau das war das Problem. Matt hatte ein völlig überzogenes Selbstwertgefühl entwickelt und war dadurch schroff und herablassend und unnahbar geworden.

An diesem Punkt kam ich ins Spiel.

»Matt, wir müssen etwas ändern«, begann ich, doch Matt fiel mir praktisch sofort ins Wort.

»Klar! Ich würde wirklich gerne 10 Kilo abnehmen und fitter werden.«

»Ist das Ihr Ernst?«, fragte ich verwundert? Ich hatte mit Widerstand gerechnet, was die Änderung seines Führungsstils betraf, aber eine Diskussion über seine körperliche Fitness hatte ich nun wirklich nicht erwartet.

»Aber natürlich«, entgegnete er, »Das meine ich todernst.«

»Sie wollen sich also lieber ein Sixpack antrainieren, als besser in Ihrem Job zu werden?«, vergewisserte ich mich.

»Ja, denn ich bin mit meinem Körper unzufrieden«, sagte Matt. »Und deshalb bin ich so mürrisch. Wenn ich dieses Problem lösen und ad acta legen kann, wird sich vielleicht auch mein Verhalten ändern.«

Seine Ehrlichkeit imponierte mir – seine Logik sagte mir hingegen weniger zu. Es passte zu seinem Feedback, in dem es hieß, er sei fast bis zur Eitelkeit ichbezogen. Er glaubte, er würde alle Antworten kennen. Doch genau diese Einstellung musste er ändern.

Gleichzeitig wusste ich natürlich auch um die alte Leier, dass die Gesundheit immer vorgeht. Vielleicht hatte Matt also recht. Vielleicht würde sich sein Verhalten ja tatsächlich bessern, wenn er erst mit seinem Aussehen, seiner Gesundheit und seiner Fitness zufriedener wäre.

Also spielte ich mit.

Ich sagte: »Schauen Sie mal, hier steht, dass Sie mehr auf andere Menschen eingehen und weniger schroff sein sollten und sich weniger mit sich selbst beschäftigen sollten. Und Sie konzentrieren sich ja tatsächlich sehr stark auf Ihre eigene Person, wenn das Erste, was Ihnen einfällt, Ihre fehlenden Bauchmuskeln sind. Was lässt sich Ihrer Meinung nach schneller erreichen? Ein Waschbrettbauch oder die Beseitigung einer negativen Verhaltensweise bei der Arbeit?«

»Ein Waschbrettbauch«, lautete seine Antwort. »Das ist nur eine Frage der Disziplin, man muss einer Routine folgen und man muss am Ball bleiben.«

»Hm …«, entgegnete ich, »Dem kann ich nicht widersprechen. Wenn Sie eine Routine entwickeln und sie durchhalten, werden Sie Ergebnisse erzielen. Dann werden Sie Ihre Ziele erreichen.«

Der Haken an der Sache: Es ist sehr schwer, eine Routine einzuführen. Und es ist noch schwieriger, sie beizubehalten. Aber das war Matt nicht klar.

In den letzten zwei Jahrzehnten habe ich 3000 Nächte in Hotelzimmern verbracht, häufig geplagt vom Jetlag und hellwach, und nur der Fernseher leistete mir Gesellschaft. Mit anderen Worten: Ich habe genug Dauerwerbesendungen gesehen, in denen die neuesten Fitnessgeräte angepriesen werden. Ich kenne sämtliche Werbeversprechen in- und auswendig:

»Was würden Sie für so einen Körper geben?«

»In nur einer Woche werden Sie sich besser fühlen als je zuvor.«

»Es fühlt sich großartig an. Und nun zeige ich Ihnen, wie einfach die Nutzung ist.«

»Straffen Sie Ihre schlaffen Bauchmuskeln in nur acht Minuten pro Tag und holen Sie sich das sexy Sixpack, das Sie schon immer wollten.«

Ich wusste, warum Matt es für einfacher hielt, sich die Bauchmuskeln eines Bodybuilders anzutrainieren, als ein wenig höflicher zu seinen Kollegen zu sein. Die Werbeversprechen, die in Dauerschleife in den Medien verkündet werden, hatten ihre Wirkung getan und Mark eingeimpft, dass jeder mit ein wenig Anstrengung und Willenskraft in Topform kommen kann.

Ich stellte Matts Ziel nicht infrage.

Ich fragte mich nur mit ein wenig Sorge, ob er verstand, wie man sich Ziele setzt und erreicht. Und warum.

Ich habe den Forschungsstand zu diesem Thema studiert. Der Großteil konzentriert sich auf Ernährungs- und Fitnessfragen, weil es (a) eine riesige Zielgruppe gibt, die sich für solche Ziele interessiert, weil (b) Fortschritte in diesen Bereichen leicht zu messen sind und weil (c) es angesichts der Rekordzahl von Amerikanern, die entweder adipös oder außer Form sind, eine große (und fesselnde) Geschichte des Scheiterns in diesem Bereich gibt, die wir studieren können. Ich habe gelernt, dass es fünf Gründe gibt, warum Menschen ihre Diät- und Fitnessziele nicht erreichen. Sie schätzen die folgenden fünf Faktoren völlig falsch ein:

- *Zeit:* Es dauert viel länger als erwartet. Ihnen fehlt die Zeit, um ihr Programm durchzuziehen.
- *Mühe:* Es ist schwerer als erwartet. Es ist die ganze Mühe nicht wert.
- *Ablenkung:* Sie erwarten nicht, dass eine »Krise« eintreten könnte, die sie daran hindert, ihr Programm weiterzuführen.

- *Belohnungen:* Nachdem sie eine gewisse Verbesserung erreicht haben, erhalten sie von ihrem Umfeld nicht die erwartete Resonanz. Andere lieben Ihr neues, verbessertes Ich nicht sofort.
- *Ausdauer:* Sobald sie ihr Ziel erreicht haben, vergessen die Menschen, wie schwer es ist, diese Form zu halten. Weil sie nicht einkalkuliert haben, dass sie sich ein Leben lang an das Programm halten müssen, fallen sie langsam in alte Muster zurück oder geben gleich ganz auf.

All das erklärte ich auch Matt. Ich versuchte nicht, ihm sein Sixpack auszureden. (Wenn es ihn glücklich macht, bin ich es auch.) Aber ich versuchte, ihm klarzumachen, dass er sich in Bezug auf sein Ziel einer Illusion hingegeben hatte.

In Form zu kommen, lag durchaus im Bereich des Möglichen. Das ist schon vielen Menschen gelungen. Aber es würde trotzdem kein Zuckerschlecken werden. Zum einen würde das Programm einen Großteil seiner Freizeit in Beschlag nehmen. Außerdem würde es wahrscheinlich mehr Anstrengung kosten, als ihn all die Werbespots, Trainingspläne und Personal Trainer im Fitnessstudio glauben machen wollten. Wahrscheinlich würde ihn Ereignisse im Privatleben oder in seinem fordernden Job als CFO von seinem Plan ablenken. Und wichtiger noch: Selbst wenn er sein Ziel erreichte, gab es keine Garantie, dass er daraufhin weniger mürrisch wäre. Im Gegenteil, womöglich würde er noch eitler, selbstgefälliger und unerträglicher. Außerdem konnte ihm niemand garantieren, dass er im Kollegenkreis plötzlich für seine verbesserte Physis bewundert werden würde (womöglich würde man ihm diese Veränderung sogar übelnehmen).

Ich konnte sehen, dass speziell dieser letzte Punkt Matt nachdenklich stimmte. Er hatte schon genug Probleme mit seinen Mitarbeitern und bislang war ihm nie in den Sinn gekommen, dass er sich durch eine private Zielsetzung – zu trainieren, um besser auszusehen und sich besser zu fühlen – unter Umständen ein Eigentor schießen und bei diesen Kollegen *noch unbeliebter* machen könnte. Doch genau das konnte passieren – weil er sein Umfeld von dieser Zielsetzung klar und eindeutig ausschloss und nicht einbezog. Es war nur ein weiteres Beispiel dafür, wie sehr Matt mit sich selbst beschäftigt war.

Obwohl ich nicht mit der Erwartung in Matts Büro gekommen war, mit ihm über Bauchmuskeln und Crunches zu sprechen, hatte unser Treffen dennoch einen positiven Nebeneffekt – denn die Gründe, warum wir unsere Ernährungs- und Gesundheitsziele falsch einschätzen, gelten für das Erreichen sämtlicher Ziele: Wenn Sie sich erfolgreich ein Ziel setzen möchten, müssen Sie sich zuvor ein realistisches Bild des erforderlichen Aufwands und des Nutzens machen. Sie müssen sich vor Augen halten, dass die »schnelle und einfache Lösung« womöglich keine »dauerhafte Lösung oder sinnvolle Lösung« ist. Ein Ziel zu erreichen kostet Sie viel Zeit, harte Arbeit, persönliche Opfer, beharrliche Mühe und die unbedingte Hingabe an einen Prozess, der über Jahre aufrechterhalten werden muss. Und selbst wenn Sie durchhalten, ist die Belohnung vielleicht nicht so groß, wie Sie erwartet haben.

Das sind vielleicht nicht die besten Argumente für Verkaufserfolge in Dauerwerbesendungen, aber sie sind eine wertvolle Hilfestellung, wenn Sie eine echte Veränderung erreichen wollen.

»Also«, sagte ich nun zu Matt, »sind Sie nun bereit, mit mir darüber zu sprechen, was Ihre Kollegen von Ihnen halten?«

Regel 4: Verstecken Sie sich nicht vor der Wahrheit, die Sie hören müssen

Ich bin deutlich in der zweiten Lebenshälfte. In meinem Alter ist das wichtigste Feedback, das ich brauche, die jährliche ärztliche Kontrolluntersuchung. Bei diesem Feedback geht es buchstäblich um Leben und Tod. Irgendwie ist es mir gelungen, diesem Feedback sieben Jahre lang aus dem Weg zu gehen. Einen Arztbesuch sieben Jahre lang aufzuschieben ist nicht leicht, aber ich habe es geschafft, indem ich mir sagte: »Ich hole das nach, sobald ich meine Ernährung auf vollwertige und gesunde Kost umgestellt habe. Ich gehe zum Arzt, sobald ich mein Fitnessprogramm begonnen habe. Ich gehe hin, wenn ich wieder in Form bin.«

Wem wollte ich damit eigentlich etwas vormachen? Dem Arzt? Meiner Familie? Mir selbst?

Haben Sie sich schon einmal aus denselben vorgeschobenen Gründen vor einer ärztlichen Untersuchung gedrückt? Fast die Hälfte der Führungskräfte, mit denen ich in der Vergangenheit gearbeitet habe, kennt diese Vorwände.

Wann waren Sie zum letzten Mal beim Zahnarzt? Beginnen Sie ebenfalls zwei Tage vor dem Termin, den Sie so lange wie möglich hinausgezögert haben, mit einem strengen Pflegeprogramm, das große Mengen Zahnseide beinhaltet?

Zugegeben – ein kleiner Teil des Impulses hinter diesem Verhalten ist unser Bedürfnis, etwas erreichen zu wollen. Wir wollen beim »Test« unseres Arztes oder Zahnarztes gut abschneiden, also bereiten wir uns darauf vor.

Ein viel wichtigerer Grund besteht allerdings in unserem Bedürfnis, uns vor der Wahrheit zu verstecken – und damit häufig vor dem, was wir bereits wissen. Wir wissen, dass wir zum Arzt oder zum Zahnarzt müssen, aber wir gehen nicht hin, weil wir vielleicht nicht hören wollen, was er zu sagen hat. Wir denken, wenn wir schlechten Nachrichten über unsere Gesundheit oder unsere Zähne aus dem Weg gehen, kann es auch keine schlechten Nachrichten geben.

Dieselbe Strategie wenden wir auch im Privatleben an. Wenn ich zum Beispiel in einem großen Vertriebsunternehmen coache, mache ich mit den Mitarbeitern immer ein kleines Blitz-Quiz.

»Werden Sie von Ihrem Unternehmen dazu angehalten, Ihre Kunden um Feedback zu bitten?«

Ein Chor aus Ja-Rufen schallt mir entgegen.

»Funktioniert es? Lernen Sie dadurch, wo Sie besser werden müssen?«

Derselbe bejahende Chor.

Dann wende ich mich an die Männer: »Wie oft machen Sie das Gleiche zu Hause? Fragen Sie Ihre Frauen: »Was kann ich tun, um ein besserer Partner zu sein?«

Keine Ja-Rufe, nur Stille.

»Aber glauben Sie denn an den Wert von Feedback?«, hake ich nach.

Nun höre ich wieder ein vielstimmiges Ja. »Natürlich!«, ertönt es unisono.

»Nun, ich nehme an, Ihre Frauen sind Ihnen wichtiger als Ihre Kunden, oder?«

Alle Männer nicken.

»Und warum fragen Sie dann zu Hause nie nach?«

Ich kann förmlich sehen, wie es kollektiv in ihren Köpfen rattert, als ihnen langsam die Wahrheit dämmert: Sie haben Angst vor der Antwort. Sie könnte ihre ungute Vorahnung bestätigen. Und noch schlimmer: Dann müssten sie womöglich Verbesserungsmaßnahmen ergreifen.

Das Gleiche gilt für die Wahrheit über unsere zwischenmenschlichen Schwächen. Wir denken, wenn wir nicht nach Kritik an unserem Verhalten fragen, kann auch niemand etwas Kritisches über uns sagen.

Dieses Denken entbehrt jeder Logik und das muss aufhören. Sie sind besser dran, wenn Sie sich der Wahrheit stellen, als sie zu leugnen.

Regel 5: Es gibt kein ideales Verhalten

Benchmarking – die Vorstellung von der Existenz eines Leistungsideals, das bestimmte Menschen und Unternehmen beispielhaft verkörpern – ist eines der größten Risiken, wenn es darum geht, Menschen dazu zu bringen, sich zum Besseren zu verändern. Es ist nicht so, dass es nicht von Vorteil wäre, sich mit den Besten auf einem Gebiet zu messen. Aber schlecht umgesetzt, kann es mehr schaden als nützen. Manchmal kann der Wunsch nach »Perfektion« dem Streben nach »Verbesserung« den Garaus machen.

In meiner Branche gibt es eine Vielzahl von Benchmarks für erfolgreiches Verhalten, aber sie sind stets Mischformen. Sie setzen sich in der Regel aus mehreren Persönlichkeitsmerkmalen und mehreren Beispielen zusammen. Die perfekte Benchmark-Persönlichkeit gibt es genauso wenig wie das perfekte Benchmark-Unternehmen. Trotzdem glauben die Menschen an diese Mythen. Sie glauben, dass es die ideale Führungspersönlichkeit gibt und dass sie so sein sollten wie sie.

Doch Sie können und müssen nicht für alle Menschen alles sein. Gäbe es eine Liste mit 39 Erfolgsmerkmalen für vorbildliche Führung, würde ich nie von Ihnen verlangen, dass Sie lernen müssen, alle 39 Eigenschaften perfekt zu verkörpern. Sie müssen sich nur ein paar davon aneignen. Und ganz egal, wie viele dieser 39 Merkmale Sie nicht verkörpern – die eigentliche Frage lautet vielmehr: Wie gravierend ist Ihr persönliches Problem? Ist es schlimm genug, dass es behoben werden muss? Wenn nicht, dann verschwenden Sie keinen Gedanken mehr daran. Sie machen Ihre Sache gut.

Für mich ist es stets ein Trost, dass Michael Jordan – für viele der beste Basketballspieler aller Zeiten – beim Baseball lediglich mittelmäßig erfolgreich in den unteren Ligen zum Einsatz kam und es als Golfer enorm schwer hätte, gegen die etwa zwanzig Amateur-Golfer zu bestehen, die im Umkreis von einem Kilometer um mein Haus in San Diego leben. Wenn also ein absoluter Ausnahmeathlet und Profisportler wie Michael Jordan, der tatsächlich *der* Benchmark-Spieler für andere Basketballer ist, nur in einer einzigen Sportart brillieren konnte, warum glauben Sie dann, dass Sie es besser können?

Das ist nicht nur im Sport so. Ich habe vielen Klienten im Finanzdienstleistungssektor. Wenn ich mir die jährlichen Rankings für diese Branche ansehe, steht das eine Unternehmen auf Platz 1 im Investmentbanking, ein anderes hält Platz 1 bei Fusionen und Übernahmen, das dritte Platz 1 bei festverzinslichen Wertpapieren und immer so weiter, durch ein Dutzend Kategorien. Kein Unternehmen ist in allen Bereichen die Nummer 1, und nur sehr wenige Unternehmen führen überhaupt nur in zwei Kategorien. In einem Umfeld, in dem alle großen Unternehmen die besten und klügsten Absolventen der besten Business Schools angeheuert haben, ist die Konkurrenz viel zu hart, als dass ein Unternehmen sämtliche Kategorien dominieren könnte.

Am Arbeitsplatz ist es nicht anders. Sehen Sie sich in Ihrem Büro um. Ein Kollege ist der beste Verkäufer, ein anderer ist der beste Buchhalter und wieder ein anderer ein unnachahmlich guter Manager. Niemand ist in allen Disziplinen der oder die Beste.

Damit gebe ich Ihnen keinen Freibrief für Mittelmäßigkeit. Ich verpasse Ihnen lediglich einen Realitätscheck. Verstehen Sie das als Erlaubnis, Kompromisse einzugehen und sich für eine einzige Sache zu entscheiden, die Sie verbessern wollen, anstatt alles zu optimieren.

Sogar in meiner eigenen engen Sparte, dem Führungskräftecoaching, habe ich meine Ambitionen noch weiter eingeschränkt und auf ein Ziel reduziert: Ich möchte Menschen dabei helfen, ihr Verhalten langfristig zum Positiven zu verändern. Ich entwickle keine Strategien. Ich bin kein Innovationscoach. Ich erweitere mein Angebot nicht um Coaching im Bereich der Informationstechnologie, Pressearbeit oder Arbeitspsychologie. Mit der Liste der Dinge, die ich nicht tue, könnte ich mehrere Dutzend Bücher füllen. Damit kann ich leben, denn ich habe mich dafür entschieden, in meiner zugegebenermaßen kleinen Coaching-Nische zu versuchen, der Beste zu sein, der ich sein kann. Und weil ich mich darauf fokussiere, in diesem Bereich die Goldmedaille zu erringen, muss ich mich damit abfinden, dass ich es bei den anderen Wettbewerben nicht einmal ins Starterfeld schaffe.

Das Gleiche gilt für Ihre Aufgabe, Ihr Verhalten zu ändern. Wählen Sie ein spezifisches Verhaltensproblem aus, das wirklich Ihrer Aufmerksamkeit bedarf, und »attackieren« Sie es, bis es keine Rolle mehr spielt. Wenn Sie ein schlechter Zuhörer sind, dann wählen Sie die Aufgabe, ein besserer Zuhörer zu werden – und nicht gleich der beste Zuhörer der Welt (was auch immer das bedeutet!). Wenn Sie Informationen bunkern, ändern Sie Ihr Verhalten, bis es Ihnen nicht mehr schwerfällt (aber machen Sie sich klar, dass Sie niemals in aller Augen perfekt sein werden – und das müssen Sie auch nicht).

Benchmarking ist großartig, weil es uns lehrt, uns hohe Ziele zu stecken. Aber wenn wir es auf uns selbst anwenden, treiben wir es oft zu weit und schießen bei dem Versuch, uns zu bessern, über sämtliche Ziele hinaus. Dann versäumen wir es, zwischen verschiedenen Benchmarks zu differenzieren und wollen in allem die Besten sein.

Wenn wir langfristige, positive Veränderungen in uns selbst zu bewirken wollen, steht uns nur eine einzige Waffe, eine einzige Kugel zur

Verfügung – und mit einer einzigen Kugel können Sie nicht mehrere Ziele gleichzeitig treffen.

P. S.: Benchmarks zu ignorieren, hat sogar einen Vorteil. Die Menschen befürchten häufig, dass sie sich bei Aufgabe X verschlechtern, wenn sie sich bei Aufgabe Y verbessern – als sei das Besserwerden ein Nullsummenspiel. Doch diese Annahme ist falsch. Wenn Sie bei Y besser werden, trägt das statistisch gesehen dazu bei, dass Sie sich auch in allen anderen Disziplinen verbessern. Mir liegen 20 000 Feedback-Berichte vor, die das bestätigen. Wenn Sie ein schlechter Zuhörer sind und lernen, besser zuzuhören, dann werden Sie als respektvoller wahrgenommen. Wenn Sie sich zurücknehmen und den anderen beim Vortrag ihrer Ansichten den Vortritt lassen, können Sie wahrscheinlich auch deren Ideen besser aufnehmen. Auf diese Weise gehen gute Ideen dann nicht mehr verloren, nur weil Sie sie ohne bösen Willen vernachlässigen. Dadurch werden Sie wiederum als zugewandtere und interessiertere Führungspersönlichkeit wahrgenommen. Dadurch wird sich die Arbeitsmoral in Ihrem Team verbessern, was sich sicherlich auch positiv in den Zahlen niederschlagen wird, die Sie abliefern. Durch eine einzige Änderung wird alles besser. Das ist eine statistisch belegte Tatsache.

Regel 6: Wenn Sie es messen können, können Sie es auch erreichen

In der Arbeitswelt verbringen wir in der Regel viel Zeit mit dem Messen bestimmter Parameter. Wir messen Umsätze, Gewinne, die Wachstumsrate, die Kapitalrendite, das Verhältnis zwischen Einnahmen und Ausgaben, Quartalsumsätze einzelner Filialen und so weiter. Die Einführung von Systemen, durch die sich praktisch *alles* in Zahlen ausdrücken lässt, ist in vielerlei Hinsicht ein fester Bestandteil effektiven Managements und wirksamer Führung geworden. Nur so können wir verlässlich erheben, *wie es um unsere Fortschritte steht.* In Anbetracht unserer »Messwut« – und der nachgewiesenen Bedeutung valider Messungen – sollte man annehmen, wir würden auch der Messung der »weichen Werte« am Arbeitsplatz bereitwilliger zustimmen: wie oft wir unhöflich oder höflich zu anderen sind, wie oft wir in einem Meeting um Vorschläge bitten, anstatt andere auszuschließen, wie oft wir uns auf die Zunge beißen, anstatt eine unnötig provozierende Bemerkung zu machen. Dies alles sind »weiche« Werte, die sich nur schwer quantifizieren lassen, im Bereich zwischenmenschlicher Beziehungen jedoch genauso wichtig sind wie all die »harte Zahlen«, die wir andauernd erheben. Doch wenn wir unser Verhalten ändern und dafür Anerkennung erhalten wollen, müssen wir auch diese Werte berücksichtigen.

Vor ungefähr zehn Jahren beschloss ich, dass ich ein aufmerksamerer Vater sein wollte. Also fragte ich meine Tochter: »Was kann ich tun, um dir ein besserer Vater zu sein?«

Sie sagte: »Daddy, du bist viel unterwegs, aber es macht mir nichts aus, dass du so selten da bist. Was mich wirklich stört, ist dein Verhalten, *wenn* du zu Hause bist. Dann telefonierst du oder du siehst dir Sport im Fernsehen an, aber du beschäftigst dich nicht viel mit mir. An einem Wochenende, als du zum ersten Mal nach zwei Wochen wieder zu Hause warst, haben Freunde von mir eine Party gefeiert. Ich wollte hingehen, aber Mom hat es mir nicht erlaubt. Sie sagte, ich müsse Zeit mit dir verbringen. Also blieb ich zu Hause – aber du hast dir trotzdem keine Zeit für mich genommen. Das war nicht richtig.«

Ich war verletzt und traurig, denn a) hatte sie den Nagel auf den Kopf getroffen und b) war ich ein Rabenvater, der seiner Tochter unnötigerweise Kummer bereitet hatte. Es gibt kein schlimmeres Gefühl auf der Welt, das kann ich Ihnen versichern. Sie möchten nie, dass Ihre Kinder Kummer haben. Und Sie wollen ganz sicher nicht die Quelle ihres Kummers sein. Doch ich fasste mich schnell wieder und gab meiner Tochter eine einfache Antwort, die ich auch all meinen Klienten beibringe.

Ich sagte: »Danke. Dein Vater wird sich ab sofort mehr Mühe geben.«

Von diesem Moment führte ich Buch über die Zahl der Tage, an denen es mir gelang, mindestens vier Stunden mit meiner Familie zu verbringen, ohne mich durch Fernsehen, Filme, Fußball oder das Telefon ablenken zu lassen. Ich kann mit Stolz sagen, dass ich mich gebessert habe. Im ersten Jahr waren es 92 Tage, im zweiten Jahr 110 Tage, im dritten 131 Tage und im vierten Jahr sogar 135 Tage.

Fünf Jahre nach dem beschriebenen Gespräch mit meiner Tochter verbrachte ich mehr Zeit mit meiner Familie und mein Unternehmen war erfolgreicher als zu der Zeit, als ich meine Familie noch hintenanstellte. Ich war sehr stolz – nicht nur auf die Ergebnisse, sondern auch auf die Tatsache, dass ich diese »weichen Werte« mit buchhalterischer Präzision dokumentiert hatte. Ich war sogar so stolz, dass ich zu meinen Kindern, die zu diesem Zeitpunkt beide Teenager waren, sagte: »Seht mal, Kinder, 135 Tage. Was soll das Ziel für dieses Jahr sein? Wie wäre es mit 150 Tagen?«

Ihre Antwort: »Bloß nicht, Daddy, du hast es übertrieben.«

Mein Sohn Bryan schlug mir vor, die Anzahl der Tage auf 50 zu reduzieren und meine Tochter Kelly war derselben Meinung. Am Ende stimmten beide für eine massive Kürzung ihrer Zeit mit Daddy.

Ihre Reaktion hat mich aber nicht entmutigt. Sie hat mir genauso die Augen geöffnet wie das erste Gespräch mit meiner Tochter fünf Jahre zuvor. Ich hatte mich so sehr auf die nackten Zahlen konzentriert, und darauf, meine Leistung kontinuierlich zu verbessern, dass ich ganz übersehen hatte, dass sich auch meine Kinder verändert hatten. Eine Zielsetzung, die sinnvoll war, als sie neun Jahre alt waren, passte inzwischen nicht mehr zu ihren Bedürfnissen als Teenager.

Wir können alles messen, wenn wir klug genug sind, zu erkennen, dass es gemessen werden sollte, und wenn wir einen Weg finden, unsere Fortschritte zu dokumentieren. Selbst wenn sie sehr beschäftigt oder beruflich viel auf Reisen sind, können Sie beispielsweise mühelos dokumentieren, wie viele Tage im Jahr Sie zu Hause verbringen. Sie müssen nur in den Kalender schauen und zählen. Und mal ehrlich: Haben Sie, sofern Sie sich in Ihrer Rolle als Lebenspartner oder als ein Elternteil ohnehin schon schuldig fühlen, weil Sie so oft unterwegs sind, schon jemals darüber nachgedacht zu ermitteln, wie oft Sie daheim sind?

Das Seltsame ist, dass wir in so vielen anderen Lebensbereichen, auch abseits unserer Arbeit, gewohnheitsmäßig Messungen vornehmen. Läufer, die sich auf ein Rennen vorbereiten, messen ständig, wie schnell sie laufen, und protokollieren die wöchentlich zurückgelegten Kilometer. Selbst ein Freizeitsportler, der im Fitnessstudio trainiert, hält fest, dass er gestern schon soundso viele Kilo gestemmt hat und seine Leistung in den nächsten drei Wochen noch um 20 Prozent steigern will. Warum messen wir dann nicht auch unsere Fortschritte in Richtung von Zielen, die wirklich wichtig sind?

Wenn Sie erst einmal erkannt haben, wie gut es tut, auch die Entwicklung Ihrer »weichen Werte« zu messen, werden Sie feststellen, dass diese Maßnahme noch weitere Vorteile hat – unter anderem die Tatsache, dass in Zahlen gegossene Ziele die Wahrscheinlichkeit erhöhen, dass Sie sie auch erreichen. Ich selbst habe mir beispielsweise auch noch das messbare Ziel gesetzt, jeden Tag 10 Minuten in Ruhe mit meiner Frau und jedem meiner Kinder zu sprechen. 10 Minuten sind nicht viel, aber besser als nichts. Daraufhin stellte ich fest, dass ich mich eher darum bemühte, dieses Ziel zu erreichen, wenn ich es in Ziffern bemaß. Immer, wenn ich nachlässig wurde, sagte ich mir: »Komm schon, indem du das Ziel erreichst, pflegst du die Beziehung zu deiner Frau und deinen Kindern, und es kostet dich gerade mal 10 Minuten. Klar bist du müde, aber was soll's. Mach es einfach.« Ohne das messbare Ziel, das ich mir gesetzt hatte, hätte ich die wohltuenden Gespräche aus fadenscheinigen Gründen viel häufiger aufgeschoben.

Regel 7: Arbeiten Sie mit Geldstrafen oder finanziellen Anreizen und erreichen Sie Ihr Ziel auf diesem Weg

Die Methode, Ihr Verhalten in Zahlen zu messen, um es zu ändern, lässt sich auch gut auf andere Menschen übertragen – vor allem dann, wenn Sie Geld ins Spiel bringen.

Als einem Freund von mir beispielsweise auffiel, wie viele Schimpfwörter und vulgäre Ausdrücke seine Kinder aus der Schule mit nach Hause brachten, stellte er daheim eine »Fluchbüchse« auf. Jedes Mal, wenn jemand ein Schimpfwort sagte, mussten er oder sie einen Dollar in dieses Glas werfen. Die erste Erkenntnis, die mein Freund auf diese Weise gewann (nachdem er in der ersten Woche mehrere Dollar täglich einzahlen musste), war, dass er in der Gegenwart seiner Kinder viel zu viel fluchte. Und er erkannte, woher sie diese schlechte Angewohnheit in Wirklichkeit hatten: nämlich von ihm selbst. Erst die Geldstrafe führte ihm sein eigenes, negatives Verhalten vor Augen. Wenn Sie tatsächlich für Ihre Fehler bezahlen müssen, werden sie Ihnen wesentlicher deutlicher bewusst. Und sofern Sie Ihr Geld nicht auch weiterhin sinnlos verpulvern wollen, werden Sie Ihre schlechten Gewohnheiten früher oder später ablegen. Bei meinem Freund hat es jedenfalls funktioniert: Er lernte in nur einem Monat, alle Flüche, die ihm auf der Zunge lagen, herunterzuschlucken.

Es gibt viele Möglichkeiten, Menschen mithilfe von Anreizen zu positiven Verhaltensänderungen zu bewegen – und ich befürworte alles, was funktioniert, von Prämien über Geldbußen bis hin zu Geschenken und Urlauben. Es ist ein simpler Weg, aber es ist erstaunlich, wie selten Menschen auf die Idee kommen, die Lösung eines Problems mit einer finanziellen Belohnung zu verknüpfen. Ich coache nun schon mehr als zwei Jahrzehnte Führungskräfte, aber erst 2005 hatte einer meiner Klienten den Einfall, den Prozess um einen finanziellen Anreiz zu erweitern. Er saß in der Geschäftsführung eines Industrieunternehmens an der Westküste und er war ein richtig harter Hund, dem es extrem schwerfiel, Informationen mit anderen zu teilen. Sein CEO versicherte mir, dass ich mein Honorar auf jeden Fall erhalten würde, egal wie vernichtend das Feedback und wie groß der Widerstand seiner Mitarbeiter ausfallen würde. »Dieser Bursche wird sich bessern«, versprach der CEO. »Er würde lieber sterben, als zu versagen – bei allem.«

Und er behielt recht. Das Coaching dieses Klienten war das reinste Vergnügen, denn er war äußerst entschlossen, sich zu bessern, und er begriff in Windeseile, dass weder er noch ich die tragende Rolle in diesem Prozess innehatten. Er verstand, dass es allein auf die Menschen ankam, die mit und für ihn arbeiteten. Also tat er etwas, was ich noch nie gesehen hatte: Er kam zu dem Schluss, dass seine Assistentin die wichtigste Person in diesem Prozess sei, denn sie war diejenige, die ihn Tag für Tag erlebte, die seine Fehler am besten kannte und am besten wusste, was er tun musste, um sich zu bessern. Außerdem konnte sie am besten beurteilen, ob er auf einem guten Weg war, und ihn am ehesten darauf aufmerksam machen, wenn er in alte Gewohnheiten zurückzufallen drohte. Also sorgte er dafür, dass *seine* Selbstoptimierung für sie ebenso wichtig wurde wie für ihn. Er sagte ihr: »Wenn Marshall sein Honorar erhält, erhalten Sie einen Bonus von 2000 Dollar.«

Zwölf Monate später war sie um 2000 Dollar reicher.

Auf diese Möglichkeit war ich noch nie gekommen, und ich hatte auch noch nie live miterlebt, welche Wirkung sie entfalten kann. Doch Sie können sicher sein, dass ich inzwischen alle neuen Klienten auf diese Option aufmerksam mache.

Sie können eine Geldstrafe einführen, um ein Problem zu beheben. Oder Sie können finanzielle Anreize für das richtige Ergebnis ausloben und das Problem auf diese Weise aus der Welt schaffen. Egal, wie Sie sich entscheiden: Beides tut seine Wirkung.

Regel 8: Die beste Zeit für eine Veränderung ist jetzt

In den vergangenen Jahrzehnten haben Zehntausende Geschäftsleute meine Vorlesungen und Seminare besucht, doch wie ich bereits sagte, haben nur 70 Prozent von ihnen das Gelernte auch tatsächlich umgesetzt. Ich schäme mich nicht für diese Tatsache, die gleichzeitig offenbart, dass 30 Prozent dieser Menschen nichts verändert haben. Eigentlich bin ich sogar stolz auf diese Quote der »Zuwiderhandelnden« und staune, dass sie nicht wesentlich höher ist.

Wenn Sie dieses Buch bis hierher gelesen haben, haben Sie sicherlich bereits beschlossen, zumindest etwas von dem, was ich hier empfehle, umzusetzen – und sei es nur eine einzige, simple Sache. Wie schwer kann es zum Beispiel schon sein, nicht länger den Überbringer schlechter Nachrichten zu bestrafen? Doch ich habe mich längst mit der Tatsache abgefunden, dass zwar viele meiner Leser handeln werden, viele aber auch nicht.

Wir haben Hunderte Teilnehmer unserer Trainingsseminare ein Jahr später noch einmal befragt. Dazu gehörte auch, dass wir die Menschen, die nichts unternommen hatten, baten, uns mitzuteilen, weshalb sie die Verpflichtungen, die sie im Rahmen ihrer Teilnahme erklärt hatten, nicht umsetzten. Soweit wir das beurteilen können, sind die Menschen, die untätig blieben, keine schlechteren Menschen als die, die sich änderten. Sie sind genauso intelligent und teilen dieselben Werte wie ihre handelnden Kompagnons.

Stellt sich die Frage: Warum haben sie dann nicht getan, wozu sie sich verpflichtet hatten?

Die Antwort offenbart sich in einem Traum, den auch ich häufig träume – und Sie vielleicht ebenfalls. Er geht ungefähr so:

Wissen Sie, ich habe im Moment unglaublich viel zu tun. Tatsächlich bin ich so beschäftigt wie noch nie. An manchen Tagen fühle ich mich vollkommen überlastet und manchmal habe ich wirklich das Gefühl, mein Leben sei völlig außer Kontrolle geraten.

Aber zurzeit arbeiten wir eben an ein paar einzigartigen und außergewöhnlichen Projekten. Ich denke mal, in zwei oder drei Monaten ist das Schlimmste überstanden. Danach werde ich dann ein paar Wochen Urlaub machen, eine kleine Auszeit nehmen, mich ein wenig ausruhen, meinen Alltag neu organisieren, Zeit mit der Familie verbringen und endlich wieder Sport machen. Dann wird alles anders. Bald ist es so weit. Und danach wird es nie wieder so verrückt zugehen wie im Moment!

Hatten Sie schon einmal einen Traum, der so ähnlich klang wie dieser? Wie lange träumen Sie ihn schon? Und ist Ihr Leben inzwischen entspannter geworden?

Vielleicht ist es an der Zeit, diesen Traum von einer Zeit, in der Sie nicht mehr so »busy« sein werden, an den Nagel zu hängen. Denn die Zeit wird niemals kommen. Ihr Traum ist nichts als eine Illusion.

Seit ich als Coach *echte* Menschen dabei unterstütze, *echte* Verhaltensschwächen in der *echten* Welt zu ändern, habe ich diese Lektion auf die harte Tour gelernt. Es sind nie nur »ein paar Wochen«. Sehen Sie sich doch nur einmal um. Die Vernunft wird niemals siegen und die Chancen stehen gut, dass morgen wieder ein genauso verrückter Tag wird wie heute.

Wenn Sie wirklich etwas an sich selbst ändern wollen, ist *jetzt* der beste Zeitpunkt dafür. Fragen Sie sich: »Was will ich jetzt ändern?« Und dann tun Sie es einfach. Das ist mehr als genug. Für den Moment.

KAPITEL 14

Spezialaufgaben für Führungskräfte

Memo an alle Mitarbeiter: Anleitung für den richtigen Umgang mit mir

Über viele Jahre hinweg war »Imus in the Morning« mit Don Imus eine der beliebtesten Radio-Talkshows in den Vereinigten Staaten. Diese tägliche Sendung bestand aus einer kuriosen Mischung aus tagesaktuellen Nachrichten, satirischen Liedern, den legendären Tiraden von Imus selbst, Einwürfen seiner Mitarbeiter und Interviews mit Anrufern – darunter einflussreiche Politiker genauso wie Moderatoren, Autoren, die ihre neuesten Bücher bewarben, und ganz normale Bürger.

Imus' einzige Vorgabe an potenzielle Gesprächspartner lautete: Sie dürfen nicht langweilig sein. Seine Radiopersönlichkeit (ob gespielt oder echt sei dahingestellt) war die eines mürrischen Miesepeters. Es gab immer irgendetwas, das ihm die Laune verhagelte – sei es die Scheinheiligkeit der Regierung oder die Luftqualität im Studio. Man konnte nicht sagen, ob Imus liberal oder konservativ war, ein Demokrat oder ein Republikaner, gemäßigt oder ein moralischer Hardliner. Und genauso wenig konnte man vorhersagen, wie er seine Gäste behandeln würde. Mit seinen Beleidigungen machte er vor keinem Lager halt, sondern teilte stets kräftig in alle Richtungen aus. Mal war er höflich und respektvoll, ein anderes Mal rüde und unverschämt, Leute, die mit ihm auf Sendung waren, bezeichnete er bisweilen gerne wahlweise als »Idioten«, »Wiesel« oder »Lügner«. Wenn Sie Imus zuhörten, war eines garantiert: Früher oder später begannen *Sie*, sich furchtbar über ihn aufzuregen. Trotz seines unsozialen Verhaltens kam Imus jedoch immer ungeschoren davon – weil er sein Publikum regelmäßig daran erinnerte, wie sie ihn zu nehmen hatten: »Das Einzige, was Sie bei dieser Show wissen müssen«, sagte er gerne, »ist, dass alles, was ich von mir gebe, einfach nur dummes Gerede ist. Sie dürfen das nicht ernst nehmen. Wenn ich es wirklich ernst meine, dann werden Sie das schon merken. Denn wenn ich es ernst meine, sage ich diese fünf Worte: ›Hören Sie sofort damit auf.‹ Alles andere ist einfach nur Blödsinn.«

Diese regelmäßigen Ansprachen ähnelten ein bisschen den Warnhinweisen auf Zigarettenschachteln – und sie waren ein brillanter Schachzug. Mit diesen Einschüben gab Imus seinem Publikum gewissermaßen eine Anleitung für den richtigen Umgang mit seiner Person. Vielleicht ist das der Grund, weshalb »Imus in the Morning« jahrzehntelang die höchsten Einschaltquoten auf einem hart umkämpften Sendeplatz einfuhr.

Imus machte sich eine Technik zunutze, die jeder Chef erlernen sollte.

Wäre es nicht toll, wenn Vorgesetzte immer mit ähnlichen »Produktwarnungen« ausgestattet wären? Und wäre es nicht noch besser, wenn sie mit dem gleichen Selbstbewusstsein wie Imus gesegnet wären und diese Warnhinweise gleich selbst schreiben würden?

Stellen Sie sich einmal vor, Sie würden für einen Chef arbeiten, der Ihnen sagt: »Achtung, ich neige dazu, den Überbringer schlechter Nachrichten zu bestrafen, also seien Sie bitte vorsichtig, wenn Sie mit etwas Unschönem zu mir kommen. Gut möglich, dass ich Ihnen den Kopf abreiße, auch wenn ich eigentlich weiß, dass Sie überhaupt nichts dafür können.«

Oder: »Egal, wie toll Ihre Idee ist und wie gründlich Sie sie durchdacht haben, ich werde wahrscheinlich trotzdem meinen Senf dazugeben, weil ich vermeintlich glaube, ich wüsste es noch besser als Sie. Und natürlich wird Ihr erster Impuls sein, mir zuzuhören und meine

Vorschläge umzusetzen. Bitte tun Sie das nicht. Nicken Sie einfach mit dem Kopf und tun Sie so, als würden Sie mir zuhören. Wenn Sie so schlau sind, wie ich glaube – deshalb habe ich Sie schließlich eingestellt –, dann werden Sie mich einfach ignorieren und es so machen, wie Sie es ursprünglich geplant hatten.«

Viele Chefs wenden dieses Konzept tatsächlich bereits in irgendeiner Form gegenüber ihren Mitarbeitern an. Ich kenne zum Beispiel einen Selfmade-Unternehmer mit einem wahrhaft vulkanischen Temperament. Er rastet eigentlich nicht allzu oft aus, aber er hat stets einen randvollen Terminkalender. Schon um 4 Uhr morgens diktiert er seiner Sekretärin die ersten Anweisungen, führt anschließend diverse Telefonate in andere Zeitzonen und arbeitet sich nicht nur durch ein, sondern gleich durch zwei Frühstücksbesprechungen in Folge. Wenn der Rest von uns seinen Arbeitstag beginnt, hat er bereits einen ganzen Arbeitstag hinter sich gebracht – und einen weiteren unmittelbar vor sich. Entsprechend ist er chronisch übermüdet und deshalb auch chronisch gereizt. Dann kann ihn selbst das kleinste Ärgernis zum Explodieren bringen. Die gute Nachricht lautet, dass er sich dessen bewusst ist. Er zieht keine Show ab, wie ein Baseballmanager, der wegen einer Fehlentscheidung des Schiedsrichters einen vorgetäuschten Wutanfall bekommt. Seine Wut ist vielmehr völlig echt. Doch genauso schnell, wie er in die Luft gegangen ist, beruhigt er sich auch wieder. Wutanfälle sind gewissermaßen sein Überdruckventil. Ich war ein paar Mal dabei, als er ausrastete, und ich kann Ihnen sagen, dass das kein schönes Bild war. Es kam durchaus schon vor, dass Mitarbeiter seinetwegen in Tränen ausbrachen. Doch man muss ihm zugutehalten, dass er sich sofort wieder fängt und seinen Mitarbeitern dann immer sagt: »Ich bin nicht wütend auf Sie. Ich bin einfach nur wütend. Und jetzt ist es vorbei und auch schon wieder vergessen. Es tut mir leid, dass Sie das mit ansehen mussten.« Natürlich ist das teilweise ein wenig geschwindelt (denn wahrscheinlich hat er sich durchaus über etwas geärgert, das ein Mitarbeiter getan hat), aber er ist klug genug, sein Umfeld wissen zu lassen, dass er sich manchmal wie ein Idiot verhält und sie es einfach ignorieren sollten.

Derartige Aufrichtigkeit ist bewundernswert: Indem er gegenüber seinen Mitarbeitern ein Führungsdefizit eingesteht und ihnen hilft, bestmöglich damit umzugehen, signalisiert dieser Chef, dass er um Besserung bemüht ist. (Wäre ich sein Coach, würde ich ihm darüber hinaus zusätzlich empfehlen, seine Mitarbeiter um Vorschläge zu bitten, wie er seiner Schwäche Herr werden könnte. Aber immer eins nach dem anderen.)

Vor einigen Jahren coachte ich einen leitenden PR-Manager, dem seine persönlichen Assistenten reihenweise davonliefen. Die Menschen, die er anheuerte, waren stets perfekte Kandidaten, doch nach sechs oder spätestens sieben Monaten reichten sie ein ums andere Mal ihre Kündigung ein. Weil ich leider nicht die Möglichkeit hatte, diese Horde ehemaliger Mitarbeiter ausfindig zu machen und ihr Feedback zu den Gründen ihres Ausscheidens einzuholen, versuchte ich es stattdessen mit einem Experiment: Ich bat den PR-Manager selbst, sich vorzustellen, welches Feedback ich wohl von seinen ehemaligen Assistenten erhalten hätte. Welche guten und schlechten Dinge hätten sie vermutlich über ihn berichtet? Dann bat ich ihn, all diese Dinge im Stile eines Memos aufzuschreiben, das an den nächsten potenziellen Assistenten gerichtet war. Der Titel dieses Memos sollte lauten: »Anleitung für den richtigen Umgang mit mir« Und hier ist, was er schrieb:

Ich kann gut mit Menschen umgehen, aber noch besser bin ich im Entwickeln von Ideen. Wenn Klienten ein Problem haben, ist es meine Aufgabe, eine kreative Lösung dafür zu finden. In allen anderen Dingen bin ich schlecht. Ich hasse Papierkram. Es fällt mir schwer, die üblichen Umgangsformen zu wahren, die Klienten aber nun einmal von Dienstleistern erwarten. Ich verschicke keine Dankesschreiben. Ich vergesse sämtliche Geburtstage. Mir graut es davor, den Hörer abzunehmen, denn am anderen Ende der Leitung ist immer jemand, der ein Problem hat, und nie jemand, der anruft, um mir mitzuteilen, dass ein riesiger Scheck auf dem Weg zu mir ist oder dass ich im Lotto gewonnen habe. Das müssen Sie über mich wissen. Ich weiß ziemlich genau, wie das Geschäft läuft, aber ich hasse Budgetpläne, Spesenab-

rechnungen und Kostenprognosen. In Verwaltungsdingen halten mich alle für einen Chaoten, und sie haben vollkommen recht. Ich will nicht prahlen und mich auch nicht schlechter machen, als ich bin. Ich sage Ihnen einfach nur die Wahrheit.

Im persönlichen Umgang bin ich ein anständiger und höflicher Mensch. Ich werde Sie niemals anschreien. Wenn alles gut läuft und wir ein paar tolle Coups gelandet haben, halte ich mich für einen der witzigsten und charmantesten Menschen der Welt. Vielleicht fällt mein Humor in diesen Momenten für Ihren Geschmack ein wenig zu sarkastisch aus. Bitte nehmen Sie das aber nie persönlich. Noch besser: Sagen Sie mir, wenn ich mich danebenbenehme. Ich bin ein entspannter Laissez-faire-Mensch, und je hektischer die Dinge um mich herum werden, desto ruhiger werde ich. So reagiere ich persönlich auf großen Druck. Bitte interpretieren Sie mein kühles Auftreten in solchen Situationen nicht als Gleichgültigkeit. Mir ist niemals etwas gleichgültig. Von Ihnen erwarte ich nur eines: Ich möchte, dass Sie mir so viel abnehmen, wie Sie nur können. Je weniger ich zu tun habe, desto besser. Wenn Sie das schaffen, werden wir gemeinsam Großartiges vollbringen.

Dieses Memo übergab mein Klient seiner neuen Assistentin Michelle, einer quirligen jungen Frau, die gerade frisch ihren Abschluss an der University of Michigan gemacht hatte, direkt an ihrem ersten Arbeitstag. Als ich ihn etwa 18 Monate später wiedersah, wollte ich unbedingt wissen, wie es inzwischen um sein sogenanntes »Assistenten-Problem« stand.

»Läuft es gut mit Michelle?«, fragte ich.

»O ja«, entgegnete er.

»Woran merken Sie das?«, hakte ich mit meiner üblichen Skepsis nach.

»Letzte Weihnachten schickten sämtliche Klienten zum Dank üppige Obstkörbe oder Champagner – an sie, nicht an mich. Als ich ihr sagte, dass ich eine Assistentin brauche, die mir meine Arbeit abnimmt, hat sie sich das voll und ganz zu Herzen genommen. Offenbar schirmt sie mich von fast jedem Problem ab, das auf ihrem Schreibtisch landet, und löst es dann selbst. Das wäre nicht passiert, wenn ich ihr nicht gesagt hätte, wie sie mit mir umgehen soll.«

Das Interessante (und Beruhigende) an dieser Geschichte ist, dass es sich hier um ein Beispiel handelt, bei dem ein Chef seine Schwächen richtig eingeschätzt *und* seine Mitarbeiterin diese Einschätzung geteilt hat. Das ist nicht immer der Fall. Manchmal ist die Kluft zwischen dem, was ein Chef über sich selbst sagt, und dem, was seine Mitarbeiter über ihn denken, von geradezu gigantischem Ausmaß.

Am offensichtlichsten ist die Diskrepanz immer dann, wenn Mitarbeiter der Meinung sind, die Vorstellung ihres Chefs über den richtigen Umgang mit ihm sei entweder pure Fantasie oder reines Wunschdenken. Genau diesen Fall hatte ich vor einigen Jahren bei einem Abteilungsleiter, der stolz auf seine vermeintliche Fairness war und fälschlicherweise behauptete, keinen seiner Angestellten zu bevorzugen. Zwar hielt er diese Tugenden nie in einem Memo fest, aber er erinnerte seine Mitarbeiter stattdessen mit schöner Regelmäßigkeit daran, dass er weder Ja-Sager noch Schleimer mochte und dass man sich den Weg in seinen inneren Kreis allein durch Leistung verdienen könne. Leider waren seine Mitarbeiter der Ansicht, dass diese Selbsteinschätzung ganz und gar nicht der Realität entsprach. In ihren Augen hatte dieser Mann eine absolute Schwäche für Speichellecker. Er hasste es, wenn man ihm widersprach, belohnte stets diejenigen, die ihm zustimmten, und bestrafte alle, die es nicht taten. Deshalb entwickelten sich die Bemühungen des Chefs, sich mithilfe seiner mündlichen »Gebrauchsanweisung« das Verständnis und die Zuneigung seiner Mitarbeiter zu sichern, mit der Zeit zu einem Running Gag, der die Atmosphäre zunehmend vergiftete und die beiden Parteien immer weiter voneinander entfernte.

Eine weitere Diskrepanz zwischen Fantasie und Wirklichkeit offenbart sich etwas subtiler – sie liegt immer dann vor, wenn die Selbsteinschätzung des Chefs zwar zutrifft, dafür aber völlig irrelevant ist.

Der CEO eines Energieversorgers war dafür bekannt, dass er es mit den Details sehr genau nahm. Seine Pedanterie ging sogar so weit, dass er die Grammatik und Zeichensetzung in Memos und Briefen korrigierte, die seine Mitarbeiter verfasst hatten. Bevor er Gesellschaftsrecht studierte, war er Englischlehrer gewesen – eine Profession, in der er mit seiner Liebe zum Detail großen Erfolg gehabt hatte. In seiner neuen Tätigkeit als Anwalt war der Energieversorger, bei dem er inzwischen unter Vertrag stand, einer seiner Klienten gewesen. Auch in diesem Fall war es teilweise seiner fanatischen Detailbesessenheit zu verdanken gewesen, dass das Unternehmen einen Konkurs vermeiden konnte – woraufhin ihn der Unternehmensvorstand zum CEO berief. Von diesem Moment an ging es bergab.

Der CEO verfasst zwar nie eine »Anleitung für den richtigen Umgang« mit seiner Person (auf diese Idee war ich zum damaligen Zeitpunkt noch gar nicht gestoßen), aber das musste er auch gar nicht. Jedes Mal, wenn er den Rotstift zückte und das Dokument eines leitenden Mitarbeiters korrigierte, signalisierte er dadurch unmissverständlich: »Darauf lege ich großen Wert.« In Windeseile verbreitete sich in den Führungsrängen des Unternehmens, dass man lediglich einige Memos mit perfekter Grammatik und Zeichensetzung verfassen musste, wenn man den neuen CEO beeindrucken wollte. Hätte er sein Verhalten nicht geändert, hätte er über kurz oder lang entweder eine Meuterei am Hals gehabt oder aber eine Führungsetage herangezüchtet, die samt und sonders aus Grammatikartisten bestand.

Aus diesem Grund rief man mich zu Hilfe. Sicher können Sie sich das Problem vorstellen: Der Chef signalisierte seinen Führungskräften, was er von ihnen erwartete. Das war im Grunde genommen nicht verkehrt, schließlich hatte er seine Ansprüche völlig richtig dargestellt. Doch die Führungskräfte hielten seine Forderung für albern und waren der Ansicht, auf der Basis dieser eigenwilligen Werteskala könne man kein Unternehmen leiten und schon gar kein Führungstalent beurteilen. Ich ging das Feedback seiner Mitarbeiter durch. Der erste Kommentar lautete: »Fünf Millionen Dollar im Jahr sind ein ordentliches Gehalt für einen Korrektor.« Der zweite: »Legen Sie endlich den Rotstift weg.« Der dritte: »Wir sind hier nicht in der Grundschule.« In dieser Manier ging es immer weiter. Ich brauchte Monate, bis ich den CEO davon überzeugen konnte, dass die Korrektur fehlerhafter Grammatik im unternehmensinternen Schriftverkehr eine schlechte – und für seine Kollegen demütigende – Verwendung seiner Zeit war. Was ihm wichtig war, war allen anderen unwichtig und beschwor deshalb eine gefährliche Diskrepanz herauf, die sich weder er noch das Unternehmen leisten konnten.

Ich erwähne das, weil wir uns durch das Verfassen einer »Anleitung für den richtigen Umgang mit mir« nicht nur wunderbar darin üben können, uns selbst richtig einzuschätzen. Diese Memo-Übung ist zudem eine todsichere Methode, um einen Dialog mit unseren Mitarbeitern zu initiieren. Aber Vorsicht: Ihr Memo muss brutal ehrlich sein. Ihre Mitarbeiter müssen überzeugt sein, dass sein Inhalt zutrifft. Und am wichtigsten: Ihre Mitarbeiter müssen überzeugt sein, dass die darin enthaltenen Empfehlungen relevant sind. Wenn es auch nur eine der genannten Voraussetzungen nicht erfüllt, können Sie Ihr Memo auch gleich in den Papierkorb werfen.

Lassen Sie sich nicht von Ihren Mitarbeitern vereinnahmen

Eines der schönsten Dinge, die die Chefposition mit sich bringt (ob Sie nun 3 Mitarbeiter unter sich haben oder 3000), besteht in der Tatsache, dass Sie die Regeln machen – und zwar alle Regeln. Sie entscheiden, wann Sitzungen beginnen, wo sie stattfinden und wann sie enden. Egal ob Sie ein großartiger oder ein miserabler Boss sind: Sie sind niemandem Rechenschaft schuldig, der Ihnen unterstellt ist. Ganz im Gegenteil – alle anderen müssen Ihnen Rechenschaft ablegen.

Diese Tatsache hat jedoch eine gefährliche Kehrseite, die viele Chefs übersehen, sobald sie es sich erst einmal in ihrem bequemen Kokon der Allmacht gemütlich gemacht haben.

Als Chef wissen nur Sie allein, wie sehr Sie von Ihren Mitarbeitern abhängig sind. Ohne ihre Loyalität und Unterstützung sind Sie nichts. (Das wissen Sie, und wenn Sie ein kluger Chef sind, erinnern Sie Ihre Mitarbeiter immer wieder daran, dass Ihnen bewusst ist, wie sehr Sie

sie brauchen.) Gleichzeitig sollten Sie jedoch nie vergessen, dass ein Unternehmen keine Einbahnstraße ist. Genau wie Sie auf Ihre Mitarbeiter angewiesen sind, sind diese auch von Ihnen abhängig – und zwar in einer Weise, die womöglich nichts mit der Leistung am Arbeitsplatz zu tun hat. Sie sehnen sich nach Ihrer Aufmerksamkeit, Ihrer Anerkennung und Ihrer Zuneigung. Und wenn Sie ein charismatischer Leader sind, werden Ihre Untergebenen ihren eigenen Status im Unternehmen buchstäblich daran messen, wie viel Gesprächszeit Sie ihnen schenken.

Dagegen ist prinzipiell nichts einzuwenden. Gibt es ein besseres Instrument für die Personalentwicklung als das direkte Gespräch zwischen Chef und Mitarbeiter, bei dem Letzterer die Gelegenheit erhält, das Verhalten seines Vorgesetzten zu studieren, um es daraufhin nachzuahmen? Diese gegenseitige Abhängigkeit kann allerdings auch zu Problemen führen.

Ich kenne die Chefredakteurin eines führenden Frauenmagazins. Eine unglaublich gut organisierte Frau, die stolz darauf war, dass sie nicht nur in einem hochgradig stressigen Job brillierte, sondern gleichzeitig auch noch in der Lage war, ein ausgewogenes und zufriedenes Familienleben mit ihrem Mann und zwei kleinen Kindern zu führen. Sie kam dem Ideal einer perfekten Chefin sehr nahe: Sie war fair, achtete auf Gleichberechtigung, und ihre Tür stand allen offen. (Sie war sogar so fair, dass sie Leuten, die sie zuvor entlassen hatte, bei der Suche nach einer neuen Stelle half.)

Der Lohn für so viel Perfektion war jedoch nicht der, den sie erwartet hatte. Als engagierte Mutter versuchte sie, jeden Abend um 18.30 Uhr zu Hause zu sein, um noch Zeit mit ihren Kindern zu verbringen. Nach einer Weile stellte Sie jedoch fest, dass sie immer häufiger Ausreden erfand, um länger arbeiten zu können, bis sie innerhalb von zwei Jahren schließlich regelmäßig bis 21:30 oder sogar 22 Uhr im Büro saß. Zunächst dachte sie, es läge daran, dass sie ihren Job so sehr liebte (ein glamouröses Magazin zu leiten kann eine Menge Spaß machen). Doch als sie Ursachenforschung betrieb, um herauszufinden, wie es so weit kommen konnte, wurde ihr klar, dass sie nichts dafürkonnte. Das Problem war, dass ihre Mitarbeiter zu stark von ihr abhängig waren, und das lag größtenteils daran, dass sie so zugänglich und immer ansprechbar war. Sie hatte ein Umfeld geschaffen, in dem es leicht war, die Chefin in Beschlag zu nehmen. Also wollten natürlich alle stets persönlich mit ihr sprechen. Das Ergebnis war ein nicht enden wollender Malstrom von Mitarbeitern, die sich bei sämtlichen Fragen stets bei der höchsten Stelle rückversicherten, sodass die Chefredakteurin fast überhaupt nicht mehr aus dem Büro kam. Kein Tag verging, an dem nicht kurz vor Feierabend Mitarbeiter vor ihrem Schreibtisch aufliefen und fragten: »Haben Sie noch 10 Minuten Zeit für mich?« Und als »perfekte« Chefin erteilte sie diesen Anfragen niemals eine Absage. Paradoxerweise verlor sie immer mehr die Kontrolle, *weil sie die volle Kontrolle hatte.*

Um die Kontrolle zurückzuerlangen, rief sie ihre Belegschaft zusammen und verkündete: »Von nun an ist meine Tür nach 5:45 Uhr geschlossen. Danach herrscht ein Ansprechverbot. Denn ab dann bin ich für den Rest des Tages nur noch für meine Kinder da.«

Mit dieser Maßnahme war das Problem allerdings nur zur Hälfte gelöst. Die Chefredakteurin war zwar wieder jeden Abend um 18:30 Uhr zu Hause, Aber nun fühlten sich ihre Mitarbeiter vernachlässigt und im Stich gelassen. An diesem Punkt kam wieder einmal ich ins Spiel.

Ich erklärte der Frau, dass es eine gute Sache sei, wenn ihre Mitarbeiter weniger abhängig von ihr wären. Selbstredend brauchten sie noch wie vor eine gute Führung. Sie mussten an neue Verhaltensweisen herangeführt werden.

Ich trug der Chefin auf, mit jedem ihr direkt unterstellten Mitarbeiter zwei Punkte zu besprechen.

Als Erstes sollte sie jeden Einzelnen fragen: »Werfen wir einen Blick auf Ihre Aufgaben. Gibt es Bereiche, in denen ich mich nach Ihrer Ansicht mehr oder aber weniger engagieren sollte?« Sie sollte ihre Mitarbeiter bestimmen lassen, in welchen Bereichen sie berechtigterweise die Unterstützung ihrer Vorgesetzten verlangen durften und in welchen Bereichen sie alleine entscheiden konnten. Im Grunde genommen übertrug sie ihnen auf diese Weise zwar mehr Verantwortung, gab sich aber gleichzeitig selbstlos und signalisierte ihr Vertrauen in die Fähigkeiten ihres Teams. Sie überließ *ihren Mitarbeitern* die Entscheidung darüber, wie viel Verantwortung sie übernehmen konnten.

Als Zweites sollte sie Folgendes sagen: »Und nun wollen wir uns meinen Job ansehen. Haben Sie mich jemals Dinge tun sehen, die eine Person in meiner Position nicht tun sollte? Mische ich mich beispielsweise in Details ein, die eigentlich zu unbedeutend sind, als dass ich mich damit aufhalten sollte?« Durch diese Frage zwang sie ihre Leute dazu, nach Ideen zu suchen, die es ihr ermöglichen würden, sich stärker aus dem allgemeinen Geschehen herauszuziehen. Sie holte sich im Grund genommen Hilfe von außen, um in Zukunft pünktlich um 18.30 Uhr nach Hause zu kommen. Gibt es ein besseres Geschenk, das eine Führungskraft ihren Mitarbeitern machen könnte – und umgekehrt?

Ich musste sie nicht daran erinnern, »Danke« zu sagen.

Denken Sie an dieses Beispiel, wenn Sie das nächste Mal von hilfsbedürftigen und fordernden Mitarbeitern in Beschlag genommen werden. Wenn sie einen zu hohen Prozentsatz Ihrer Zeit vereinnahmen, können Sie ihnen nicht einfach sagen, dass sie aufhören sollen, Sie zu belästigen. Sie müssen sie sorgsam entwöhnen und es so aussehen lassen, als wäre das ihre eigene Idee gewesen. Lassen Sie sie selbst herausfinden, welche Probleme sie eigenständig lösen sollten. Lassen Sie sich von ihnen sagen, wo Sie nicht gebraucht werden. Der Grat zwischen rechtmäßig gewährter Zeit für Mitarbeitergespräche und der Zeit, in der Sie unbehelligt Ihrer eigenen Agenda folgen können, ist schmal. Als Chefin oder Chef ist es Ihre Aufgabe, Ihren Mitarbeitern diese Tatsache vor Augen zu führen.

Hören Sie auf, die Mitarbeiterführung so zu gestalten, als wären Ihre Mitarbeiter genau wie Sie

Den Mitarbeitern zu sagen, wie sie mit ihrem Chef umgehen sollen, ist zwar eine Maßnahme, die Bewunderung verdient. Leider ist sie aber keine vollwertige Lösung für eine der größten Ironien, die die Dynamik zwischen Führungskräften und Geführten prägen und die uns häufig entgehen: Viele Manager glauben, dass ihre Mitarbeiter genau so sein sollten wie sie selbst – was ihr Verhalten, ihre Begeisterung, ihre Intelligenz und vor allem die Art und Weise betrifft, wie sie diese Intelligenz einsetzen. Das können Sie ihnen nicht zum Vorwurf machen. Wenn ich ein supererfolgreicher Chef wäre, würde ich auch dazu neigen, meine Unternehmen mit Klonen von … *mir selbst* zu bevölkern. Denn wie könnte ich besser sicherstellen, dass sämtliche Arbeiten nach *meinen* Vorstellungen erledigt werden? Das ist übrigens eine ganz natürliche Neigung. Wenn wir die Wahl haben, stellen wir alle am liebsten Leute ein, die der Person, die wir jeden Tag im Spiegel sehen, möglichst ähnlich sind.

Gleichzeitig ist uns aber natürlich auch bewusst, dass ein Unternehmen voller Klone, die im Gleichschritt marschieren, keinerlei Vielfalt hervorbringen würde. Dafür braucht es einen gesunden Mix aus unterschiedlichen Stimmen, Denkweisen und Persönlichkeiten. Denn es sind gerade diese abweichenden Meinungen – die das Gruppendenken und den Status quo infrage stellen –, die ein Unternehmen nach meiner Erfahrung überhaupt erst blühen und gedeihen lassen.

Zudem ist ein Stab von Klonen ohnehin noch lange keine Garantie für eine reibungslose Teamarbeit. Wenn ich zum Beispiel Michael Jordan wäre und ein Basketballteam ganz neu aufbauen müsste, wäre ich zwar einerseits froh, einen Spieler wie mich dabei zu haben. Trotzdem bräuchte immer noch zwei oder drei größere und stärkere Spieler, die an vorderster Front verteidigen, sowie einen kleineren, blitzschnellen Spieler, der mir den Ball zupasst. So faszinierend ein Team aus fünf Michael Jordans auch klingen mag: Sein Scheitern wäre vorprogrammiert.

Die meisten Chefs sind smart genug, das zu begreifen, und widerstehen deshalb der Versuchung, nur Spiegelbilder ihrer selbst einzustellen. Das heißt aber nicht, dass sie diese Tatsache auch wirklich vollständig verinnerlichen. Denn bisweilen muss ich selbst die feinfühligsten und wohlinformiertesten Chefs daran erinnern: »Sie führen hier Mitarbeiter und nicht sich selbst.«

Genau mit dieser Situation sah ich mich konfrontiert, als ich begann, den CEO eines großen Dienstleistungsunternehmens zu coachen. Nennen wir ihn Steve. Steve hielt sich für eine hervorragende Führungspersönlichkeit, die beispielhaft genau die Werte vorlebte, zu deren Übernahme er auch alle anderen Mitarbeiter ermutigte. Zudem betrachtete er sich auch noch als beispielhaften Vertreter sämtlicher Führungswerte, die man in seinem Unternehmen besonders hoch schätzte.

Wie alle meine Klienten ließ ich auch Steve wissen, was alle seine Mitarbeiter von ihm hielten. Während sie im Allgemeinen begeistert über ihren CEO sprachen, waren sie sich dennoch samt und sonders einig, dass er jede offene Kommunikation unterband. In diesem einen Bereich stand sein Verhalten im Widerspruch zu seiner Botschaft. Er praktizierte nicht selbst, was er seiner Belegschaft predigte.

Diesen Misston hielt ich für ein einfaches Problem, das leicht zu lösen wäre, sofern Steve bereit war, sich zu ändern. Ich würde ihn einfach dazu bringen, mehr zuzuhören und seine Leute um Input zu bitten. Ich würde ihm sagen, dass er keine Sitzung beenden durfte, ohne alle Anwesenden zu fragen, ob sie das Gefühl hatten, dass *ihre* Standpunkte fair angehört worden waren. Und wenn er diesen Prozess ungefähr zwölf Monate lang durchhalten würde, würde sich der Vorwurf seiner mangelnden Dialogfähigkeit früher oder später in Luft auflösen.

So einfach war es dann aber leider doch nicht. Denn als ich das Feedback von Steves Mitarbeitern genauer studierte, entdeckte ich gewisse Ungereimtheiten. Zum einen hieß es dort nämlich, Steve würde jede offene Diskussion im Keim ersticken. Zum anderen wurde er allerdings auch als jemand beschrieben, der ständig seine Meinung änderte. Das verwirrte mich, denn Menschen, die sich gegen einen offenen Austausch stellen, sind in der Regel keine Menschen, die ständig ihre Meinung ändern. Diese beiden Mängel schließen sich üblicherweise gegenseitig aus.

Und als wäre die Situation noch nicht kompliziert genug gewesen, schien Steve dieses Feedback auch noch in höchstem Maße zu amüsieren. »Ich mag ja viele Fehler haben«, sagte er, »aber dass ich Diskussionen unterbinde, kann man mir nun wirklich nicht unterstellen. Ich tausche mich mit meinen Leuten immer ganz offen über alles aus.«

Ich erinnerte mich an ein Interview, das ich mit einem von Steves Geschäftsführern geführt hatte. Dieser hatte mir berichtet: »Eins müssen Sie wissen: Dieser Mann ist Weltmeister darin, mit sich selbst zu diskutieren. Auf dem College war er der Star des Debattierklubs.«

Auf einmal ergab das Feedback über Steve einen Sinn.

Wenn ein Mitarbeiter mit einer Idee zu ihm kam, ging Steve automatisch in den Diskussionsmodus über und begann sofort damit, die Idee auseinanderzunehmen. Und wie reagierte der betroffene Mitarbeiter, der ihm nun einmal unterstellt war? Angesichts der verbalen Attacke seines Chefs blieb ihm nichts anderes übrig, als betreten zu schweigen. Zwei Menschen, zwei unterschiedliche Wahrnehmungen. Steve dachte, er würde offen über eine Idee diskutieren. Der Angestellte glaubte, seine Idee sei soeben in der Luft zerrissen worden.

Und zu allem Überfluss verschärfte Steve dieses Problem weiter, indem er auch noch mit sich selbst diskutierte. Wenn jemand einen Vorschlag machte und fragte: »Warum probieren wir das nicht mal aus?«, war Steve meist nicht nur einverstanden, sondern animierte zudem noch die gesamte Belegschaft dazu, sich für den Vorschlag zu begeistern. Doch nachdem er dann einige Tage Zeit gehabt hatte, seine Entscheidung ausgiebig mit sich selbst zu diskutieren, änderte er seine Meinung oft ein weiteres Mal und sagte: »Vielleicht war das doch keine so gute Idee.« In seinen eigenen Augen war er ein aufgeschlossener Mensch. In den Augen seiner Mitarbeiter sendete er verwirrende Signale an die Belegschaft.

Dass man das in einer Führungsposition nicht tun darf, soll an dieser Stelle aber nicht das Thema sein. Sie können nicht 200 Leute dazu motivieren, einen Berg zu erklimmen, und dann, wenn alle loslegen, plötzlich sagen: »Moment mal. Vielleicht ist das doch keine so gute Idee.« Wenn Sie das noch ein paar Mal machen, wird keiner Ihrer Mitarbeiter mehr bereit sein, für Sie auf Berge zu steigen. Sie werden einfach sitzenbleiben und warten, was Ihnen als Nächstes einfällt.

Konzentrieren wir uns an dieser Stelle aber lieber auf die Frage, wie ich Steve sein Problem, das ich gerne als »Fehlinterpretation der goldenen Regel« bezeichne, vor Augen führen konnte. Dieser Irrtum tritt stets in Situationen auf, in denen der Chef die logische Schlussfolgerung zieht, dass seine Mitarbeiter genauso sind wie er und deshalb – so die goldene Regel – auch genauso behandelt werden möchten, wie er gerne behandelt wird: *»Ich mag es, wenn man so mit mir umgeht, also werde ich auch mit allen anderen so umgehen.«*

Als ich Steve darauf hinwies, dass er hitzige Diskussionen offenbar deshalb mochte, weil er dabei seine Stärken ausspielen konnte, stimmte er mir unumwunden zu: »Ja, ich mag es, wenn die Leute dasselbe für mich tun, wenn ich ihnen eine Idee präsentiere. Dass sie sie von allen Seiten begutachten und sämtliche Pros und Contras aufzeigen.«

»Das ist ja gut und schön«, antwortete ich, »aber diese Menschen sind nun mal nicht Sie.«

»Was soll denn daran falsch sein«, entrüstete er sich. »Was ist falsch daran, wenn ich eine Meinung vertrete und jemand anderes eine andere Meinung hat und wir gepflegt darüber diskutieren? Ich liebe das.«

Ich sagte: »Ja, aber Sie sind der Chef – und die anderen nicht. Sie waren der Star Ihres College-Debattierklubs – und sie nicht. Das ist kein fairer Kampf! Das Einzige, was sie Ihren Mitarbeitern mit diesem Verhalten signalisieren, ist: »Du verlierst. Ich gewinne. Also entscheiden sie sich, lieber gar nicht erst in die Diskussion einzusteigen.«

»Das ist nicht wahr«, konterte er. »Ich kenne jemanden im Team, der diesen Stil genauso schätzt wie ich.«

»Und das ist das Problem«, sagte ich. »Manchmal funktioniert Ihr Diskussionsstil ja auch, vor allem bei Leuten, die ebenfalls gerne beide Seiten eines Themas unter die Lupe nehmen und nicht vor einem verbalen Schlagabtausch zurückschrecken. Wenn alle Ihre Mitarbeiter so wären wie diese eine Person, hätten Sie kein Problem. Leider sind 99 Prozent Ihres Teams aber ganz anders. Dass ein einziger Mitarbeiter dasselbe tut wie Sie, bedeutet nicht, dass Ihre Methode ein Erfolg ist. Und warum? Weil dieser eine Mitarbeiter, die Ausnahme von der Regel, rein zufällig genauso tickt wie Sie. Aber das heißt noch lange nicht, dass Sie auch alle anderen Mitarbeiter so behandeln dürfen. Sie führen hier Mitarbeiter und nicht sich selbst.«

Dem Meister des Debattierens war es gelungen, mich in eine hitzige Debatte zu verstricken. Doch glücklicherweise hatte ich mit dem Satz »Sie führen hier Mitarbeiter und nicht sich selbst« ins Schwarze getroffen. Plötzlich ging Steve ein Licht auf. Er erkannte, dass er von einer falschen Annahme ausgegangen war, dass er geglaubt hatte, was für ihn selbst gut war, sei auch für alle anderen gut.

Von diesem Moment an stand für ihn außer Frage, dass er versuchen würde, sich zu bessern. Ab sofort achtete er intensiv auf sein Verhalten und zügelte seine Diskussionslust, wenn er spürte, dass er seine Mitarbeiter dadurch in die Enge trieb. Er entschuldigte sich bei allen für die Fehler, die er in der Vergangenheit gemacht hatte, und versprach, sich in Zukunft zu bessern. In Sitzungen bat er die Angestellten routinemäßig um ihre Meinung und überlegte sich ein-, zwei- oder sogar dreimal, ob er dagegen argumentieren sollte. (Gegenargumente sind per se nichts Falsches. Aber schließlich wollte Steve einen Dialog anregen und nicht zum Fußabtreter für dumme Meinungen werden.) Auch beim Follow-up blieb er pflichtbewusst am Ball, indem er bei den Leuten nachfasste und sie immer wieder daran erinnerte, dass er versuchte, sich in diesem Bereich zu verbessern. Schließlich bat er sie auch noch um Vorschläge, die ihm helfen könnten, noch besser zu werden.

Das Ganze geschah nicht über Nacht. Diese Veränderungen brauchen Zeit, um sich bei den Menschen, die Sie beurteilen, durchzusetzen. Wie ich schon sagte: Um 10 Prozent Anerkennung zu bekommen, müssen Sie sich zu 100 Prozent ändern. Nach achtzehn Monaten wurde Steve also besserer Chef wahrgenommen. In vielerlei Hinsicht war er immer noch ganz der Alte. Er liebte es immer noch, mit sich selbst und allen anderen im Raum zu diskutieren, aber mit einem Unterschied: Inzwischen hatte er sich damit abgefunden, dass seine Mitarbeiter nicht unbedingt dasselbe empfanden wie er.

Seit meinen Sitzungen mit Steve halte ich aufmerksamer nach Anzeichen für eine Dynamik des »unfairen Kampfes« zwischen Führungskräften und Geführten Ausschau.

Eine Freundin erzählte mir einmal von ihrem Chef und seiner Besessenheit, alles zu dokumentieren. Er war Anwalt und achtete penibel auf die sorgfältige Ablage von Belegen und Schriftsachen und Akten. Als er ins Marketing wechselte und sein eigenes Consultingunternehmen gründete, legte er diese Vorliebe nicht ab, sondern bewahrte weiterhin alle Informationen in Papierform auf. Eigentlich kein Problem, hätte er nicht von allen anderen dieselbe Penibilität erwartet. Wenn er Meetings einberief, rechneten alle Mitarbeiter schon im Vorfeld damit, dass er wieder einmal uralte Briefe und Memos als Beweismittel hervorholen würde, um jemanden dafür zu schelten, dass er etwas übersehen hatte.

Auch das Verhalten dieses Chefs beruhte auf fehlgeleitetem Management und war geradezu ein Musterbeispiel für die »Fehlinterpretation der goldenen Regel«. Denn was dieser Mann die ganze Zeit übersehen hatte, war Folgendes: Als Eigentümer des Unternehmens hatte er natürlich Zugang zu sämtlichen Dokumenten – seine Untergebenen jedoch nicht. Ihm war nicht klar, dass er aus diesem Grund regelmäßig Kämpfe anzettelte, die nur er gewinnen konnte. Er liebte schriftliche Belege und penible Dokumentation und ging fälschlicherweise davon aus, dass alle anderen das auch taten.

Wenn Sie diese Fehleinschätzung einmal beobachtet haben, sehen Sie sie plötzlich überall.

Behandeln Sie andere so, wie Sie von ihnen behandelt werden möchten. Doch behalten Sie immer im Hinterkopf, dass diese Regel nicht für sämtliche Aspekte des Managements gilt. Denn wenn Sie mit anderen so umgehen, wie man auch mit Ihnen umgehen soll, vergessen Sie eines: Sie führen Mitarbeiter – und nicht sich selbst.«

Hören Sie auf »eine Liste abzuarbeiten«

Als ich mich vor Kurzem mit einem Geschäftsführer traf, berichtete er konsterniert, dass seine Mitarbeiter einfach nicht begriffen, welche Mission und welches Ziel sein Unternehmen verfolgte.

»Ich verstehe das einfach nicht«, sagte er. »In Meetings rede ich mir den Mund fusselig. Außerdem habe alles in diesem Memo hier zusammengefasst. Sehen Sie? Das ist doch wirklich unmissverständlich formuliert. Was erwarten die Leute denn noch?«

Einen Moment lang dachte ich, er erlaube sich einen Scherz – womöglich hatte er einen sehr speziellen Humor. Schließlich können wir Menschen nicht per Dekret oder durch ein Memo dazu bringen, die Mission und Vision eines Unternehmens zu verinnerlichen. Und das Verinnerlichen bestimmter Werte passiert auch nicht über Nacht. Das wusste dieser kluge CEO doch bestimmt? An seinem gequälten Gesichtsausdruck konnte ich jedoch schnell erkennen, dass er es todernst meinte und (wenn auch nur in diesem einen Managementbereich) völlig ahnungslos war.

»Sehen wir uns die Situation mal etwas genauer an«, sagte ich also. »Wie haben Sie dieses Memo gestreut?«

»Per E-Mail«, sagte er. »Sie ging an alle Mitarbeiter des Unternehmens.«

»Okay«, sagte ich, »ich vermute mal, dass die Art der Übermittlung alles ist, was Sie mir zu diesem Memo sagen können. Oder wissen Sie etwa auch, wie viele Leute die E-Mail geöffnet und das Memo tatsächlich *gelesen* haben?«

»Nein, das weiß ich nicht«, entgegnete er.

»Wie viele, glauben Sie, haben das Memo *verstanden*?«

»Keine Ahnung«, kam die Antwort.

»Wie viele von denen, die es verstanden haben, haben Sie damit *überzeugt*?«

Er schüttelte stumm den Kopf.

»Und wie viele dieser vermutlich deutlich reduzierten Zahl von Mitarbeitern *erinnern* sich noch daran?«

Ein weiteres verdrossenes Kopfschütteln.

»Das sind ganz schön viele Unbekannte für etwas, das Sie als existenziell für Ihr Unternehmen bezeichnen«, sagte ich. »Aber das ist noch nicht das Schlimmste. Wenn Sie erst einmal alle aussortieren, die das Memo nicht erhalten, nicht gelesen oder nicht verstanden haben, die sie nicht überzeugen konnten oder die das Ganze inzwischen schon wieder vergessen haben, dann ist es gut möglich, dass gar niemand mehr übrig ist. Was glauben Sie: Wie viele Leute werden den Inhalt des Memos verinnerlichen? Wie viele werden aufgrund Ihres Memos anfangen, die Mission des Unternehmens zu leben und seine Vision zu verkörpern?«

Ich glaube, der CEO murmelte so etwas wie ein zerknirschtes »Ich weiß es nicht«, aber ich konnte ihn nicht richtig verstehen, weil seine Stimme inzwischen kaum noch zu vernehmen war.

Es ist nicht meine Mission, meine Klienten zu entmutigen oder zu deprimieren, also wechselte ich das Thema, um ihn wieder aufzumuntern. Ich erklärte ihm, dass nicht das Memo das Problem war, sondern vielmehr *er selbst*.

»Das Einzige, was Sie sich vorzuwerfen haben«, sagte ich, »ist, dass Sie die Sache einfach nur abhaken wollten!«

»Wie meinen Sie das?«, fragte er.

»Sie dachten, die Sache sei damit getan, dass Sie die Mission Ihres Unternehmens in ein Memo packen – als wäre es nur ein weiterer Punkt auf Ihrer täglichen To-do-Liste. Dann haben Sie ein Häkchen dahinter gesetzt und sind zur nächsten Aufgabe übergegangen.«

Ich konnte sehen, wie es ihm langsam dämmerte, also fuhr ich damit fort, ihm meine Theorie über die vielleicht ungeheuerlichste Ursache für Fehlentwicklungen in Unternehmen zu erläutern: dass Manager oft nicht in der Lage sind zu erkennen, dass zwischen *verstehen* und *handeln* ein großer Unterschied besteht. Die meisten Programme zur Führungskräfteentwicklung stützen sich auf die fatale Annahme, dass die Menschen Dinge, die sie verstanden haben, auch umsetzen werden. Doch das stimmt nicht. Es geht uns doch allen gleich – wir mögen etwas zwar verstehen, aber wir setzen es nicht in die Praxis um. Wir haben zum Beispiel längst verstanden, dass starkes Übergewicht schlecht für unsere Gesundheit ist. Doch nicht jeder von uns schreitet tatsächlich zur Tat, um etwas dagegen zu unternehmen.

Dieser CEO dachte nicht anders als die meisten Führungskräfte, die glauben, ihre Unternehmen funktionierten nach dem effizienten Prinzip der Befehlshierarchie. Der Chef sagt: »Springen Sie.« Die Mitarbeiter fragen: »Wie hoch?« In einer perfekten Welt wird jeder Befehl nicht nur befolgt, sondern zudem auch noch präzise und prompt ausgeführt, fast so, als wäre er gar nicht erst erforderlich gewesen. Der Chef muss sich *nie* um ein Follow-up kümmern und prüfen, ob eine Aufgabe erfüllt wurde – er hat sie gestellt, also wurde sie auch garantiert erledigt. Schließlich hat er diesen Punkt auf seiner Liste ja bereits abgehakt.

Ich weiß nicht, warum viele Vorgesetzte immer noch an diesem Glauben festhalten. Vielleicht lässt ihr Ego die Vorstellung nicht zu, dass ihre Befehle möglicherweise nicht strikt befolgt werden. Vielleicht sind sie zu faul, um nachzuforschen, ob die Leute ihren Wünschen entsprochen haben. Vielleicht sind sie zu unorganisiert, um an das Follow-up zu denken. Vielleicht denken sie, nachzuhaken wäre unter ihrer Würde. Was immer ihrem Verhalten auch zugrunde liegen mag, das Ergebnis ist, dass sie blind darauf vertrauen, dass ihre Mitarbeiter schon entsprechend handeln werden, sobald sie ihnen einen Sachverhalt erst einmal erklärt haben.

Doch es gibt auch eine gute Nachricht – für meinen CEO wie ganz allgemein für alle Manager: Dieser Fehlschluss kann mit einer einfachen Maßnahme behoben werden. Sie heißt »Follow-up«. Wenn Sie eine Nachricht verschickt haben, müssen Sie am nächsten Tag bei den Adressaten nachfragen, ob sie sie bekommen haben. Und Sie müssen sie fragen, ob sie sie auch verstanden haben. Und ein paar Tage später haken Sie dann erneut nach und fragen, ob bereits etwas unternommen wurde. Glauben Sie mir, wenn Sie mit Ihrem ersten Follow-up noch nicht die Aufmerksamkeit dieser Adressaten erregen konnten, dann wird es Ihnen beim zweiten und dritten Nachfassen garantiert gelingen.

Werfen Sie Ihre Vorurteile gegenüber Ihren Angestellten über Bord

Die meiste Zeit meines Berufslebens verbringe ich damit, das Verhalten von Menschen am Arbeitsplatz zu ändern. Dabei erkläre ich meinen Klienten stets, dass der Wandel eine einfache Gleichung ist: Wenn Sie mit Ihrem ärgerlichen Verhalten aufhören, wird man sich auch nicht mehr über Sie ärgern. Eigentlich ganz einfach, oder? Es erstaunt mich immer wieder, dass man mich tatsächlich für die Vermittlung dieser simplen Formel bezahlt.

Ich wünschte jedoch, ich könnte dasselbe über die Veränderung der Einstellung von Menschen sagen. In letzter Zeit ist das auch bei meiner Arbeit ein wichtiger Teil geworden. Das liegt hauptsächlich daran, dass sich die Art und Weise, wie Mitarbeiter ihre Rolle in und ihre Beziehung zu einem Unternehmen definieren, mit den Jahren radikal verändert hat. Das Magazin *Fast Company* brachte diese Situation 1998 auf den Punkt, als sie eine inzwischen fast schon berüchtigte Coverstory unter dem Titel »Free Agent Nation« veröffentlichte. Der Artikel vertrat die zum damaligen Zeitpunkt radikale Auffassung, der »Organization Man«, der pflichtbewusste Unternehmensjünger, sei ein Konstrukt der Vergangenheit, und die besten Mitarbeiter seien längst nicht mehr gewillt, ihr Leben für das Wohl ihrer Firma zu opfern. Weiter hieß es, clevere Mitarbeiter seien davon überzeugt, dass ihr Unternehmen sie »im Handumdrehen fallen lassen« würde, sobald sie die Erwartungen nicht mehr erfüllten. Deshalb seien sie im Gegenzug bereit, auch »ihr Unternehmen fallen zu lassen«, wenn es nicht mehr zu *ihren* Bedürfnissen passte. Nach Darstellung des Artikels sollte jeder Mitarbeiter als sogenannter »Free Agent«, als kleines, eigenständiges Unternehmen verstanden werden – und nicht nur als Rädchen im Getriebe eines großen Unternehmenssystems.

Es hat eine Weile gedauert, bis sich das »Free-Agent-Virus« verbreitet hatte. Aber glauben Sie mir: Inzwischen hat es eine wahre Epidemie ausgelöst und eine ausgeprägte Symptomatik hervorgerufen, die Führungsetagen zum Umdenken zwingt.

Das Erste, was ich Managern klarmache, die dieser Wandel in der Arbeitswelt frustriert oder verwirrt, ist, dass sie *Vorurteile* gegenüber ihren Mitarbeitern haben. Damit sichere ich mir stets ihre volle Aufmerksamkeit. »Ich? Vorurteile? Hören Sie bloß auf!« Aber wenn »Vorurteil« bedeutet, dass sie starre, intolerante Überzeugungen gegenüber einer Gruppe von Menschen vertreten, die nicht mit der Realität oder mit dem Selbstverständnis dieser Gruppe übereinstimmen, dann habe ich ihnen diese Einstellung zu Recht unterstellt. Manager, die blind für die veränderte Denkweise dieser neuen Mitarbeitergeneration der »Free Agents« sind, verhalten sich wie gefährliche, verblendete Glaubensfanatiker. (Das ist nicht anders, als wenn ein Manager sich weigert, eine junge, frisch verheiratete Frau einzustellen, weil er glaubt, dass sie ihren Job nicht ernst nehmen wird, da sie ja sicher bald Kinder haben will. Wir vergessen nur allzu gerne, dass bis vor nicht allzu langer Zeit fast alle so dachten.) Die Vorurteile gegenüber den »Free Agents« sind zahlreich, aber vor den folgenden vier müssen wir uns besonders in Acht nehmen.

1. Ich weiß, was sie wollen.

Das ist das größte Vorurteil. Und es ist am leichtesten zu verstehen. Fast alle Wirtschaftsmodelle gingen stets davon aus, dass Geld die Schlüsselmotivation aller Mitarbeiter darstellt. Aus diesem Grund gehen Chefs auch heute noch häufig davon aus, dass sie sich mit hohen Gehältern automatisch Spitzenleistungen und eine hohe Loyalität erkaufen. Tut mir leid, aber so funktioniert das Spiel schon längst nicht mehr.

Natürlich ist Geld bei der Karriereplanung immer ein wichtiges Element. Doch früher oder später erreichen diese Leistungsträger ein mindestens moderates Niveau der finanziellen Sicherheit, und spätestens dann treten andere Überlegungen in den Vordergrund. Wie der Wirtschaftswissenschaftler Lester Thurow in seinem Buch *Building Wealth* darlegte, müssen »Free Agents« sich mit der Tatsache arrangieren, dass der Wert, den man ihrer Expertise im Wirtschaftsleben beimisst, im Laufe ihrer Karriere eher abnimmt als steigt. Denn die Halbwertszeit von Wissen, insbesondere von technischem Wissen, wird immer kürzer. Um dieser Gewissheit entgegenzuwirken, suchen »Free Agents« deshalb regelmäßig nach neuen beruflichen Herausforderungen, durch die sie ihr Wissen erweitern und den Wertverlust ihrer bisherigen Erfahrung wettmachen können – und für die sie im Gegenzug mit größerer Zufriedenheit und möglicherweise mehr Geld belohnt werden.

Wenn Sie sich jemals über einen talentierten Mitarbeiter geärgert haben, der Sie verlassen hat, um in einem anderen Unternehmen für weniger Geld in einem anderen Bereich zu arbeiten, dann schieben Sie es auf dieses Vorurteil.

Wenn es sorglos oder rücksichtslos angewendet wird, kann dieses Vorurteil gute Leute tatsächlich vertreiben. Ich erinnere mich, dass mir ein millionenschwerer Medienunternehmer einst erstaunt von einem gut bezahlten Autor in seinem Team erzählte, der nie einen Abgabetermin einhielt. Der Mann mochte diesen Autor zwar, wollte aber trotzdem seinen unbekümmerten Umgang mit vereinbarten Fristen ändern. Also führte er frei nach dem Prinzip »Zuckerbrot und Peitsche« ein einfaches System ein: Jedes Mal, wenn der Autor seine monatliche Deadline einhielt, erhielt er einen Bonus von 500 Dollar. Doch das half nicht. Der Autor ließ seine Fristen auch weiterhin verstreichen.

Offenbar verdiente er genug Geld, sodass zusätzliche 500 Dollar im Monat für ihn keinen großen Unterschied machten. Auch als der Unternehmer den Bonus auf 3000 Dollar erhöhte, blieb alles beim Alten. Erst als er dazu überging, dem Autor 3000 Dollar von seinem Gehalt *abzuziehen*, änderte er sein Verhalten. Wirtschaftswissenschaftler bezeichnen dieses Phänomen als »Risikoaversion« – wir ärgern uns mehr über den Verlust einer Sache als über einen gleichwertigen Zugewinn. Ich bezeichne es als Vorurteil – das Unvermögen, zu verstehen, was einen Mitarbeiter motiviert. Der Autor hielt seine Abgabefristen von nun an übrigens eine Zeit lang ein. Doch nach sechs Monaten verließ er schließlich das Unternehmen. Offensichtlich war dem Autor die Belohnung egal, die ihm für gute Leistungen in Aussicht gestellt wurde. Aber er wollte nicht für schlechte Leistungen bestraft werden. Der Bonus motivierte ihn nicht. Doch das »Bußgeld« empfand er als Beleidigung. Der Unternehmer fand letztlich zwar heraus, wie er das Verhalten seines Mitarbeiters ändern kann, aber er hat ihn auch vertrieben. Sie sind schon ein komplizierter Haufen, diese »Free Agents«. Und wenn Sie glauben, Sie wüssten, wie sie ticken, sollten Sie erst einmal Ihre Vorurteile ablegen.

»Ich weiß, was sie wollen« – diese Illusion ist weit verbreitet und bezieht sich nicht nur auf finanzielle Aspekte. Im Allgemeinen gilt Folgendes: Menschen im Alter zwischen zwanzig und dreißig wollen im Beruf *lernen*. In ihren Dreißigern wollen sie *vorwärtskommen*, die Karriereleiter erklimmen. Und in ihren Vierzigern wollen sie *herrschen*. Doch egal welches Alter: der Versuch, ihre Wünsche zu verstehen, ist, als würden

Sie versuchen, Pudding an die Wand zu nageln. Sie müssen bei jedem Schritt, den sie in ihren Karrieren tun, immer wieder aufs Neue herausfinden, was sie wollen, und sie müssen sie explizit fragen. Sie dürfen nicht davon ausgehen, dass es eine Patentlösung gibt, die alle zufriedenstellt. Wer das hehre Ziel der »Work-Life-Balance« mit vierundzwanzig noch für völlig irrelevant hielt, kann mit vierunddreißig schon wieder ganz anderer Meinung sein.

Denken Sie nur an die noch junge Karriere von Baseball-Shortstop Alex Rodriguez. Als er mit zwanzig für die Seattle Mariners spielte, erzielte er die damals höchste Trefferquote im Major League Baseball. Vier Jahre später wechselte er für sagenhafte 25 Millionen Dollar Jahresgehalt zu den Texas Rangers, wo zum wertvollsten Spieler der American League aufstieg und dreifacher Home Run Champion wurde. Vier Jahre später, im zarten Alter von 28 Jahren, wechselte er zu den New York Yankees. Er war nach übereinstimmender Ansicht der beste Baseballspieler der Welt, und dennoch ließen ihn beide Teams ziehen! Doch eigentlich waren es nicht die Klubs, die ihn ziehen ließen. Vielmehr zog Rodriguez selbst die Reißleine – das erste Mal für mehr Geld, das zweite Mal für eine Chance auf die World Series mit den Yankees, dem Team mit den besten Aussichten auf diesen Titel. Ein klassisches »Free Agent«-Beispiel (nicht zuletzt deshalb, weil das Free-Agent-Prinzip als Folge eines Rechtsstreits 1975 im Baseball »erfunden« wurde, um vertragslosen Spieler die Möglichkeit zu geben, frei zwischen Teams hin und her zu wechseln). Dieses Beispiel zeigt gut, dass (a) der Mitarbeiter das Sagen hat, (b) der Mitarbeiter das Unternehmen benutzt, um *seine* Bedürfnisse zu erfüllen, und dass (c) sich diese Bedürfnisse im Laufe der Zeit ändern.

Und was den Medienunternehmer und seinen Autor im vorangegangenen Abschnitt betrifft, so weiß ich nicht, was ich getan hätte. Mit Sicherheit hätte ich diesem Chef erklärt, dass ein traditioneller Ansatz nach dem Zuckerbrot-und-Peitsche-Prinzip nicht mehr funktioniert: Die Vorstellung, durch Zuckerbrot in Form von mehr Geld die Einhaltung von Fristen zu erzwingen, ist überholt. Das heißt aber nicht, dass es geschickter ist, den Autor mit der Peitsche in Form einer saftigen Geldstrafe zur Räson zu bringen.

2. Ich weiß, was sie wissen.

Die Zeiten, in denen Manager sämtliche Aufgabe in Unternehmen besser beherrschten als jeder andere, sind längst vorbei. Dass Peter Drucker sagte, die Führungskraft der Zukunft sei ein Mensch, der weiß, wie man fragt, und nicht, wie man etwas erklärt, kommt nicht von ungefähr. Drucker wusste, dass die modernen Wissensarbeiter mehr wissen würden als jeder Manager. Nun, wir sind in der Zukunft angekommen, und zwar mit Karacho! Kluge Manager müssen sich von der Selbstüberschätzung befreien, dass sie in bestimmten Bereichen genauso viel wissen wie ihre Mitarbeiter. Diese falsche Überzeugung ist ein blinder Fleck, der dazu führt, dass sie die Fähigkeiten ihrer Mitarbeiter verkennen und ihre Einsatzbereitschaft schmälern, und mit dem sie zudem dafür sorgen, dass die Belegschaft die Achtung vor ihnen verliert.

3. Ich hasse ihren Egoismus.

Hat sich schon einmal ein Mitarbeiter bei Ihnen darüber beschwert, dass ihn sein Job nicht glücklich macht und nicht erfüllt? Womöglich schoss Ihnen dann auch als Erstes der folgende Gedanke durch den Kopf: »Hör auf zu jammern, du egoistischer Esel! Ich bezahle dir viel Geld, damit du deine Arbeit machst, und nicht, damit du glücklich bist. Geh zurück an die Arbeit.«

Hat Ihnen schon einmal eine Mitarbeiterin gestanden, sie habe ein externes Jobangebot erhalten, und Sie dann um ein Gegenangebot gebeten, weil sie Sie oder das Unternehmen ja eigentlich gar nicht verlassen wollte? Und haben Sie daraufhin auch zuallererst an der Loyalität dieser Mitarbeiterin gezweifelt und sie als undankbar und verräterisch abgestempelt?

Ich behaupte, dass auch diese plumpen Reaktionen im Stil eines Neandertalers klassische Beispiele für Vorurteile sind. Und es ist unschwer zu erkennen, weshalb Manager so denken. Sie wurden jahrzehntelang in der Ausbildung solcher Vorurteile geschult. Denn in der Vergangenheit haben große Unternehmen von einer einseitigen Sichtweise auf die Dinge profitiert. Solange Unternehmen einzig und allein die Mission hatten, eine möglichst hohe Rendite für sich selbst und die Aktionäre zu erwirtschaften, wurde von den Mitarbeitern erwartet, ihre eigenen Interessen zurückzustellen und sich auf das Wohl des Unternehmens zu konzentrieren. Entsprechend galt es schlicht als unverschämt, wenn Arbeitnehmer offen fragten: »Und was springt für mich dabei raus?«

Ich hoffe, wir sind uns alle einig, dass es in der neuen Weltordnung – in der der »Organization Man« durch den hochgradig mobilen »Free Agent« ersetzt wurde – keinen Manager mehr aus der Fassung bringen sollte, dass Mitarbeiter heute auch an ihre eigenen Interessen denken. Dieses Verhalten sollten Sie ihnen weder übelnehmen noch sollten Sie es für egoistisch halten. Im Grunde genommen sollten Sie sich einfach darauf einlassen, denn es lässt sich relativ einfach lösen: Sie müssen nur ein wenig schneller reagieren als Ihre Mitarbeiter und ihnen einfach zuvorkommen.

Ein Künstleragent hat mir einmal von einer augenöffnenden Begegnung mit Jack Welch, dem damaligen CEO von General Electric, erzählt. Für einen Klienten, einen Radiomoderator, hatte seine Agentur soeben eine langfristige Vertragsverlängerung bei dem zum GE-Konzern gehörenden Sender NBC abgeschlossen – und dabei eine enorme Gehaltserhöhung sowie Aktienoptionen herausgehandelt.

Als Welch im Rahmen des Treffens den Namen dieses Moderators fallenließ, sagte der Agent halb stolz und halb schüchtern: »Ja, ich schätze, in dieser Angelegenheit haben wir Sie ganz schön über den Tisch gezogen.«

Für einen Moment blitzten Welchs Augen auf, und der Agent befürchtete bereits, er habe den legendären CEO unnötigerweise beleidigt. Doch dann entgegnete Welch in feierlichem und ernstem Ton: »Sie haben da etwas falsch verstanden. Sie haben uns nicht über den Tisch gezogen. Wir *wollten*, dass er das Geld nimmt. Damit er bei uns bleibt, hätten wir alles getan, um ihn glücklich zu machen.«

Merken Sie sich diesen Schachzug gut. Er sollte Ihnen als Vorbild für den Umgang mit anspruchsvollen, fordernden und vermeintlich »egoistischen« Mitarbeitern dienen. Sie zu ignorieren und sie zu verärgern bedeutet, dass sie ihre Bedürfnisse verkannt haben – und es bedeutet, dass Sie sie über kurz oder lang verlieren werden. Damit begehen Sie das unternehmerische Äquivalent eines Hassdelikts.

4. Ich kann jederzeit jemand anderen finden.

In der Vergangenheit lag der Schlüssel zum Reichtum in der Kontrolle über Grund und Boden, Materialien, Pflanzen und Werkzeuge. Ein wirtschaftliches Umfeld, in dem Arbeitnehmer das Unternehmen mehr brauchten als umgekehrt. Heute heißt der Schlüssel zum Reichtum *Wissen*. Infolgedessen hat sich das Blatt gewendet: Das Unternehmen ist auf den Wissensarbeiter weitaus mehr angewiesen als dieser auf das Unternehmen. Und was noch schlimmer ist: Die Arbeitnehmer sind sich dessen voll und ganz bewusst! Sie betrachten sich nicht mehr als entbehrliche Ware, sondern als in beliebiger Funktion einsetzbares, frei handelbares Gut, das seinem Arbeitgeber nicht mehr auf Gedeih und Verderb ausgeliefert ist. Das ist ein feiner, aber ernstzunehmender Unterschied: Als »fungibler Vermögenswert« ist der »Free Agent« überzeugt, dass er jederzeit woanders einen besseren Job bekommen kann. Denn er ist nicht länger eine entbehrliche Ware, die sich beliebig ersetzen lässt.

Zu Managern in gut geführten Unternehmen ist diese Erkenntnis inzwischen durchgedrungen. Sie erkennen allmählich, dass ihre Beziehung zu Spitzentalenten eher einer strategischen Allianz als einem herkömmlichen Arbeitsvertrag gleicht. Sie wissen, dass »Free Agents« jederzeit kündigen können. Diese Tatsache bestätigten mir auch 120 Spitzenmanager eines weltweit führenden Hightech-Unternehmens, denen ich folgende Frage stellte: »Könnte Ihr Mitarbeiter mit dem höchsten Aufstiegspotenzial zur Führungskraft Ihr Unternehmen verlassen und innerhalb einer Woche einen *besser bezahlten* Job finden?« Alle 120 Manager beantworteten diese Frage mit einem deutlichen Ja.

Trotzdem bin ich mir sicher, dass das Management des NBA-Teams Orlando Magic genau diesem Vorurteil der Ersetzbarkeit 1995 erlegen war, als es Shaquille O'Neal ziehen ließ, der daraufhin zu den Los Angeles Lakers ging. (Das war so, als würde Microsoft Bill Gates gehen lassen oder als würde Sony Music zulassen, dass Bruce Springsteen zu einem anderen Plattenlabel wechselt. Manche Talente sind schlicht unersetzlich.) Natürlich kostete Shaq eine Menge Geld. Dennoch hatte Orlando offenbar aus irgendeinem Grund geglaubt, er sei ersetzbar und sie könnten mit dem Geld, das sie ihm bezahlten, auch einen anderen Spieler wie ihn kaufen. Das war ein kostspieliges Vorurteil. Tatsache ist, dass Orlando nach O'Neals Weggang in die zweite Liga abrutschte, während die Lakers mit seiner Unterstützung drei Mal die NBA World Championship Series gewinnen konnten.

Ich führe hier Beispiele aus dem Sport an, weil die Informationen aus diesem Bereich öffentlich und leicht zugänglich sind, und nicht, weil sich dort die extremsten »Free Agents« tummeln. Glauben Sie mir, »Was springt für mich dabei raus?« ist eine äußerst gängige Haltung, die in Unternehmen in Amerika und Europa tagtäglich tausendfach zu beobachten ist: Unglückliche Mitarbeiter verschicken im Handumdrehen ein paar Bewerbungen und tauschen in Windeseile gute Arbeitsplätze gegen noch bessere ein. Und das alles nur, weil ihre Chefs blind waren für die wahren Gründe, aus denen sie täglich zur Arbeit kamen. Wenn diese Blindheit kein Vorurteil ist, dann weiß ich nicht, was sie sonst sein soll. Aber genau dieses Szenario können Sie auch in der Wirtschaft reihenweise beobachten. Mit dem einzigen Unterschied, dass Sie nicht über jeden einzelnen Fall in der Zeitung lesen.

Falls ich sie mit diesen Beispielen noch immer nicht überzeugen konnte, muss ich wohl oder übel noch härtere Geschütze auffahren.

Wenn Sie weiterhin an Ihren Vorurteilen festhalten und den Wandel der Arbeitswelt ignorieren, kann Sie das Ihren Job kosten. Und zwar selbst dann, wenn Sie das beste Pferd im Stall sind und jedes Jahr großartige Zahlen abliefern.

Ich will damit nicht sagen, dass Manager ihre Autorität vollständig eingebüßt haben. In den meisten Unternehmen ist die Befehlskette von oben nach unten auch weiterhin intakt und die Menschen tun nach wie vor das, was ihr Chef ihnen aufträgt. Trotzdem hat in der Arbeitswelt eine subtile Verschiebung der Machtverhältnisse stattgefunden. Ein Teil dieser Macht liegt jetzt bei den »Free Agents« – und zwar ein größerer Teil, als Manager vielleicht glauben. Das ist einer der Gründe, warum ich einen Job habe. Wenn ich Manager in Einzelcoachings betreue, dann oft deshalb, weil er oder sie etwas getan hat, das seine direkten Mitarbeiter verärgert hat. Und manche sind sogar so verärgert, dass sie aus dem Unternehmen ausscheiden. Ihre Kündigung ist gewissermaßen eine letzte Amtshandlung, mit der sie ihren Vorgesetzten abwählen. Und irgendwann, wenn genügend Leute auf diese Weise ihre Wahlzettel in die Urne geworfen haben, wird klar, dass dieser Manager ein ernstes Problem im Umgang mit seinen Free Agents hat. Das ist dann stets der Zeitpunkt, an dem ich hinzugezogen werde und herausfinden soll, was die Mitarbeiter stört, um dem Chef zu verklickern, was er falsch macht und um ihn dazu zu bringen, sein Verhalten zu ändern.

Der Baseballspieler und -manager Casey Stengel betonte immer wieder gerne, dass es in jedem Baseballteam drei Strömungen gibt: Ein Drittel der Spieler liebt den Manager, ein Drittel hasst ihn, und das letzte Drittel ist unentschlossen. »Das Geheimrezept für gutes Management ist ganz simpel«, verriet Stengel. »Du musst einfach nur das Drittel, das dich hasst, von dem unentschlossenen Drittel fernhalten.«

Denn das ist die eigentliche Gefahr in unserer »Free Agent Nation«: Ein einzelner Mitarbeiter kann einem guten Manager keinen Schaden zufügen. Aber wenn sich eine Gruppe von Mitarbeitern verbündet, kann sie selbst die produktivsten Chefs zu Fall bringen.

Denken Sie immer daran, wenn Sie sich sanft oder schonungslos Ihren Weg durch die sich ständig verändernde Arbeitswelt der »Free Agent Nation« bahnen. Überprüfen Sie von Zeit zu Zeit, wie es um Ihre Voreingenommenheit steht: Belegen Sie Ihre Mitarbeiter mit überholten Stereotypen? Oder begegnen Sie selbstbewussten Free Agents ohne Vorurteile? Im Kontext dieses Buches ist es wichtig zu akzeptieren, dass wir uns in der Arbeitswelt auf neuem Terrain bewegen. Diese Haltung kann Sie zu einer erfolgreicheren Führungspersönlichkeit machen – und Ihnen möglicherweise sogar Ihren Job retten.

Ihre Mitarbeiter verändern sich ständig, und zwar direkt vor Ihren Augen. Wenn Sie sich nicht mit Ihnen ändern, könnten Sie genauso gut mit geschlossenen Augen arbeiten. Und das wäre das unverzeihlichste Vorurteil von allen.

Hören Sie auf zu versuchen, Menschen zu coachen, die nicht gecoacht werden sollten

Wie ich bereits sagte, können Sie manche Ihrer negativen Verhaltensweisen getrost vernachlässigen, sofern sie nur für eine kleine Minderheit von Menschen ein Problem darstellen. In gleicher Weise gilt jedoch auch, dass Sie als Vorgesetzter aufhören sollten, Menschen zu ändern, die sich nicht ändern wollen.

Es mag hart klingen, aber es gibt nun einmal Menschen, die nicht mehr zu retten sind. Und wenn Sie glauben, Sie müssten sie unbedingt ändern, werden Sie nur vor die Wand fahren.

Glauben Sie mir bitte, ich weiß das. Ich habe Jahre gebraucht, um zu begreifen, dass manche Probleme so tiefgreifend, systemisch und seltsam sind, dass sie selbst gegen meine fürsorgliche Pflege immun sind. Ich habe vieles versucht und bin vielfach gescheitert, bis ich mir schließlich keine Illusionen mehr darüber machte, dass auch meine Methoden keine Wunderwaffe sind. Also bin ich zu dem Schluss gekommen, dass es Verhaltensfehler gibt, gegen die Führungskräfte selbst mit dem besten Coaching nichts ausrichten können. Das gilt vor allem für die Art von Mitarbeitern, die ich im Folgenden beschreibe.

Versuchen Sie nicht, Menschen zu ändern, die überzeugt sind, sie hätten kein Problem. Haben Sie schon einmal versucht, das Verhalten eines erfolgreichen Menschen am Arbeitsplatz zu ändern, der überhaupt nicht an einer Veränderung interessiert war? Und nahmen Ihre Bemühungen einen glücklichen Ausgang? Die Antwort ist immer dieselbe: Natürlich nicht. Und wie sieht es in Ihrem privaten Umfeld aus? Hatten Sie schon jemals Erfolg bei dem Versuch, einen Ehepartner, Lebensgefährten, Ihren Freund oder Ihre Freundin zu ändern, wenn sie sich gar nicht ändern wollten? Wieder dieselbe Antwort. Meine Mutter studierte zwei Jahre auf dem College und war eine hervorragende und sehr geschätzte Grundschullehrerin. Sie war eine derart engagierte Pädagogin, dass sie irgendwann nicht mehr zwischen ihrem Verhalten im Klassenzimmer und der »realen Welt« unterschied. Also sprach sie mit allen so langsam und geduldig und mit demselben einfachen Vokabular, das sie auch für ihre sechsjährigen Schüler verwendete. Sie lebte quasi in einer Welt, die ausschließlich von Erstklässlern bevölkert war. Ich war für immer in der ersten Klasse gefangen. Auch Ihre Geschwister behandelte sie wie Erstklässler. Alle unsere Verwandten waren Erstklässler. Und auch mein Vater drückte mit uns die Schulbank. Ständig verbesserte meine Mutter unsere Grammatik. Als sie eines Tages wieder einmal dabei war, meinen Vater (zum zehntausendsten Mal) zu korrigieren, sah er sie an, seufzte und sagte dann: »Schatz, ich bin 70 Jahre alt. Lass es gut sein.«

Wenn Ihre Mitarbeiter ebenfalls keine Anstalten machen, sich zu verändern, dann hören Sie auf, Ihre Zeit mit ihnen zu verschwenden.

Hören Sie auf, Menschen zu ändern, die eine falsche Unternehmensstrategie verfolgen. Wenn sie in die falsche Richtung gehen, würden Sie nur dazu beitragen, dass sie sich noch schneller in diese Richtung bewegen.

Hören Sie auf, Menschen zu ändern, die den falschen Job gewählt haben. Manche Menschen haben das Gefühl, im falschen Job im falschen Unternehmen zu arbeiten. Vielleicht glauben sie, dass sie eigentlich für etwas ganz anderes bestimmt waren. Oder dass ihre Fähigkeiten falsch genutzt werden. Oder dass sie etwas verpassen. Wenn Sie nur über ein Fünkchen Feingefühl verfügen, haben Sie eine gute Vorstellung davon, wer diese Leute sind. Selbst wenn Sie nur den Hauch einer Ahnung verspüren, dass sie so denken könnten, sollten Sie ihnen diese Frage stellen: »Was wäre, wenn wir das Unternehmen heute dichtmachen würden? Wären Sie überrascht, traurig oder erleichtert?« In den meisten Fällen bekennen sich diese Menschen zu »erleichtert«. Das ist Ihr Signal, sie zum Teufel zu jagen. Sie können das Verhalten unglücklicher Menschen nicht so verändern, dass sie glücklich werden. Sie können lediglich ein Verhalten ausschalten, das die Personen im Umfeld solcher Menschen unglücklich macht.

Und: Hören Sie auf, Menschen zu helfen, die glauben, die anderen seien das Problem.

Ich hatte einmal mit einem Unternehmer zu tun, der sich nach dem Ausscheiden einiger hochrangiger Mitarbeiter um die Arbeitsmoral in seiner Firma sorgte. Sein Unternehmen war einer der Marktführer in einer aufregenden Branche. Seine Mitarbeiter arbeiteten sehr gerne hier. Doch das Feedback ergab, dass der Chef manche Mitarbeiter bevorzugte, indem er ihnen höhere Gehälter bezahlte. Also verdienten manche sehr gutes Geld, während er anderen so wenig wie nur irgend möglich zahlte. Um eine größere Gehaltserhöhung zu erreichen, gab es nur einen Weg: Man musste ihm die Pistole auf die Brust setzen, mit Kündigung drohen und es auch so zu meinen.

Als ich dem Unternehmer von diesem Feedback berichtete, überraschte er mich: Er räumte die Vorwürfe ein und verteidigte sein Verhalten auch noch. Wie jeder Selfmade-Unternehmer vertrat er die Überzeugung, dass jeder Cent, den er seinen Angestellten bezahlte, seinen eigenen Gewinn schmälerte. Also bezahlte er jedem Mitarbeiter frei nach Darwins Prinzip der Variation und der natürlichen Selektion das, was er oder sie seiner Meinung nach auf dem Arbeitsmarkt wert war. Sollten sie ihm doch erst einmal beweisen, dass sie anderswo mehr verdienen konnten.

Ich bin kein Gehaltsstratege und war daher nicht der Richtige, um dieses Problem zu lösen. Aber er hatte noch eine andere Überraschung für mich auf Lager: Wie sich herausstellte, hatte dieser Mann mich nicht gerufen, um dabei zu helfen, *sich* zu ändern. Ich sollte das Verhalten seiner Mitarbeiter ändern.

In solchen Momenten habe ich das Bedürfnis, die Beine in die Hand zu nehmen und einfach davonzurennen, statt gemäßigten Schrittes in Richtung Ausgang zu gehen. Es ist schon schwer genug, Menschen zu helfen, die überzeugt sind, sie hätten gar kein Problem. Aber Menschen zu ändern, die glauben, die anderen seien das Problem, ist schlicht unmöglich.

Laufen auch Sie, so schnell Sie können. Solche Leute werden niemals ihre quasireligiöse Überzeugung ablegen, dass jeder Misserfolg die Schuld eines anderen ist. Sie werden so eisern daran festhalten, als sei es tatsächlich ihre persönliche Glaubenslehre. Wenn Sie versuchen, sie zu ändern, könnten Sie genauso gut versuchen, einen glühenden Demokraten zu einem Republikaner zu bekehren – oder umgekehrt. Das wird Ihnen auf keinen Fall gelingen. Also sparen Sie sich die Zeit und schieben Sie Ihre heroischen Anwandlungen beiseite. Dies ist ein »Kampf«, den Sie niemals gewinnen werden.

Schluss

Jetzt sind Sie hier

Atmen Sie einmal tief ein und aus. Und noch einmal.

Stellen Sie sich vor, Sie seien 95 Jahre alt und bereiteten sich auf Ihren Abschied vor. Doch bevor Sie Ihren letzten Atemzug tun, bekommen Sie ein großartiges Geschenk: eine Zeitreise in die Vergangenheit – die Chance, mit der Person zu sprechen, die jetzt im Moment diese Zeilen liest, und die Chance, dieser Person dabei zu helfen, sich beruflich zu verbessern und ein besseres Leben zu führen.

Ihr 95-jähriges Ich weiß, was in Ihrem Leben wirklich wichtig war und was nicht, worauf es ankam und worauf nicht. Welchen Rat würde Ihr altes, weises Ich dem jüngeren Ich, das dieses Buch in der Hand hält, wohl geben?

Nehmen Sie sich Zeit und beantworten Sie die Frage für beide Lebensbereiche: einen Ratschlag für Ihr Privat- und einen Rat für Ihr Berufsleben. Notieren Sie sich ein paar Stichwörter, die ausdrücken, was Ihr altes Ich zu Ihrem jüngeren Ich sagen würde.

Sobald Sie diese Ratschläge schriftlich festgehalten haben, ist der Rest ganz einfach: Befolgen Sie einfach, was Sie zu Papier gebracht haben. Machen Sie es zu Ihrem guten Vorsatz für den Rest des laufenden Jahres und für das nächste. Sie haben soeben Ihr »Dort« definiert, das Ziel, das Sie erreichen möchten.

Ich kann Ihnen dabei nicht helfen. Nur Sie selbst kennen Ihr persönliches »Dort« und ich werde ganz bestimmt nicht beurteilen, ob es ein lohnenswertes oder edles Ziel ist. Das wäre anmaßend, und es geht mich auch nichts an.

Aber ich kann ein ungefähres Bild der Merkmale zeichnen, die Ihr »Dort« vermutlich besitzt – weil ein Freund von mir tatsächlich die Gelegenheit hatte, mit Menschen zu sprechen, die im Sterben lagen, und sie fragen konnte, welchen Rat sie sich selbst gegeben hätten. Die Antworten, die er erhielt, waren von tiefer Weisheit erfüllt.

Ein Ratschlag, der immer wieder genannt war »über das Leben nachzudenken, um im Hier und Jetzt das Glück und einen Sinn zu finden«, und nicht erst im nächsten Monat oder im nächsten Jahr. Die große Krankheit des Westens verbirgt sich in dem Satz *»Ich werde glücklich sein, wenn …«: Ich werde glücklich sein, wenn ich die Beförderung bekomme, wenn ich dieses Haus kaufe oder wenn ich diese Gehaltserhöhung bekomme.* Doch Ihr weises altes Ich hat schließlich begriffen, dass die nächste Beförderung, der nächste Erfolg, der nächste Umzug in ein größeres Haus oder ein attraktiveres Eckbüro nicht wirklich etwas ändern wird. Viele ältere Menschen sagen, dass sie ihr ganzes Leben lang so sehr mit der Suche nach dem beschäftigt waren, was sie nicht hatten, dass sie das, was sie hatten, viel zu selten zu schätzen wussten. Und sie wünschen sich oft, sie hätten sich mehr Zeit genommen, um einfach ihr damaliges Glück zu genießen.

Ein zweites wiederkehrendes Thema betraf »Freunde und Familie«. Stellen Sie sich Folgendes vor: Sie mögen vielleicht für ein wunderbares Unternehmen arbeiten und glauben, dass Ihr Beitrag zu diesem Unternehmen sehr wichtig ist. Doch wenn Sie 95 Jahre alt sind und sich im Kreis der Leute umblicken, die um Ihr Sterbebett versammelt sind, werden Sie unter denen, die Ihnen zum Abschied zuwinken, nur sehr wenige Kollegen entdecken. Womöglich wird außer Ihren Freunden und Ihrer Familie niemand sonst da sein. Würdigen Sie die Gesellschaft dieser Menschen im Hier und Jetzt und widmen Sie Ihnen einen großen Teil Ihrer Zeit.

Der dritte wiederkehrende Rat lautete »seinen Träumen zu folgen«. Ältere Menschen, die versucht haben, ihre Träume zu verwirklichen, sind immer zufriedener mit ihrem Leben. Finden Sie heraus, was Sie wirklich in Ihrem Leben erreichen wollen, und gehen Sie es an! Das gilt nicht nur für große Träume, sondern auch für die kleinen. Kaufen Sie den Sportwagen, den Sie schon immer haben wollten, besuchen Sie den exotischen Ort, der Sie schon immer fasziniert hat, lernen Sie Klavier spielen oder perfektionieren sie Ihr Italienisch. Was kümmert es Sie, wenn manche Leute denken, Ihre Vorstellungen von einem gut gelebten Leben seien ein bisschen albern oder ausgefallen? Es ist nicht deren Leben. Es gehört Ihnen. Nur wenige von uns werden alle ihre Träume verwirklichen können. Manche Träume werden uns auf ewig entfliehen. Die entscheidende Frage lautet also nicht: »Habe ich alle meine Träume verwirklicht?« Sie lautet: »Habe ich es überhaupt versucht?«

Vor einigen Jahren führte ich ein Forschungsprojekt für die Unternehmens- und Strategieberatung Accenture durch, an dem mehr als 200 High Potentials aus 120 Unternehmen in aller Welt teilnahmen. Dabei durfte jedes Unternehmen nur zwei zukünftige Führungskräfte nominieren, die besten seiner aufstrebenden Jungstars und allesamt Menschen, die jederzeit in besser bezahlte Positionen anderswo wechseln konnten. Wir stellten ihnen allen die gleiche einfache Frage: »Wenn Sie in ihrer jetzigen Firma bleiben, was ist der Grund?« Die drei häufigsten Antworten waren:

1. »Ich habe hier einen Sinn und Glück gefunden. Die Arbeit ist aufregend, und ich liebe, was ich tue.«
2. »Ich mag die Menschen. Sie sind meine Freunde. Wir sind ein Team. Es fühlt sich an wie eine Familie. Ich könnte anderswo mehr Geld verdienen, aber ich möchte mich nicht von meinen Kollegen hier trennen.«
3. »Ich kann meinen Träumen folgen. Dieses Unternehmen gibt mir die Chance, das zu tun, was ich wirklich tun will im Leben.«

Bei keiner der Antworten ging es um Geld. Es ging immer um Glück, Beziehungen, das Verwirklichen von Träumen und um einen Sinn. Als mein Freund sterbende Menschen fragte, was ihnen wichtig war, gaben sie genau dieselben Antworten wie die von mir befragten High Potentials.

Machen Sie Gebrauch von dieser Weisheit, jetzt. Schauen Sie nicht nach vorne, sondern zurück: Blicken Sie aus dem Alter zurück auf das Leben, das Sie zu leben hoffen. Machen Sie sich bewusst, dass Sie jetzt glücklich sein sollten, jetzt das Leben mit Ihren Freunden und Ihrer Familie genießen sollten und jetzt Ihren Träumen folgen sollten.

Sie sind hier.

Sie können es schaffen und nach »Dort« gelangen!

Machen Sie sich auf den Weg.

Anhang

Der folgende Fragebogen für Führungskräfte wurde im Rahmen eines Forschungsprojekts (gesponsert von Accenture) entwickelt und 200 ausgewählten Führungskräften mit hohem Entwicklungspotenzial aus 120 Unternehmen weltweit vorgelegt. Die Teilnehmer wurden gebeten, Führungskräfte nach einer fünf Werte umfassenden Skala zu bewerten, die von »sehr zufrieden« bis »sehr unzufrieden« reicht.

Global Leadership: Der Fragebogen

Bitte beurteilen Sie, wie effektiv Sie selbst in den folgenden Bereichen sind bzw. wie effektiv die von Ihnen beurteilte Person in den folgenden Bereichen ist. Wie zufrieden sind Sie mit Ihrem eigenen Verhalten bzw. mit dem Verhalten der beurteilten Person?

Global Denken

1. Erkennt die Auswirkungen der Globalisierung auf unser Business
2. Besitzt die notwendige Anpassungsfähigkeit, um in einem globalen Umfeld zu bestehen
3. Strebt danach, vielfältige Erfahrungen zu sammeln, um auf globalen Märkten unternehmerisch zu agieren
4. Bezieht globale Überlegungen in Entscheidungen ein
5. Hilft anderen, die Auswirkungen der Globalisierung zu verstehen

Vielfalt wertschätzen

6. Erkennt den Wert menschlicher Vielfalt an (einschließlich Kultur, Rasse, Geschlecht oder Alter)

7. Motiviert effektiv Menschen mit anderen kulturellen oder sonstigen Hintergründen
8. Erkennt den Wert unterschiedlicher Sichtweisen und Meinungen an
9. Hilft anderen, den Wert der Vielfalt anzuerkennen
10. Erweitert aktiv sein/ihr Wissen über andere Kulturen (durch Interaktionen, Fremdsprachenerwerb, Reisen usw.)

Technologischen Sachverstand entwickeln
11. Bemüht sich um den Erwerb der technologischen Kenntnisse, die für erfolgreiches Handeln in der Welt von morgen erforderlich sind
12. Rekrutiert erfolgreich Mitarbeiter mit dem erforderlichen technologischen Fachwissen
13. Verwaltet erfolgreich Technologien zur Steigerung der Produktivität

Partnerschaften aufbauen
14. Behandelt Mitarbeiter wie Partner, nicht wie Konkurrenten
15. Vereint sein/ihr Unternehmen zu einem effektiven Team
16. Baut effektive Partnerschaften innerhalb des gesamten Unternehmens auf
17. Stellt sich destruktiven Bemerkungen über andere Menschen oder Gruppen entgegen
18. Baut effektiv Allianzen mit anderen Unternehmen auf
19. Schafft ein Netz von Beziehungen, das bei der Erledigung von Aufgaben hilft

Führung teilen
20. Teilt bereitwillig Führungsaufgaben mit Geschäftspartnern
21. Überlässt anderen das Feld, wenn sie über größeres Fachwissen verfügen
22. Bemüht sich, gemeinsame Ergebnisse *mit* anderen zu erzielen (statt Ergebnisse *für* andere zu erzielen)
23. Schafft ein Umfeld, in dem sich alle auf ein übergeordnetes Ziel konzentrieren (vermeidet Suboptimierung oder »Revierdenken«)

Eine gemeinsame Vision schaffen
24. Schafft und vermittelt eine klare Vision für das Unternehmen
25. Bezieht andere wirkungsvoll in Entscheidungsprozesse ein
26. Inspiriert andere, sich für die Verwirklichung der Vision einzusetzen
27. Entwickelt eine wirksame Strategie für die Verwirklichung der Vision
28. Benennt Prioritäten klar und eindeutig

Personalentwicklung
29. Respektiert die Würde anderer und behandelt sie entsprechend
30. Fragt andere, was sie benötigen, um ihre Arbeit besser ausführen zu können
31. Stellt sicher, dass die Mitarbeiter die Ausbildung erhalten, die sie für erfolgreiches Arbeiten benötigen
32. Bietet effektives Coaching
33. Gibt zum richtigen Zeitpunkt Entwicklungsfeedback
34. Erkennt die Leistungen anderer an

Mitarbeiter fördern
35. Fördert das Selbstvertrauen der Mitarbeiter
36. Geht Risiken ein, indem er andere Entscheidungen treffen lässt
37. Gibt anderen den nötigen Freiraum, um ihre Arbeit gut auszuführen
38. Beweist genügend Vertrauen in die Arbeit anderer (vermeidet Mikromanagement)

Selbstkontrolle erlangen
39. Ist sich seiner/ihrer Stärken und Schwächen bewusst
40. Investiert in kontinuierliche persönliche Entwicklung
41. Bezieht andere ein, die Stärken besitzen, die er/sie nicht selbst besitzt
42. Zeigt angemessene emotionale Reaktionen in unterschiedlichen Situationen
43. Strahlt Selbstvertrauen als Führungspersönlichkeit aus

Konstruktiven Dialog fördern

44. Fragt andere, wie er/sie sich verbessern kann
45. Hört anderen aufrichtig zu
46. Nimmt konstruktives Feedback auf positive Weise an (vermeidet Abwehrhaltung)
47. Bemüht sich, den Bezugsrahmen *anderer* zu verstehen
48. Ermutigt andere, den Status quo infrage zu stellen

Integrität demonstrieren

49. Zeigt aufrichtiges, ethisches Verhalten bei sämtlichen Interaktionen
50. Stellt sicher, dass im gesamten Unternehmen die höchsten Standards für ethisches Verhalten gelten
51. Vermeidet politisches oder eigennütziges Verhalten
52. Setzt sich couragiert für das ein, woran er/sie glaubt
53. Lebt die Werte des Unternehmens vorbildlich vor (geht mit gutem Beispiel voran)

Veränderungsprozesse einleiten

54. Versteht den Wandel als Chance, nicht als Problem
55. Stellt das System infrage, wenn Veränderungen erforderlich sind
56. Findet sich in unklaren Situationen zurecht (beweist bei Bedarf Flexibilität)
57. Ermutigt andere zu Kreativität und Innovation
58. Setzt kreative Ideen effektiv in Geschäftsergebnisse um

Chancen antizipieren

59. Investiert in Lernprozesse über zukünftige Trends
60. Antizipiert Zukunftschancen effektiv
61. Inspiriert andere, sich auf Zukunftschancen zu konzentrieren (nicht nur auf gegenwärtige Zielsetzungen)
62. Entwickelt Ideen, um den Anforderungen eines neuen Umfelds gerecht zu werden

Kundenzufriedenheit sicherstellen
63. Inspiriert andere, ein hohes Maß an Kundenzufriedenheit sicherzustellen
64. Betrachtet Geschäftsprozesse aus der Perspektive des Endkunden (überblickt Abläufe vom Anfang bis zum Ende)
65. Bittet Kunden regelmäßig um Feedback
66. Hält Verpflichtungen gegenüber Kunden zuverlässig ein
67. Versteht die Wettbewerbsoptionen seiner/ihrer Kunden

Wettbewerbsvorteile aufrechterhalten
68. Vermittelt bei der Erfüllung von Aufgaben eine positive und zielorientierte Einstellung der Machbarkeit
69. Bringt andere dazu, Verantwortung für ihre Ergebnisse zu übernehmen
70. Vermeidet erfolgreich Ressourcenverschwendung und unnötige Kosten
71. Bietet Produkte/Dienstleistungen an, die dem Unternehmen einen klaren Wettbewerbsvorteil verschaffen
72. Erzielt Ergebnisse, die zu langfristigem Shareholder-Value führen

Schriftliche Anmerkungen
Was sind Ihre Stärken? Oder wenn Sie jemand anderen beurteilen: Welches Verhalten dieser Person schätzen Sie besonders? (Bitte nennen Sie zwei oder drei *konkrete* Punkte.)

Was könnten Sie ganz *konkret* tun, um effektiver zu werden? Oder wenn Sie jemand anderen beurteilen: Welche Vorschläge würden Sie dieser Person machen, damit sie noch effektiver werden kann? (Bitte nennen Sie zwei oder drei *konkrete* Punkte.)

Danksagung

Zu diesem Buch haben viele großartige Menschen beigetragen. Meine Mentoren und Lehrer Peter Drucker und Richard Beckhard, die auf ewig meine Helden sein werden. Paul Hersey, der mir die Möglichkeit gab, als Führungskräfte-Coach zu arbeiten. Frances Hesselbein, mein immerwährendes Vorbild. Bob Tannenbaum, John Ying und Fred Case, die hervorragende Lehrer waren und dafür sorgten, dass ich meinen Abschluss schaffte.

Mein Mitarbeiter und Agent Mark Reiter, der mir geholfen hat, »meine Stimme zu finden« und auch auf Papier so zu kommunizieren, wie ich es in Gesprächen tue.

Mein Lektor Will Schwalbe sowie Ellen Archer, Bob Miller, Zareen Jaffery und all die anderen Leute beim Hyperion-Verlag, die unser Buch unterstützt haben.

Meine Frau Lyda und meine Kinder Kelly und Bryan, die ich liebe und die mich lieben (trotz meiner lästigen Angewohnheiten). Sie erden mich und machen mich glücklich.

Präsident Geoff Cox und seine Mitarbeiter von der Alliant International University – die so viel Vertrauen in mich setzten, dass sie sogar ein College nach mir benannt haben, die Marshall Goldsmith School of Management – sowie sämtliche Lehrkräfte und Studenten: Es war eine Freude, mit ihnen zu arbeiten.

Meine Geschäftspartner der vergangenen dreißig Jahre – von Keilty, Goldsmith and Company über A4SL bis hin zu Marshall Goldsmith Partners, die mich dabei unterstützt haben, meine Lehre zu verbreiten, sowie Linkage, IMS, Conference Board, AMA, HR.com, ChartHouse, Talent Management und Targeted Learning, die mir geholfen haben, mehr als eine Million Führungskräfte zu erreichen. Außerdem Sarah McArthur, John Wheaton und Andrew Thorn, die ebenfalls entscheidende Beiträge zu diesem Buch geliefert haben (sie wissen, an welchen Stellen, was und warum).

Meine Freunde von der schreibenden Zunft: John Byrne von der *BusinessWeek*, der mich immer dazu ermutigt hat, meine Gedanken niederzuschreiben, Larissa MacFarquhar vom Magazin *The New Yorker*, die ein wunderbares Profil über meine Arbeit veröffentlicht hat, Gardiner Morse von der *Harvard Business Review*, Bob Lenzner vom Magazin *Forbes*, Ken Shelton von *Leadership Excellence* und, quasi direkt vor meiner Haustür, Michael Kinsman von der *San Diego Union Tribune*. Sie alle haben über mich geschrieben – immer unterhaltsam und immer fair. Außerdem Mark Vamos von *Fast Company* sowie Wiley, Amacom, FT und Davies Black, die meine früheren Arbeiten veröffentlicht haben und mir gestattet haben, mit diesem Buch darauf aufzubauen.

Und am wichtigsten: Meine Klienten – allesamt schon jetzt immens erfolgreich und dennoch darum bemüht, immer noch besser zu werden. Sie haben mich weit mehr gelehrt, als ich sie jemals lehren konnte.

Trotz der Hilfe der vorstehend genannten Personen bin ich mir sicher, dass diese Seiten ein paar fehlerhafte Aussagen enthalten werden. Dafür bitte ich Sie um Vergebung und übernehme die volle Verantwortung. Um mit Buddha einen weiteren meiner ewigen Helden zu zitieren: *Bitte verwenden Sie einfach das, was Ihnen hilft, und vergessen Sie den Rest.*